# 源远流长

## 沟洫水利历史文化回望

马吉明 著

清华大学出版社
北京

图书在版编目（CIP）数据

源远流长：沟洫水利历史文化回望 / 马吉明著 .— 北京：清华大学出版社，2021.7
ISBN 978-7-302-57288-6

Ⅰ.①源… Ⅱ.①马… Ⅲ.①水利史—中国 Ⅳ.①TV-092

中国版本图书馆 CIP 数据核字（2021）第 005928 号

责任编辑：张占奎 王 华
封面设计：陈国熙
责任校对：王淑云
责任印制：杨 艳

出版发行：清华大学出版社
网 址：http://www.tup.com.cn, http://www.wqbook.com
地 址：北京清华大学学研大厦A座　　邮 编：100084
社 总 机：010-62770175　　邮 购：010-62786544
投稿与读者服务：010-62776969, c-service@tup.tsinghua.edu.cn
质量反馈：010-62772015, zhiliang@tup.tsinghua.edu.cn
印 装 者：三河市吉祥印务有限公司
经 销：全国新华书店
开 本：170mm×230mm　　印 张：24.75　　字 数：282千字
版 次：2021年7月第1版　　印 次：2021年7月第1次印刷
定 价：92.00元

产品编号：090563-01

# 前言

这是一本以水为话题的书。

这不是一本学术书。

这是界定。

本书的写作，从文入手，借文带史，以史为基础，映射的，则是水利工程或涉水文化现象，有古代工程 / 现代工程，总之，归为水话题。

我不知道本书算什么文体，可能什么文体也算不上，把自己放进里边，只是为了叙述的方便。本书以文学的方式开头，写缘起，写寻觅，写景致，甚或于来点抒情或感慨，这种手法，只是为了取悦人，是利用文学善于感染人的特点，把人引向冷门的工程史，使人有现场感；然后，步入历史的轨道，算是切入了正题，引证严肃的史料和学术论文予以叙述，虽不属学术，却有了学术的味道；至于所谈到的水话题，当然不同于“豆棚瓜架雨如诗”时的闲聊，这意味着，会涉及中国历史上的大事——公共工程必然要涉及国家大事，读者也许会在好奇中发现，原来冰冷的水话题与中国的大历史间居然有着很深的渊源。虽如此，在历史的长河中信步，不免需要歇息，那就看看一湾水、一泓清泉，风景无大小，有心情即是美景；也可以捡拾一块路边的砾石，自将磨洗，欣赏其朴实无华、大巧若拙。总之，既观沧海，也看溪流，小憩之后，来点静思。

谈话题，就附带上了个人的观点、认识和感受。

对话题的观点与认识，或深刻或肤浅，或精到或粗鄙，或正确或谬误，总归是兼而有之，且不说仁者见仁、智者见智，自己才疏学浅总是事实，故愿虚心接受任何人的指教。

其实，以这种方式作文，不完全是为了文、史、工的清晰分层，更多的则来自一路走来的感受：史料尽在，但缺少风花雪月，无非是水多、水少、水清、水浑，无论是滔滔江河，还是涓涓细流，总归为司空见惯的现象，远去，“不带走一片云彩”。一言以蔽之，不出乎“平治水土”的范围，既缺乏新、奇、帅，就难有高、大、上，对大众，缺少了足够的吸引力，更何况，史也，过去时，“晨兴理荒秽，带月荷锄归”，稻粱谋不易，虽邺架巍巍，也不免尘封。但将文、史、工串起来之后，就有了一定的可读性，或许就有了更多的感兴趣者，这是我的苦心。

“水性”近道，“水事”近器，道器兼备，洽润资生，故而水利在大历史中所起到的作用是不能淡化的，基础性的公共工程和公共事业，才是历史进程中“看不见的手”，自有一份驱动力在；疆场上、庙堂内的雄才大略从来不排斥沟洫方面的大有作为，沟洫本来也是疆场。更进一步，水是化育万物的生命之源，波澜壮阔的雄浑下，自有一份静谧在，如此，就有了地球这颗蓝色星球上的激情脉动、色彩斑斓、一碧万顷与生机无限。

缘于上述，乃不揣固陋，勉强为文，述及沟洫话题若干。尽管写了自己的感受和体会，甚至写了一些应该接受的历史教训，但许多地方并没有结论，是因为自己本来还在寻觅，高明的读者自有结论在。

“禹，吾无间然矣！……而尽力乎沟洫。”这是孔老夫子赞叹大禹的话，沟洫之事，不会因时代进步到高度发达的今天而失去它的重要性，将来也一样。“甚矣，水之为利害也！”太史公如是说。

上善若水，源远流长。

溥博渊泉，泽被后人。

是为序。

# 目录

# 写在前面

## 上善若水　源远流长

以水为业的人是自豪的：上善若水。

想人间万物万象，其品类之繁盛，唯水为多，可谓浮天载地，高下无所不至，万物无所不润。为此，水是生命之源即成为当今人类之共识。但水岂止是生命之源，从上古至今天，众多的文明、宗教乃至哲学都把水看成了构成自然界的物质基础，于是，人类及社会因水而立，因水而兴，因水而荣。以水为己任，自然就为生命之不息、万物之永续竭尽了人生之潜能。以水为业，泽被后代，舍我其谁?

“露宿峡谷与山岗，

遍尝神州的风光，

每当修好了电站大坝，

我们就再换一个地方……”

水善利万物而不争，成为我治水人的写照。多少清华水利人，唱着他们的歌，一生战斗在祖国的山川大地。

以水为业的人，事业是永续的：源远流长。

清华大学水利系新水利馆匾额

想人间本是荒蛮的，天地玄黄，宇宙洪荒。然则几条大河冲开了人类的文明史，择水而居者，成为人文之先祖，黄河文明、印度河文明、两河文明及尼罗河文明，成为人类文明传承的基因。

在中国，流传最广的故事是大禹治水，从河洛至江湖，“芒芒（茫茫）禹迹，画为九州”，于是，九州成为中国的代称。若谓中华文明史的重要源头肇始于治水的成功，中华民族从此有了传承不断的天下观和国家平台，岂不有理有据？我们是龙的传人，更是大禹的传人。

数千年来，治水的篇章惊天地、泣鬼神，浓墨重彩于史册，本有其根本的缘由：数千年的文明古迹不难寻觅，但至今仍不舍昼夜为人类服务者，只有水利工程，只有中国的水利工程了。谁能说，水利人的事业不是惠及当代、利于千秋呢？

前面是滚滚的江水，

后边是灯火辉煌，

我们的一生就是这样，

战斗着奔向前方。

更多的清华水利人，唱着他们的歌，从校园走向祖国的山山水水；更多的水利人在打扮着祖国的山山水水。

（所引歌词为清华大学水利系系歌）

# 秋思永定河

“卢沟晓月”的空旷之美，在于大野苍穹下永定河的波涛；秋风起处，疏朗的天空中，那一抹微云与河滩上金黄色的水草相交于视平线上；夕阳斜晖，洞穿长桥拱券，形成金色壁照，波光潋滟、明暗交替……这是我的臆想，但它一定存在。但当河道干涸时，这种臆想就只剩了秋风。

## （一）

在北京生活了大半辈子，就没见过卢沟桥一带有水的永定河。

什么意思呢？从20世纪80年代初到现在，我去过卢沟桥多次，从未见过河水流淌。数第一次去的印象最差，从桥上往下看，只看到漫漫杂草覆满河床，那是香附子一类的杂草，牛都不吃，我不喜欢——小时候曾割草喂牛，舍不得丢掉那份对草的情感，因而，对牛都不吃的杂草有一种天然的排斥感。

杂草丛生、常年干涸，就是我对永定河的印象了。在桥头倒是看到了乾隆写的“卢沟晓月”碑，但却增加了一份疑惑。

其实，覆满香附子杂草的河底，并不是最令人失望的，永定河断流已有四十几年了，那裸露的床沙寸草不生，不乏乱堆的垃圾，河岸上，挂着脏乱的塑料薄膜，当大风吹来，飞沙走石，脏物乱飞……真叫人“欲说还休”。我曾多次感慨，首都信美，宁不念母亲河之干涸？

可这几年，永定河有水了，一经报道，人们居然赶庙会般涌向了河边，尽管北京不缺乏碧波荡漾的湖泊，却仍然这么稀罕有水的永定河……后来听说是人造水，颇觉词语新鲜。人造得了水，岂能造得了河水？虽这么说，我对“人造水”一词还是接受了,“人造水”原来是指中水。如今，中水也不易得！这些年来，为了让永定河有水，北京市花足了心思，我得去看看有水的永定河，有水的卢沟桥。

正是秋将近的时节，这时的北京最难“将息”，上周还是单衣，现下厚秋装也未必敷用了，骑车人已是冬装在身。及至卢沟桥，河风似乎更大些。“碧云天，黄叶地，秋色连波，波上寒烟翠。”我想起来了这几句话，当是时下的写照。

这是河畔桥头的一个小广场，需购票进入，最具教育意义的爱国主义基地卢沟桥被封在里边了。广场南北两侧的树已是光秃秃的——显然这是北风的作用；可广场东西两侧的树叶还很稠密，黄中还残存着底绿，是洋槐，尽管洋槐是丑小鸭级别的树，但居然也呈现出了银杏一样的色调。

抬眼是一通高高矗立的石碑，康熙年间竖立，碑之高，海内少有，我却居然没印象，大约是卢沟桥的狮子太过有名，以致疏忽掉了其他很可观的景物。这是一通重修卢沟桥的记事碑，记述康熙七年桥毁之后复造石桥的经过。如今，我更愿意称其为水利碑：

“朕惟国家定鼎于燕，河山拱卫。桑干之水，发源于大同府之天池，伏流马邑，自西山建瓴而下，环绕畿南，流通于海，此万国朝宗要津也。自金明昌年间，卢沟建桥伊始，历元与明，屡溃屡修。朕御极之七年，岁在戊申，秋霖泛溢，桥之东北水啮而圮（pǐ，坍塌，作者注）者十有二丈，所司奏闻乃命工部侍郎罗多等鸠工督造，挑浚以疏水势，复架木以通行人，然后庀（pǐ，庀石，准备石材，作者注）石为梁，整顿如旧……”

碑文中说得很清楚，康熙七年戊申（1668 年）遭遇大水，将桥冲塌了;“万国朝宗”一语，有一种“一览众山小”的高高在上之态。按理说，康熙亲政时间还短，还没有经历过后来的暴风骤雨，何来的自负与自傲之感呢?

修一座桥，按说不是什么大事，但此桥确有不同处，所以康熙才御笔亲书。他重视此桥，不仅仅是为了交通，更在于治河，在于京畿的安全。何以知之？“挑浚以疏水势”，就属于具体的治河内容了，在以后的生涯中，康熙逐渐变成了治河专家，后将述及。

中国的碑文，无论记事还是记功，总不免佶屈聱牙。但此碑刻明白显易，没有夸张的浮薄，却不失雄浑之势，恰如出山的浑河，建瓴而下，溯河源，述洪流，再说到通海、朝宗，此后才言及挑浚修桥事。文不长，却面面俱到。康熙皇帝 8 岁登基，至康熙七年是 15 岁，何以能写出如此老道的记事碑文？何以能写出这样一手古朴而凝重、尽显底气的文字？其实那时，康熙已经开始重塑祖宗留给他的江山，平三藩正在进行中；同时，在与一群年龄相仿的小伙伴的角力中，他正盘算着剪除鳌拜，也就是说，大清的江山，已行进在由“世祖”变为“圣祖”的快车道中。

康熙碑旁边，极端华丽的盘龙玉石栏杆拱卫着另一通极端华丽的碑——“卢沟晓月碑”，为乾隆手书。我用“华丽”二字，是因为乾隆碑确实是华丽，乾隆已经在安然享受着祖宗留给他的江山了。“卢沟晓月”传为燕京八景之一，人所共知。

所谓景，一定是赏心悦目的。月要在夜里看，秋八月。燕山秋来早，晓起看月，晓风残月，何来赏心悦目之景？大野的荒原，河水激荡，秋风萧瑟，杨柳呜咽，月寒而星落，四周一片孤寂。即使偶有的司晨鸡鸣刺破黎明的夜空，但缺少此起彼伏的回应，也只能使得荒野显得更为空旷和寂寥。这情景，算得了美景吗？这就是开篇我所谓的疑惑了。

其实，这是自己不学之疑。“卢沟晓月”碑阴有序：

“卢沟河即桑干，河水黑曰卢，故以名之。桥建于金明昌初，长二百余步，由陆程入京师者，必取道于此。”

观罢此文，那份晓风残月的孤寂，立马变成了鼎沸与喧闹。

既是入京孔道、通衢之所，就有各色行人了，“官吏、士人、商贾、农工”，请看文学的描述[1]：

“你想：‘一日之计在于晨’，何况是行人的早发，潮气清蒙，烘托出那勾人思感的月亮——上浮青天，下嵌白石的巨桥……但如无雨雪的降临，每月末五更头的月亮、白石桥、大野、黄流，总可凑成一幅佳画，渲染飘浮于行旅者的心灵深处，发生出多少样反射的美感。”

于是，“盛景当前，把一片壮美的感觉移入渗化于自己的忧喜欣戚之中”，“卢沟晓月”就成了“善于想象而又身经的艺术家的妙语”。

境由心造，因而景也由心生了，原来如是。

桥上人少，虽有小风，但阳光美好，得以远观近看桥周景色。

河道是宽阔的，河道下游，水面几乎充满了河道。河东岸，整齐摆放着一排游船，船体不算小，整体涂抹得五颜六色，但却算不得传统的画船，只是现代的游艇——这些游艇的存在，使我想起通航的永定河，当年隋炀帝修永济渠“北通涿郡”，就是用永定河下游的河道以通蓟城（今北京城西南隅）[2]，说不定当时的永定河下游，也呈现出舟樯云集，一派繁忙的景象呢。天已冷，水又浅，游船码头已关闭；西岸边，一大片的水草，草粗壮、密实，岸边草漫漫，可推知水很浅，或为滩地。近岸处有白絮当风，该是芦花了。下游远景，水草交织，衰草满眼，也算一幅不错的卢沟秋色图。

目光移到近处，那水面已逐渐缩小，转身上游，河道内只有半拉的水，浸入水草的地界，其他地方是干的。虽然只有这不多的人造水，可也有三两只黑色的水鸟在水草交界处游弋，真的就那么三两只。这让人想起古人的诗：“斜阳外，寒鸦数点，流水绕孤村。”所不同的是，这里水的流速为零，没有河流的灵性，显示不出河流的生命力。这不禁使人感叹，原本很平常的现象，因为缺水，就成了稀罕的景色，你看，桥上几个摄影爱好者，架设着长焦镜头，对着的，不就是远处那三两只黑色的水鸟吗？但毕竟是有了水鸟，为水面增添了一份情趣，要感谢水。

卢沟桥的狮子是出名的，但已出现风化的迹象，似乎常年无水的永定河使得石狮子风干了，狮子看起来不那么威武，让人生出岁月无情的感叹。桥面已经修缮，修旧如旧，石头的表面，通过人工做出了岁月的沧桑，只在桥面中间部分，保留了旧有的桥石，提醒不让践踏。

走过桥，到达桥的西端，这里也有两座碑，一座是康熙“察永定河碑”，另一座是乾隆“再修卢沟桥碑”——乾隆的碑虽然华丽，在高度上却还是逊于康熙碑，看来，自诩有十全武功的乾隆有自知之明，他无法与乃祖相比。“再修卢沟桥碑”不唯记桥事，更偏重于水利记事，侧

有水后的卢沟秋色

边有诗，并配详细疏解。但有些蹊跷，乾隆的字原本十分流畅，而碑阴则如同契刻，全不见圆润洒脱——或因为乾隆有其烦恼吧，乾隆一朝，永定河河患只比前朝多，不比前朝少，以致乾隆挥毫叙事时心绪不佳，连挥洒自如的毛笔用起来也显得生疏了。

康熙察永定河碑

至此，可以明白一件事，这里所竖立的石刻，强调的重点，并不是蜚声海内外的桥本身，而是永定河的洪流激荡。**永定河的安全是大事。有清一代，除了黄、淮、运交织让朝廷头痛不已之外，再就是永定河的频岁决溢了。**

康熙、乾隆将“察永定河碑”和“再修卢沟桥碑”立在这里不奇怪，一方面，这里是“万国朝宗之要津”，是通衢之所；另一方面，在他们长久的治国过程中，专业知识的修为渐厚，自身也成了名副其实的治河专家。永定河事关京畿安全，关乎重大，“躬亲”也就在所难免，如从康熙三十一年至康熙六十一年，在康熙皇帝的亲自主持下，对永定河中、下游进行了多次修治，较大规模的工程就有7次[3]。康熙不是微服私访，不是浅尝辄止，而是亲自乘小舟渡洪流、涉险滩，察河势、看水情，指导得具体而周到。这还不是他用功最多的堤防，用功最多的堤防在清口，他6次南巡，有5次驻跸于淮阴。他不是暂时的小憩，有时一住数月，跑到高家堰上亲自操纵“水平”，量测河身与堤外地面的高度差。他写写画画给出具体方案，像个现场工程师而不像个统驭河山的九五之尊。他对治河方案感兴趣，听得进各方意见。有一次，为了讨论治河方案，他聚集正反双方意见的代表，在朝堂内开了几个月的“专题会议”（见本书《黄河夺淮——从清口到三门峡》），很难想象会有这样的情形发生，但历史上真的就出现了。他有他的意见，但不轻易表达意见，他对河官做到了充分的尊重。虽然如此，介入太深未免会有“越俎代庖”之嫌，这未必算得上优点，但有清一代，皇帝治河确实是特色。康熙的治河水平也确实不比河臣低，他的治河水平更多体现在对黄河的治理上。

此外，康熙具有较高水平的几何知识——跟传教士学的，他较为系统地学过欧几里得的《几何原本》、法国数学家巴蒂的《实用和理论几何学》[4]，这些知识，河臣未必有，治河用得上。康熙本人对数学是有贡献的，他培养、网罗了一部分数学家进行数学书籍的编撰，如由梅珏成主编了大型数学丛书《数理精蕴》，我们今天求解方程所用的术语“元”“根”“次”直接来源于康熙本人[5]。只是遗憾，这些知识和工作，未能让康熙在认识或眼界的层面上有多少提高，我们从《数理精蕴》开篇所言即可窥出端倪：

“我朝定鼎以来，远人慕化，至者渐多，有汤若望、南怀仁、安多、闵明我，相继治理历法，间明算学，而度数之理，渐加详备。然询其所自，皆云本中土所流传。”[6]

## （二）

永定河在历史上有许多的名字，除上游桑干河的名字一直保持不变之外，中下游在不同时期有不同的名字，说起来复杂，无须掉书袋，略之。大体上，隋唐以后，永定河多称为卢沟河，元明统称浑河，也称无定河，康熙三十七年（1698 年）于成龙大力整治卢沟桥以下河段之后，方称永定河。永定河是海河流域北系重要的河流。

本文以河道“干涸”开篇，主旨在于谈水，就先简述一下永定河上曾有的引水灌溉与通航工程。**今昔相比较，可以清晰对比出永定河当年的滔滔洪流和今日的断流干涸，足令今人警醒**。

最早在永定河上修建大型引水灌溉工程的，可上溯到曹魏嘉平二年（250 年）。镇北将军、假节都督河北诸军事刘靖，在湿水（今永定河）创修了戾陵堰、车厢渠，灌溉蓟南北，种稻[7]，此渠巧妙地利用了一段高梁河，输水至潞县（今通州）入鲍丘水（今潮河），灌溉面积达百余万亩[8]，这在当时是很大的灌区了。后刘靖的儿子刘弘，在其父的基础上对灌区工程进行了大规模的修缮——用的都是军工，这当然可看成是屯田。刘靖将军创修这一灌区，继承的是“家学渊源”，其父乃扬州刺史刘馥，刘刺史专以屯田为业，“兴治芍陂（què bēi）及茹陂、七门、吴塘诸堨（è，堰）以溉稻田”[7]，为魏武帝曹操立下不世之功（见本书《魏武挥鞭背后的运渠及屯田水利》）。

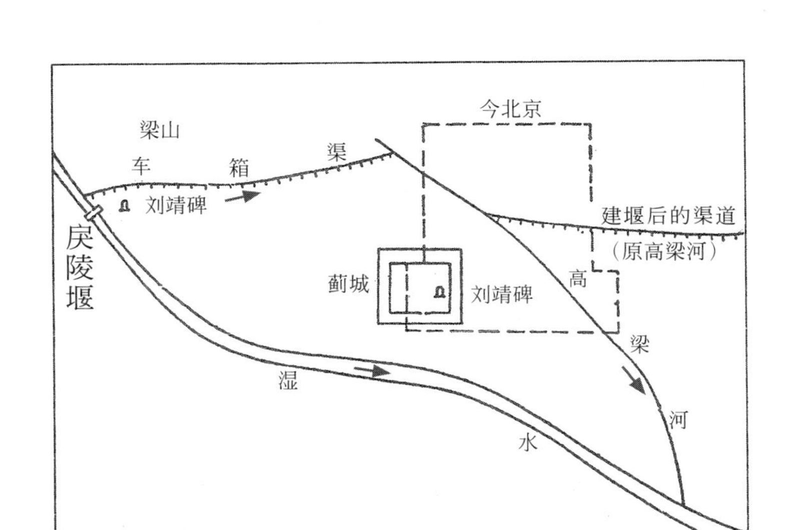


戾陵堰、车厢渠示意图（源自：姚汉源《中国水利发展史》）[8]

注：目前该渠多称为“车厢渠”，本图引用出处使用的是“车箱渠”这一称谓。

时至金元，永定河引水开运河计三次，目的在于在城内通漕，金世宗初创之。

麥亦非曠土上是其言遣使塞之二十九年以涉者病
河流湍急詔命造舟既而更命建石橋明昌三年三月
成勅命名曰廣利即今之盧溝橋也元史郭守敬傳至
元二年授都水少監言金時自燕京之西麻峪村分盧
溝一支東流穿西山而出是為金口其水自金口以東
燕京以北灌田若干頃其利不可勝計今若按視故蹟
使水得流通上可以致西山之利下可以廣京師之漕
又言當于金口西預開減水河西南還大河令其深廣
欽定四庫全書　直隸河渠志
以防漲水突入之患帝善之明宣宗實錄户部侍郎王
佐言通州至河西務河道淺澁船動以千計兼四方商
旅舟楫往來無港汊可泊張家灣西舊有渾河若加疏
濬近京一二十里更使充廣瀦為巨浸令可泊船公私
兩便上命都督馮斌等審視七年冬斌等以圖進上以
其役重大姑止固安縣志桑乾河自盧溝下流入縣境
明嘉靖初徙縣北十餘里東流至縣東紀家莊北分為
二萬歷中又徙縣西十餘里東南流逕黄垈之北而東

《钦定四库全书》中关于郭守敬开金口引永定河的记载[9]

前人这样描绘北京的地理形胜：

“北枕居庸，西峙太行，东连山海，南俯中原，沃壤千里，山川形胜，诚帝王万世之都也。”[10]

于是，在金朝贞元元年（1153年），金废主完颜亮迁都到北京，称之为中都。

虽然北京的城建史可以追溯很远，但北京真正的大规模城建工程却是从金代开始的。完颜亮迁都北京后，将上京（会宁府）夷为了平地，不留痕迹。完颜亮是一个汉化程度极高的人，《水浒》中录有完颜亮咏雪的一首词，《念奴娇·天丁震怒》，读完此词，就知道他的汉语修为少有匹敌者。随着中都军民的日渐增多，将南路的货物从通州运到京城就成了金朝的当务之急。车挽粮食、陆运建材，量大而艰难，于是“决卢沟以通京师漕运”就成了一条理想的选择。对此充满希望的金世宗完颜雍曾忻然谓之曰：

“如此，则诸路之物可径达京师，利孰大焉。”[11]

金大定十二年（1172年），金世宗完成了一条运渠，从永定河引水，以通舟楫，所开之河称之为“金口河”。

“（南宋）乾道六年，金人议开卢沟河以通京师漕运，自金口河导至京城北入濠，又东至通州北入潞水。继而以地峻水浊，不堪舟楫，漕渠竟不成。”[12]

本段史料，说明了这条运渠的起讫点，其结果正与《金史》照应：

“及渠成，以地势高峻，水性浑浊。峻则奔流漩洄、啮岸善崩，浊则泥淖淤塞，积滓成浅，不能胜舟。”[11]

北京西高东低，所引之水流速高，淤积重，虑始未详，不能负载行舟，除了有少量的灌溉之利外，金人的努力算是失败了：

“分卢沟为漕渠，竟未见功，若果能行，南路诸货皆至京师，而价贱矣。”[11]

这是修漕渠失败后金世宗的态度，失望之情溢于言表，反衬出他对京城内通漕的愿望是多么的强烈。[11] 在此，我却想补充一句，从史料记述的言语看，金世宗该是一个宽厚的人，古来主持水利之事，因太过艰难，责任大而无咎者少。但开金口这件事，金世宗就让它淡淡地过去了，与元末再行此事形成了鲜明的对比。

贞祐三年（1215 年），蒙古人攻破金中都——时在金人迁都汴梁的第二年，将整个金朝皇宫焚毁，城市惨遭破坏，北京城变成了瓦砾焦土。后元世祖忽必烈决定在今北京建都，[13] 必须重新建城。至元二年（1265 年），郭守敬出任都水少监，打算在原金人的基础上，复开金口。于是他提出建议：

“今若按视故迹，使水得通流，上可以致西山之利，下可以广京师之漕。”[14]

“上可以致西山之利”之谓，是说可以将西山的石材、木材、燃料运送到北京，用于新城的营建。如今北京有“京西古道”的遗迹，宽达数米的石质山路上，有深深的牲畜蹄痕迹，可遥想当年古道运输的繁忙。

“蒙古初置燕京路，至元四年定都于此，改大都路”[12]，因而，建材的购置与运输就成为城建的第一需要。金、元城建，规模都非常庞大，金中都虽然是在辽代基础上扩建的，但仿汴京城的建筑图样[15]，汴京城当年为世界最大城市；而元大都则“右拥太行，左挹沧海，枕居庸，奠朔方。城方六十里，十一门”[16]，也为世界最大规模城市之一。金人原本以渔猎为生，蒙古是游牧民族，何以居无定所、飘忽不定的民族，一旦取得政权后就有如此的气魄，而要建如此规模的城市？这不是一种小富即安的心态，自有一番气魄在，值得深思。

可想而知，建如此规模的城市，必将过分地“致西山之利”，即使永定河中上游的森林植被遭到了很大的破坏，为以后的河患留下了伏笔[17]，这是时代的原因，前人虑不及此，今人不可为此而求全责备。

“下可以广京师之漕”，即可以为通州的粮食及其他货物运到大都城提供舟楫之利。郭守敬的努力成功了。郭守敬之所以能够成功，一个重要的措施是，此次引水采用了减水河：

“又言当于金口西预开减水河，西南还大河，令其深广，以防涨水突入之患，帝善之。”[14]

什么意思呢？如果永定河水大，则通过减河（海河流域的泄洪河道谓之减河），可以在取水口上游实现泄洪，不致使过多的水涌入运渠，且“西南还大河”，即所泄洪水可以流归原河槽，不令致灾。这是非常高明的“工程方案”，此渠安全运行了30余年，为元大都的建设做出了巨大贡献。

后来，郭守敬还是将金口河封闭了，原因有二：一是预防永定河发超大洪水，突入金口，使大都受淹，经过30年的建设之后，城市防洪就成了重中之重，大都西边的地形太高，永定河建瓴而下，是个潜在的威胁；二是郭守敬找到了替代方案，即可以导引昌平白浮泉与玉泉山等处泉水助漕。据侯仁之先生《白浮泉遗址整修记》：

“白浮水导引入京，始于元初。时新建大都城，急需引水以济漕运，遂有通惠河之开凿，其最上源即在白浮泉。郭守敬经始其事，开渠引水，顺自然地势，西折南转，绕过沙、清二河之河谷低地，经今昆明湖之前身瓮山泊，流注大都城内积水潭。于是南来漕船可以直泊城中。今日新开京密引水渠，自白浮泉而下直至昆明湖，仍循元时故道，仅小有调整，足证当初地形勘测之精确。”

从此我们可以读出这样的信息，京杭大运河的最北段通惠河，其上源就是白浮泉；漕船可以直泊城中有赖于集聚众多泉水的补给，泉水清无淤淀之患，泉流稳无干涸之虞，故能成为漕运的依靠；今新开京密引水渠利用了元时的一部分故道，这除了可以证明“当初地形勘测之精确”外，也可证明当时规划的合理性，否则不会利用故道。有鉴于此，侯仁之先生感叹说：

“守敬为天文历算及水利工程一代宗师，在元初新历法之制定与大都城之建设中，功勋卓著。缅怀先贤，激励来者，刻石为记，永志不忘。”

自郭守敬引白浮泉至今，大约700年了，有赖其为北京城市水利所做的奠基性工作，借用一句话赞之：

“故能协隆鼎祚，赞七百之鸿基。”[18]

写到此，我得写点感慨，郭守敬在金人失败的基础上再开金口，需要胆识，为什么这么说呢？请看侯仁之先生的另一段话：

“永定河经过怀来盆地，从官厅村以下流入两岸壁立的峡谷，曲折蜿蜒。穿行西山之中，从西北而东南，长约二百二十里，坡度约达四百分之一，急流奔湍，到三家店以下，才一泄而进入华北大平原。”[19]

在“急流奔湍”之出口引水，不正需要非凡的胆识吗？而这胆识的基础就是郭守敬的信心，即使放在世界的平台上来衡量，他也是划时代的科学家。

我去过三家店多次，现今那里有三家店拦河大闸，殊为壮观。遗憾的是，我从未见大闸开启过，因而也从未见过那种“一泄而进入华北大平原”的雄浑气势。

四百分之一的比降，实在是太陡峻了（请对比，黄河下游的平均比降大约为万分之一点二），而穿金口的位置就在三家店之下不远（今曰麻峪村），这样急速奔流的“脱缰野马”，如若突入金口渠，实在是令人担心！我在地图上查询，其进水口的位置几乎与天安门东西对齐，事实上，当年修人民大会堂，就挖出了金口运渠的遗迹。不是成竹在胸，哪敢这样做？再看当年的《水经注》，这样描写永定河在山谷中的水势：

“㶟（lěi）水（永定河）又南入山，瀑布飞梁，悬河注壑，湍（pēng）湍十许丈，谓之落马洪，抑亦孟门之流也。”[20]

直将永定河之“落马洪”比作晋陕大峡谷黄河上的孟门。可以想见，虽然金口河安全运行了30年，想必郭太史也会“战战兢兢，如临深渊，如履薄冰”。这也就是为什么自明嘉靖四十二年（1563年）之后，将永定河东岸的堤防修筑成石堤的原因，石堤长达30余里，以防溃堤使北京城遭受洪灾[19]——一旦东岸溃堤，洪水直涌北京城。**金元以后，北京的城市防洪，一直是国之大事**。

元末（1342年），议再开金口，曾遭到反对，但因有丞相脱脱的支持而施行。据《元史》记载：

“至正二年，正月兴工，四月工毕，起闸放金口水，流湍势急，泥沙壅塞，船不可行……卒以无功。”[21]

这次兴工，耗费公帑无算，劳民伤财，重犯了金初的错误。事后追责，提议兴工的人最终为此丢掉了性命，“俱伏诛”。为此事，《元史》特写这么一句话作为总结：

“今附载其事于此，用为妄言水利者之戒。”[21]

实令人惊悚！这样带着泄愤色彩的用语，实在不该是史家的笔法，这让我想起太史公的话，“甚哉，水之为利害也！”具有讽刺意味的是，元最终还是亡在修水利上——因为修黄河。

根据开车厢渠和三次开金口引永定河水的史料，足证当年永定河水丰沛，也辅助说明北京城建城方面与永定河的关系，**纵观世界，但凡伟大的城市，必得河流的滋润**。

## （三）

“可怜无定河边骨，尤是春闺梦里人。”

我知道，诗里所指之无定河非北京的无定河，我只是借用至此。借用至此，是想表达出这样一层意思：边塞无定河的战争，击碎了多少春闺梦；而京城无定河的决溢，漂没了多少田舍人家，人为鱼鳖的灾患，同样是生命的代价，“春闺梦里人”的悲剧是一样的，更何况频岁的灾患！

永定河的灾患，实在是太多了！

浑河之称，在于永定河多沙，以至于黑水漫漫，“辽金以后，桑干河含沙量渐高，水性浑浊。”[22] 永定河的上游称桑干河，古今未变。河自北京西出谷，沙多流急，故而下游常为灾。永定河虽然属于海河北系最重要的河流，但元明清之际，并不直接汇入今天的海河直通大海，而是与其他河流一道汇入三角淀，又称为东淀：

“即古雍奴水，当西沽之上最大，周二百余里，后渐填淤。袤延霸州、永清、东安、武清，南至静海，西及文安、大城之境，东西百六十余里、南北二三十里，为七十二清河所汇。永定河自西北来，子牙河自西南来，咸注之，今曰东淀。”[23]

三角淀虽浩渺广大，然无奈沙多，至乾隆后期，已基本淤平。[24] 三角淀之名，已经是存在于史籍中的历史名词了。有清一代，“永定河下尾故道最多最乱，很难彻底搞清楚”。[25]“高粱无上源，清泉无下尾”[20]，其实很早就这样。

金代于永定河上筑堤，水束于两堤之间，河道变窄，河床泥沙淤积速度加快，于是就成了小黄河,“善决、善淤、善徙”的特性显露无遗。“小黄河”之称，并非今人用语，而是来自历史文献。元后，动辄军民万人堵口，数万家漂没。更为头疼的是，“因沙多淤积，隔数年必改道一次”。水利史家郑肇经先生总结道：

“盖永定河至元代，石景山以下，屡因决溢而有堤塞之工。然两岸稻麦桑枣田园，连阡带陌，且开金口引水通漕，水利之盛，可概见也。”

**河流既有水害，更有水利，孰轻孰重，全在乎对水利的重视程度**。京畿重地，忽视水利的状况，少有发生。

明代都城北京，永定河治理虽然用工良多，但灾患却未见减少，“决”“溢”之词，频见于史料，“盖自洪武以来，宛平良乡而东，填淤冲决，迁徙靡定，东安被害尤甚，终明之世，几无宁岁，亦由人谋之不臧也。”虽然明代治河人物辈出，如陈瑄、刘大夏、万恭、潘季驯等名标史册，多有建树，但他们的着力点主要在黄河、运河与淮河，盖因三河交汇，牵一发而动全身，系国家命脉之所在，所以郑先生的臧否之论，是有道理的。[26]

清人入关，定都北京，异族入主中原，对畿辅之地的安危格外看重，事实上，清人对于永定河治理用工之勤，仅次于黄河。康熙三十七年（1698 年），“以保定以南诸水与浑水汇流，势不能容，时有泛滥，圣祖临视”[27]，于是决定对永定河进行一次大的治理。治河人为于成龙。“三十七年，命以总督衔管直隶巡抚。”

于成龙，字振甲，汉军镶黄旗人，入仕后历练颇多。这是个敢于用重典，且执法如山的人物，曾参与巡察湖广，拿下封疆大吏。其初任直隶巡抚时与皇帝曾有一段对话，见《清史稿》：

上问："治畿辅利弊应兴革者宜何先？"

成龙对："弭盗为先……臣当执法治之。"[28]

上任辞别康熙，康熙赠言八字："奉公守法，洁己率属。"

回奏曰："圣训八字，臣职分所当为。然臣受恩深重，非行他人不敢行之事，不足答殊知于万分一。臣此去赴任，止知有君父，不知有权要。"

1698 年，于成龙治理永定河以总督衔任巡抚，余威犹在，"畿内士民闻公至，相与歌舞于道，豪右咋指，相戒勿以身试法。"[29]

他这次具体的治河工作是：修筑永清、固安浑河堤，并加以濬治，绘图进呈，康熙始改浑河名为永定河。[30] 此次对永定河的治理非常成功，大体有 40 年的安流期，其固定的河道也与今大体相当，这成为他人生的一大亮点。

于成龙对永定河的治理，与历练、才干都有关系。他曾长期任职直隶，并做过通州知州，对北京一带的情况熟悉；尤其是，他治过水。

在安徽按察使任内，于成龙曾负责治理下河地区的水患，但他的治河方略与河道总督靳辅完全不同——与主官意见不同而能坚持，实际上是非常可贵的。朝堂当面辩论，支持于成龙的是绝对少数，但他获得了一个关键人物的支持，康熙"颇右成龙"，及至三年后，康熙再问他意见，他仍然坚持己见。

此事曾引起复杂的党争，实在是惊心动魄，致使靳辅罢官，靳辅的助手陈潢冤死，于成龙"削太子少保，降调，命留任"[28]。多年后，康熙尊重事实，对靳辅治河多有赞誉，于成龙反而受到了康熙的责问，这是他治理永定河之前的事 [ 康熙三十三年（1694 年）]（见本书《黄河夺淮——从清口到三门峡》)。

于成龙曾两任河督，最后累死在河督任上。由于他太勤政了，清廷给他的谥号是“襄勤”。

虽然于成龙当时对永定河的治理算是成功的，但一段时间的安流之后，灾患再次增多，特别是尾闾段。堤防不断修，决溢不断有，至乾隆朝，乾隆皇帝提出了具体的治理方案：

“无一劳永逸之策，惟有疏中弘，挑下口以畅奔流，坚筑两岸堤工以防冲突。犹恐大汛时盈满为患，深浚减河以防其盛涨。”

乾隆的话很无奈，也很实在，他看透了问题的实质。

乾隆的方案基于详细的调研，于是，永定河治理，又兴大工。从这里可以看出，堤防也做了，河道也疏浚了，并且，还强调了减河，可事实是，二百多年间，卢沟桥以下决溢、迁徙八十余次[8]，可以用上形容黄河的那句话了：三年两决口。为政者连灰心都有理由了。

**既然下游不能畅通入海，那么，尾闾只能在淀内摆动游荡，淀泊淤积，河身日高，下游顶托，遇到大水，能无灾乎？**（关于下游的顶托，请参见本书《黄河夺淮——从清口到三门峡》）

有鉴于此，针对永定河，清时有人提出了不少别出心裁的治河说，比如，反对堤防说，任水漫流，不致大灾，泥沙还可以肥田……这些话，听起来似乎可笑，其实是深有体会的，对永定河做不到深入了解，不知河性，难以说出这样的话。只是，是否具有可行性，是否符合实际，那是另一回事了。**对河性的认识是一回事；河务工作该怎样做是另一回事。必要的考虑是社会问题，具体到老百姓怎么安家、怎么生活的问题。“科**

**学”有时须得向“社会问题”让步，固守于所谓的“科学认知”而脱离现实，则会陷入谬误**。比如康熙对黄河减水坝的看法：利于河工不利于百姓。

永定河难治，在于流量变幅大，多沙，对此，康熙皇帝个人的体会是：

“此河性本无定，溜急易淤沙，既淤，则河身垫高，必致浅隘，因此泛溢横决，沿河州县居民常罹其灾，今欲治之，务使河身深而且狭，束水使流，藉其奔注迅下之势，则河底自然刷深，顺道安流，不致泛滥。”[31]

这里，康熙皇帝给出了河患的原因及治理办法，从此处可以看出，康熙是潘季驯“束水攻沙”理论的信徒，其孙乾隆皇帝，更是“束水攻沙”理论的信徒，尽管这样，“无一劳永逸之策”是历史事实的真实表述，永定河河患，是伴随着历史的发展而产生的，**人的认识往往落后于自然的表现**——也就是今人所说的自然的报复、自然的惩罚。

“永定河在金元以前，有灌溉交通之利，不闻有大患。明清以降，堤防之功愈重，而决溢之患转剧，其病在治堤而未知治沙。”

这是郑肇经先生早在民国期间给出的结论，惜未能及时为社会所关注，永定河的问题，可以类推到其他多沙河流上去。此结论，本质上与谭其骧先生《何以黄河在东汉以后会出现一个长期安流的局面——从历史上论证黄河中游的土地合理利用是消弭下游水害的决定性因素》[32]的结论有神似之处。

“社会发展，人口稠密，河旁沃土已被垦为农田，尽管可以局部限制洪水，损失还是巨大的。”“因为大堤是针对洪水，限洪于槽内，洪水时所挟带的大量泥沙也沉积在内。结果泥沙淤积，河身抬高，与防洪意图相反……泥沙问题至今未能妥善解决，在防洪中留下大问题。”[8]

这是姚汉源先生的更为全面的结论，其实，姚先生的结论大有深意，涉及与水争地的问题，特别是泥沙利用的问题，隐含着如何消解“防洪中留下大问题”。

看着这些真知灼见的结论，只有深思后才能感觉到其振聋发聩。然而，**今天干水利工程的人，不愿、不屑于从史料和史书中知晓这些结论的情况是有的，或认为，历史上的东西必定落后；或认为，这些“软性”的结论没用，属于老生常谈。常闻“老生常谈”就理解了吗？未必！充耳不闻的情况很多，沉溺于纯粹“理工”思维的人更多，沉醉于纯粹的技术进步必定陷入新的危机，此乃西学东渐后尽抛自己历史的可悲处。乐于治标而忘却病因，不从大处着眼，不察流域全局，不接受历史教训，结果是专家很多而治水人很少，用功虽勤，劳民伤财，于事无补。对于水利这门与人类文明史一样长远的学问，不能割裂历史！**

无论是永定河、黄河，还是别的什么河流，治沙之根本，都在于中上游的水土保持，需要有良好的植被——金元之前，永定河上游植被良好[25]，故而无灾，于今这真是“老生常谈”，但却与当下的土地利用方式发生关系，这涉及社会问题，非常复杂；即或是对自然而言，“要使自然界任何已发生的过程完全逆转是不可能的”[33]，这是热力学第二定律的明确结论，我们不可能突破自然规律，说得更明确些，即**自然界一旦某个过程发生，就不可能恢复到它的初始状态**，比如，我们将不可能恢复到金元以前永定河中上游的生态，也没必要，因而，治河不易，治水更不易。如此，只能是在“修复”上做文章，这也要照顾到地理环境、降雨量等自然因素——比如在干旱地区强行植树未必能植活，适于长草的地方未必适于乔木的生长，而以前的自然环境我们不尽了解。由此看来，流域的生态治理，将会是个长期而重要的任务。

再回到永定河河患。要真正对永定河洪灾予以控制，则需要在河流上修建控制性的水库，必须依靠现代的技术手段，这已经是 1949 年以后的事了。

## （四）

那么，如今的永定河，水去哪了？

20 世纪 70 年代初，曾有电影《战洪图》，描写的正是海河流域抗洪的事，其事实基础是 1963 年的海河流域百年不遇的特大洪灾——资料显示，此次洪灾动用的抗洪军民达近百万人之多，与洪水搏斗两个月，各主要河道漫溢决口，一批中小型水库垮坝失事。[34] “甚矣，水之为利害也！”又想到了那句话。

电影的主要情节是“舍小家，保大家”，大家就是天津，还有津浦铁路。所用的方法是将刚修好的大堤炸开分洪，淹没自己的村庄家园——相当于启用了分洪区。

分洪，是抗洪的主要手段之一，长江上有荆江分洪区，为了保武汉；黄河上有北金堤滞洪区、大功分洪区、东平湖分洪区，为了保下游……分洪，就是人为淹没。为了尽量减少分洪区的运用次数，最有效的办法就是在上游修拦蓄性的水库。永定河曾于 1950 年出现大水，造成严重洪灾，1954年修建官厅水库，1958年修册田水库，之后，基本上控制了永定河的洪灾，保了北京，保了天津，功莫大焉。

官厅水库，原是1929年华北水利委员会所拟定的《永定河治本计划大纲》中所规划的一项内容。

现在的人怎么评价官厅水库呢？

官厅水库的修筑，“给北京城带来了巨大效益，却造成水库以下河道断水干涸，使永定河上下游的生态环境惨遭破坏。失去河水滋养的永定河下游，砾石裸露，白沙漫漫，一有大风，沙尘飞扬，两岸土地的沙化日益严重。”[25]这是在肯定永定河巨大社会效益的前提下，对官厅水库来了个求全责备。其实，官厅水库负不了如此多的责任。虽然如此，水利人该如何考虑这样的“求全责备”呢？我想再追加个问题，永定河流域有多少水库呢？有没有两全其美的办法？

有多少水库的问题，看似简单，却不好回答。或许，没人能回答出来，有人说，有200多个。问题的难点在于水库的定义，何为水库。当村村都修建“拦水梗”的时候，那一池水流，深不盈尺，广不盈丈，算不算水库？其意义又何在？

**河里有水，来源于流域集流，当把支流、沟沟岔岔都修上水库，修上“拦水梗”的时候，水就流不到干流河道来了，所谓“小河无水大河干”就是这个道理。所以，我国有不少的干流水库，其蓄水都在死水位之上不远处徘徊**（死水位可认为是水库正常运用蓄水兴利的最低水位），**而当控制性的水库也无水可放的时候，下游河道内的水何来呢？**

1957年水利部提出水利建设“以小型为主，群众自办为主，以蓄为主”，海河流域当然贯彻的是“以蓄为主”的方针。1963年洪灾过后，为了响应毛主席的号召根治海河，制定了“上蓄、中疏、下排，适当地滞”的总方针，其重点在“中疏、下排”，客观地说，经过十余年的努力，“很好地完成了子牙、大清、永定、潮白、蓟运等河系较高标准的防洪体系和黑龙港河、徒骇、马颊等河系的除涝体系，完全改变了历史上各河集中天津入海的局面。”[35]这是前无古人的成绩。在时间的进程中，文献显示，海河流域的水利建设方针逐渐变为“小型为主、配套为主、社队自办为主”[36]，在防洪取得骄人的成绩后，水利建设实施这样的转变当然是为了水资源的利用，因而可理解为又走向了“以蓄为主”，这本身没有错，问题是“度”的把握。

作为海河水系重要的河流，永定河必定在治理之列，于是，更多的小水库，便在永定河流域修建起来了，特别是当走向“社办为主”的时候，就成了人民战争，所修建的微小水库，可能缺少必要的上级规划，而是赋予了“战天斗地”热情之后的结果，**当人的热情大过理智的时候，就出现了“无序”的状态**。当如此多的大小水库都“以蓄为主”的时候，下游就无水可放了。而如今，因为某些地方开展小流域治理，有了更多的拦水梗。于是，要弄清楚水库的数量，也确实存在难度。

作为本段的结束，我愿再次引用《无序的科学》的作者特意写给中国读者的一段话：[33]

“历史的教训说明：每一项应用科学—技术——都会产生一定的副作用，历史学家称之为：技术的无意结果。在许多情况下，这些副作用——无序——都带来许多的我们每一个个体和社会群体都不能忽视，而是必须重视的社会问题和环境问题。”

## （五）

北京在明清属于顺天府管辖，清初，顺天府有个人叫刘献廷，地理学家，他早就论述过“西北”水利及水资源问题。

这里所谓的西北，与今日西北的概念不同，指的是今甘肃、宁夏、陕西、山西、河南、河北、山东、北京、天津的广大地区，其中京东、畿内之地为重点区域。元明清时期，西北水利广为有识之士所关注，如郭守敬、虞集、归有光、徐贞明、冯应京、徐光启、顾炎武、林则徐等，他们中有学者，有思想家，有官员。林则徐重点关注的是京东水利，有专门著作《畿辅水利议》[37]。

刘献廷认为，地理学之研究，不仅要研究“人事”，还要研究“天地之故”，即要在自然规律方面予以探讨，因而曾“遍历九州，览其山川形势”[38]。地理之研究，必然会涉及水道的变迁，因而他对中国的水利有所审视，尤其是对西北水利有精到的审视，这个从地理入手的水利学者，认为中国幅员辽阔的西北地区不是缺水，而是没有用好水，经理天下应当先解决好中国西北隅的水问题，水的问题解决好了，人民就会富足，社会就会昌明。分析看，这尽管仍然脱离不了中国传统社会以农为本的立场，但他就生活在那种社会，清初的人怎么可能逾越高度发达的农业社会时代所带来的羁绊？因而他的观点是可贵的，是“经世”良策，即使时代发展到晚清，林则徐著《畿辅水利议》，也只是强调发展京东水利，其所议的水利范畴，也在刘献廷所议的水利范围之内。在林大人看来，发展畿辅水利，就可革除依靠漕运的弊病，就不再需要仰给于东南，因而属于“经国远猷”之良策，那么，发展西北水利，惠及社会、惠及天下的利益不更大了吗？这就不难理解，为什么刘献廷的观点甚得近代大学者如梁启超、钱穆等人所欣赏，他的宏论曾被梁、钱引用在自己重要的学术著作中。《清史稿·列传》中有刘献廷传，其中引用了他关于西北水利的一段论述：

“其论水利：谓西北乃二帝三王之旧都，二千余年未闻仰给于东南。何则？沟洫通而水利修也……不知水利为何事，故西北非无水也，有水而不能用也。不为民利，乃为民害。旱则赤地千里，潦则漂没民居。无地可潴，无道可行。人固无如水何，水亦无如人何。……有圣人者出，经理天下，必自西北水利始。水利兴而后足食。教化可施也。”[39]

由此可以知道，“继庄（刘献廷）之学，主于经世。”刘献廷在这里谈到了人水关系问题，洪水问题，最重要的，是有水不能用的问题，即如何利用水资源的问题，本文所谈永定河“无水”的问题，其实就是水资源问题。

**古时候，“有水不能用”，在于技术手段的缺乏，即白白浪费掉了水资源。但反过来，如果过分地使用技术手段，过分地榨取自然，或者上下游不能统筹兼顾，上游修水库，无节制用水、拦蓄水，也会带来下游“无水可用”的问题，如此，何以滋润长河两岸的万物？包括人。**永定河的问题，非仅仅永定河所独有。

《水经注》原序中引用了这样几句话：

“天下之多者，水也，浮天载地，高下无所不至，万物无所不润。”
“大川相间，小川相属，东归于海。”

但现在不是这样了，至少，河道有了常年的断流，就不完全是这样了。既然不是这样了，该怎样面对有限的水资源呢？

控制性的防洪水库，一定是必需的，毋庸置疑。**河流的防洪安全永远是第一位的**。但是，一个特别大型的水库建成以后，该怎样向下游泄放必要的流量呢？这是个问题。

特别微小的水库也需要建吗？或者，以小流域治理为名而垒起的拦水梗呢？通过这种方式拦蓄的水，谈不上兴利；拦阻起来的泥沙，也经不起一场大洪水，所谓"零存整取"是也。小流域的治理是特别需要的，是生态的需要，环境的需要，也是河流生命与健康的需要，但需要规范化，更需要科学化。

我在别的小河流上见过太多的拦水梗，这些拦水梗的存在让昔日的"小河流水哗啦啦"不复存在，除了影响行洪，丝毫不见其作用，分明是一种"河道梗阻"。由此，想起了水利史上的有关记载，即秦统一天下之后，由战国时期的"壅防百川，各以自利"转向了"掘通川防，夷去险阻"，**"拦水梗"的问题虽然与川防问题不在同一层次上，但"拦水梗"的存在要统筹全局来考虑，也就是说，在全流域的眼光下，对那些实在没有兴利作用的拦水梗、甚或于拦蓄水库，是否可以认定为"险阻"而"夷去"呢？这对保持河里有水、保持河流的健康生命实在重要**。

永定河的断流影响是巨大的，裸露的沙床只是表象而已，若检视一下历年的北京地下水位线分布，无需专业知识，就会得出一个结论：原来北京市内许多纵横的河流、星罗棋布的淀泊，甚或于历史上难以计数的水井，源流其实都来自永定河及西山裂隙水的补给——很简单，永定河下边的地下水位线要远远高于城区及东部地区，因而渗流方向必然是由西而东，当这个补给源不存在时，缺水的北京，就成了北京城的另一张名片。

“余生也晚”，未见到过北京西部一带“青草池塘处处蛙”的景象，但我知道的是，名闻天下的玉泉山山泉断流了。地质专家清华大学王恩志教授告诉我，北京城的山前平原，原为永定河冲洪积扇的承压水溢出地带，泉流众多。玉泉山水好，说到底，是属于奥陶系石灰岩的裂隙水，为重碳酸钙型，是西山、永定河的水通过灰岩裂隙露到了地表，永定河都没水了，玉泉山怎么可能有泉呢？

郦学大家杨守敬先生认为颐和园的水也是西来，《水经注》曰：

“湖有二源，水俱出县西北，平地导泉。流结西湖，湖东西二里，南北三里，盖燕之旧池也。绿水澄澹，川亭望远，亦为游览之胜所也。”

杨守敬先生的疏解为：

“今宛平县西玉泉之水，出石罅间，东流旧汇为西湖，周十余里，荷蒲菱芡，沙禽水鸟，称为佳胜。至乾隆时，疏浚广数倍，谓之昆明湖。”[40]

这里想说一点分歧，但不碍于本文的主题，即对“流结西湖”认识不一。颐和园也称西湖[41]，这是明代的名字[42]，确切地说，该称“瓮山西湖”[43]。杨守敬先生疏解的《水经注》中的“湖”为瓮山西湖[40]，有玉泉山在做佐证；侯仁之先生认为“《水经注》湖”为另一个西湖，即莲花池[42]。

其实这里不必辨别“《水经注》中的湖”到底为哪个西湖，无论是玉泉山，还是莲花池，如今都是泉竭无水了。我不知道玉泉山水的断流对颐和园是否有影响。颐和园昆明湖实在是太重要了，若不补水，颐和园的水位会如何变化呢？

由颐和园，思绪延及圆明园，有自己的经历及感受在。当年，圆明园废池乔木的旁边，曾经是无际的荷田。当时，我还是学生，时在20世纪80年代初，孤单地坐在残垣断壁的荷池边，夕阳残照，偶见受惊扰的青蛙从草窠中跃进水里，进而惊扰了浅底的鱼虾，水清澈，泥微黄。微风下，带着一腔的沉痛、愤懑和忧思，伴随着半噙的泪。这些都历历在目，未有半点的模糊。而如今，圆明园却不得不依靠中水来打扮景观，水底再不是出流的泉眼，代之的是塑料的防渗膜，连水流的渗透方向都发生了反转。

永定河的断流，影响实在是太大了。

永定河流域是这样，其他流域呢？

……

秋风下，思绪浮想联翩。

人说，“人生忧患识字始”，是这样吗？

走回桥头，阳光依然灿烂，风略有些增大，河中的秋草也呈起伏状波动，远处的河岸上，红叶的蔓藤紧紧抓住攀援的石壁，白色的芦花则随风大幅度地摆动，真的是秋色连天。

时间还早，我要去看看宛平城墙上当年留下的弹洞，每次到此，我都会去看一眼。此后，到了抗日战争纪念馆，未进门，就看到极为庄严的黄铜雕塑，长城一般横亘于进门的大厅。中间是坚毅的军人，两边有长髯的老人，荷于肩上的幼童，有农工，有学生，形象由实而虚，分明地前赴后继：脚踏着祖国的大地一往无前，而身后则是美丽的河山……我就这样看着，想着，站立于雕塑前，也不知过了多长时间，直到泪湿眼眶……

抗日战争纪念馆门厅内雕塑

补记：2020年5月16日消息，永定河廊坊段有水了，5月18日，我在电视上看到了航拍的画面，河道内水很大，同样地，廊坊的人也很稀罕河道内有水，有很多人来到河畔观水，看来，热爱山水是人的共同特征。这次通水，是廊坊市25年来首次见到河道有水，是永定河开闸放水，是生态补水的需要，补水后可显著提高地下水位。去年冬天，听到过消息是南水北调的水曾泄放入永定河，看来，为了使永定河有水，各方也是想足了办法。现在，有一个安全的永定河是没有问题了，让河里的水流起来，还需要花大的力气。

# 参考文献


[1] 王统照．王统照精品文集 [M]. 北京：团结出版社，2018.

[2] 邹逸麟．中国历史地理概述 [M]. 上海：上海教育出版社，2005.

[3] 丁进军．康熙与永定河 [J]. 史学月刊，1987（6）：35-38.

[4] 闻性真．康熙与数学 [J]. 北方论丛，1982（2）：106-110.

[5] 金朝柄．康熙爱数学 [J]. 文史月刊，2011（2）：76-78.

[6] 韩琦，詹嘉玲．康熙时代西方数学在宫廷的传播——以安多和《算法纂要总纲》的编纂为例 [J]. 自然科学史研究，2003（2）：145-156.

[7] 陈寿．三国志 [M]. 北京：中华书局，1982.

[8] 姚汉源．中国水利发展史 [M]. 上海：上海人民出版社，2005.

[9] 陈仪．直隶河渠志 [M/OL]// 永瑢，纪昀，等．钦定四库全书，史部十一，地理类四．[2020-08-30].http://skqs.guoxuedashi.com/1301o/930334.html

[10] 于敏中，等．日下旧闻考 [M]. 北京：北京古籍出版社，1985.

[11] 脱脱，等．金史 [M]. 北京：中华书局，1975.

[12] 读史方舆纪要卷十：北直一 [M]// 顾祖禹．读史方舆纪要．北京：中华书局，2005.

[13] 单国．元代的大都城 [J]. 中国典籍与文化，1996（2）：91-96.

[14] 元史卷一百六十四：列传第五十一 [M]// 宋濂，等．元史．北京：中华书局，1976.

[15] 傅崇兰，白晨曦，曹文明，等．中国城市发展史 [M]. 北京：社会科学文献出版社，2009.

[16] 元史卷五十八：志第十，地理一 [M]// 宋濂，等．元史．北京：中华书局，1976.

[17] 尹钧科．论永定河与北京城的关系 [J]. 北京社会科学，2003（4）：12-18.

[18] 李世民．晋祠之铭并序 [J]. 中国书法，2015（4）：60-71.

[19] 侯仁之．中国古代地理名著选读：第一辑 [M]. 北京：学苑出版社，2005.

[20] 郦道元，著．陈桥驿，校证．水经注校证 [M]. 北京：中华书局，2007.

[21] 元史卷六十六：志第十七下，河渠三 [M]// 宋濂，等．元史．北京：中华书局，1976.

[22] 邹逸麟．中国历史地理概述 [M]. 3 版．上海：上海教育出版社，2013.

[23] 齐召南．水道提纲：卷 3，京畿诸水 [M]. 清华图书馆电子资源．

[24] 王长松，尹钧科．三角淀的形成与淤废过程研究 [J]. 中国农史，2014（3）：104-111.

[25] 尹钧科，吴文涛．历史上的永定河与北京 [M]. 北京：北京燕山出版社，2005.

[26] 郑肇经．中国水利史 [M]. 北京：商务印书馆，1939.

[27] 清史稿卷一百二十八：志一百三 [M]// 赵尔巽，等．清史稿．北京：中华书局，1977.

[28] 清史稿卷二百七十九：列传六十六 [M]// 赵尔巽，等．清史稿．北京：中华书局，1977.

[29] 于成龙墓志铭 [EB/OL].[2020-08-30]. http://blog.sina.com.cn/s/blog_5cd62a180100x019.html.

[30] 席会东．河图、河患与河臣：台北故宫藏于成龙《江南黄河图》与康熙中期河政 [J]. 中国历史地理论丛，2013，28（4）：130-138.

[31] 周家楣，缪全孙．光绪顺天府志 [M]. 北京：北京古籍出版社，1987.

[32] 谭其骧．何以黄河在东汉以后会出现一个长期安流的局面：从历史上论证黄河中游的土地合理利用是消弭下游水害的决定性因素 [J]. 学术月刊，1962（2）：23-35.

[33] 霍金凯．无序的科学 [M]. 王芷，译．长沙：湖南科学技术出版社，2007.

[34] 赵春明，刘雅明，张金良，等．20 世纪中国水旱灾害警示录 [M]. 郑州：黄河水利出版社，2002.

[35] 海河志编纂委员会．海河志（ 第一卷）[M]. 北京：中国水利水电出版社，1997.

[36] 刘洪升．论河北省根治海河运动的特点及经验教训 [J]. 当代中国史研究，2007，14（3）：105-111.

[37] 郭国顺．林则徐治水 [M]. 郑州：黄河水利出版社，2003.

[38] 刘献廷．广阳杂记：（一）[M]. 北京：商务印书馆，1937.

[39] 清史稿卷四百八十四：列传二百七十一 [M]// 赵尔巽，等．清史稿．北京：中华书局，1977.

[40] 杨守敬，熊会贞．水经注疏：中册 [M]. 苏州：江苏古籍出版社，1989.

[41] 北京市颐和园管理处．颐和园 [M]. 北京：文物出版社，1979.

[42] 侯仁之．北平历史地理 [M]. 邓辉，申雨平，毛怡，译．北京：外语教学与研究出版社，2013.

[43] 刘若晏．御苑文化：颐和园寻根 [M]. 北京：中国铁道出版社，2002.

# 黄河夺淮——从清口到三门峡

清口，是京杭大运河、黄河、淮河三河相交之处。运河南北向，黄淮东西流，黄淮涨落，而不使其影响漕运，真乃河督之难也。

黄河沙多，清口淤淀，本性使然。围绕着“以清刷浑，束水攻沙”的理论，就有了洪泽湖的高家堰。高家堰，淮扬之屏障，造福一方，但也成了明清皇帝的隐忧，尤其是康雍乾三朝。

治黄战役打响，三门峡大坝横空出世，阻扼黄河，砥柱悄然隐没。且于静处思往事，“山形依旧枕寒流”。人力有限，无奈沙何，似曾相识，使我想起清口。

## （一）

此文难写。

每于夜静读史书，掩卷长思，觉得中国治水之难，在于治黄；治黄最难之期，在于元明清——盖因国家政治、经济中心的分离，水涨水落，影响京畿之故也；而治黄最难处，则在于清口——水清水浑，矛盾交织之所也。

清口，知之甚早，可视为“史书”中的一个地理名词。尽管从事水利工作大半生，不免孤陋寡闻，连何处的水利工程比清口复杂都不知道；而且，看史书落泪，替古人担忧，总觉得此处的河务人员，是在战战兢兢的状态中度日。是的，黄河、淮河、京杭大运河三河相交，京城军民，“仰给在此一渠水”，面对涨落无定，时淤时冲的复杂多变局面，稍有不慎，就会殃及百姓田庐、京畿民生，其责任重于泰山，自毋庸置疑。因而，长久以来，每提到清口，我对先贤都怀有一种钦敬，也因此，早想来这“古代水利工程博物馆”寻访旧迹。机会本是有的，但总以分身乏术为借口不曾成行。

终于决定来淮安了，却是为了另一目的，去掉心里存在多年的疑惑——不是卖关子，这专业性的疑惑又一时难以用语言描述清楚，干脆略之不谈了，再回复到以前的心理状态：寻访水利人的旧迹，看看一些实物；即或是旧物难觅，退而求其次，也可以感受到一些地气，于是就有了淮安之旅。

且随我淮安一行。我们的历程不是那么一帆风顺，清口的沧桑需慢慢探索。我尽量回避掉没什么味道的工程术语，实在回避不掉的几个高程数据，只好保留。

抵达淮安，正是太阳欲升之时，天气晴好，天空浮现出一种黄中带红的色调，城市还未完全醒来。

很顺利地打上了出租车，司机热情而健谈，带着自豪首先给我们介绍周恩来，说淮安是周总理的家乡。淮安是周总理的故乡，在中学时代我就知道了，来到淮安，从火车上下来，就觉得脚踏在了一方热土之上。

不一时，汽车越过了一条宽阔的河道，司机说是“古黄河”，我立马转头观看，平静应了一声：“哦，古黄河。”

大约是有些出乎司机的预料，怎么没有疑问？于是司机又补充了一句：“我们称废黄河。”尔后，莞尔一笑。

我理解，他是因用了“废”字而略觉不好意思，但似乎也包含着一种对外地人的一种测试，毕竟包含着一种“冷”知识。

就这样，话题转到了水上。于是我问：

“清口枢纽好找吗？我今天要去那里。”

司机一时语塞，顿了顿道：

“是交通枢纽吗？”

司机的话，印证了我来之前曾有的担心，几经解释还是说不清楚，就岔开了话题。

我担心什么？我担心的就是清口枢纽很生僻，准确位置不好找，也担心找不到旧物遗存。

“清口枢纽”，大约是京杭大运河申报世界文化遗产时所用的词语，我对此没什么不同看法。但对我这个学水利的人来说，初听，却有一头雾水的感觉。就专业的角度看，所谓的“水利枢纽工程”，一般是指以坝为中心，对一个具有综合功能的水利工程的称呼，比如“三峡水利枢纽工程”，有防洪、发电、通航等多重功能。听惯了此类的说法，自然会对

“清口枢纽”的用语感到困惑。就按普通用语来理解，“清口枢纽”的短语中，也缺少了“定性”的词汇，因而，司机才会有“是交通枢纽吗”的疑问。

早饭罢，出发开始工作，前往清口枢纽。出租车司机没听说过这地方，很为难，但态度良好，不停打电话咨询求助。我告诉他：我可以帮助他导航，地图上有标示——他不会用导航软件，于是，问题得到解决。但到了目的地，才真正遇到了麻烦。

眼前一片荒野，蒿草没膝，附近见不到人，也看不到任何的标识，公路上，车辆隆隆驶过，多为载重卡车，连问询一下也不可能。所幸附近有个水利管理站，于是进到人家的院子，求助于其中的工作人员。共计两次进水管站问询，但只有一人在听了解释之后能给我们指路。事实证明，他的指路对我们没有帮助。我坚持定位正确，决定走遍附近的每一条道路。功夫不负苦心人，在一个树木繁茂的小道尽头，终于看到了标识：世界遗产。

标识是圆形的，钉在门旁的墙上，中文下是英文与法文，我深信，尽管没有“清口枢纽”的标识，但我找对了地方。

置于墙上的清口枢纽世界遗产标识

开始，我对“世界遗产”这几个字的标牌存有看法，同样是觉得没有“定性”的词语，比如该说世界“文化”遗产，可看到下面的英文词，发现两者对应，也就释然了。

好不容易找到了地方，门不开，让人失望。但真正让人失望的，是发现此门从来没开过，门漆欠起，布满尘灰，“算只有殷勤，画檐蛛网，尽日惹飞絮”。

简单地思索之后，我对司机说，一定还有其他门。于是绕院子找进口，在另一侧，果真看到了人，看到了保安。还没来得及窃喜，“枚乘故里”几个字就映入了眼帘。

枚乘是西汉时期的汉赋鼻祖，若在平时，这样的人文遗址，我是感兴趣的，但此时任务在身，一点心思都没有。从北京到淮安，千里迢迢，我的目标还没找到啊！就在此时，看到了一个座碑：全国重点文物保护单位，京杭大运河·江苏段，码头三闸遗址。

莫非这就是今日清口枢纽的实物？

码头三闸遗址座碑

看到这个座碑，心里有了一丝安慰，总不至于空手而归。可旋即又断定，这不能算是清口枢纽，于是，再问询。

这次没有费大力气，保安告诉我说，清口枢纽在枚乘故里。

所谓的枚乘故里，其实是个院子——并不意味着有村落的存在，“故里”一词的汉语语义，在这里多少有点走样。

进到院内，在院后的侧边，看到了一个小亭，下一个台阶，是一块不太大的平台，平台靠着一湾水，并做了一个简易的码头——只是个样子，当然不是为了靠船，这平台的中央，立了一个座碑，面水一侧，写了六个字：清口枢纽遗址。

“清口枢纽遗址”座碑

这就是我要找的地方了，真是“众里寻他千百度”。

我似乎明白了，所谓的清口枢纽，只表示当年的黄、淮、运相交在这一带，并不意味着有任何枢纽建筑物的存在——我还是太受自己专业的影响了。这里的碑是明确的，写的是“遗址”——但即或是遗址，也多少该给人一点念想啊，但眼前真的是除了一湾水，什么也没有！

站在“清口枢纽遗址”的座碑旁，看着眼前的一湾水，我脑子似乎不再有别的想法——还是有些失望吧！偶尔，能够看到水面泛起一些不大明显的涟漪，因阳光晴好，可反射出粼粼波光，水清，岸绿，但不见鸟鸣，没有鱼跃，无疑地，此处有些荒凉，平时少有人来。

慢慢地，我回过味来，这一湾水，分明已经告诉我，它正是清口处河流的历史遗迹，是活的历史的印证，那一湾水的延长部分，正是昔日的河身啊！

历史变迁，沧海桑田，黄河已改道，淮河早已失却了入海通道，清末停止漕运，昔日喧闹的清口湮废了。这正常。但世事变迁，留下了具有历史痕迹的地名：码头。码头，由功能性的名称代替了纯粹的地理名称“清口”。

司机知道我从北京来及此行的目的，作为当地人，看着眼前的情形，他似乎觉得有点歉意，于是比我更上心地又到门口与保安交流，在院子里上上下下跑了个遍，然后，气喘吁吁来到我跟前，说：“这里有个展览室。”

“真的？”我一时大喜过望。

## （二）

其实，展览室就设在小亭旁。门首挂着黑底烫金的对联：通漕关国计三龙盘绕争清口，治水切民生百代经营叹禹功；横批：清口沧桑。

展室不大，没有别的游人，我得以仔细观看。展室的中间是沙盘，展示当年“清口枢纽”的状况，并在沙盘中摆放着有关清口河道及建筑物布置的历史图卷，墙上挂着具体的说明，沙盘结合说明，内容丰富，做得很好。

清口枢纽展室门首

前已说过，我对清口存在着专业性的疑问，但当我站在沙盘前时，脑子一时就懵了：怎么可能会如此复杂？

其实，问题就是这么复杂。水利史大家姚汉源先生在《中国水利发展史》一书中，以脚注形式写道："本段之叙述需配置大量清口形势图，不能详析，只能概说，读者可参阅清人南河总督麟庆所编《黄运河口古今图说》。"这里附上姚先生所绘清中叶时的清口形势图，注意图中有"中运河"，下文还会说到。

在展室内也看到了关于码头三闸的说明，实物已分别于 1967 年与 1973 年拆除。惜哉！

我在沙盘旁，看得足够仔细，自觉有收获，心里终于暗暗道："不虚此行。"

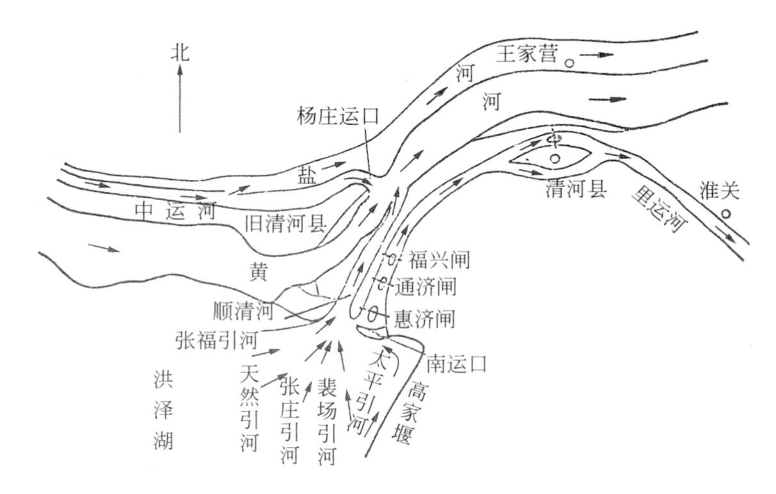


清中叶清口南北运口示意图（源自：姚汉源《中国水利发展史》）

清口遗址硕果仅存的一湾水

## 马头三闸

马头镇域作为明清五百年来的漕运要枢，黄淮运交汇之地，水患频繁，为了保证帝国漕运命脉通畅，从明朝万历初年开始，总理河漕潘季驯创行了“蓄清刷黄”之策，并在惠济祠旁的淮、黄、运河交汇处创建了“之”字形河道，及至清代，“治河、导淮、济运”亦群萃于此，这段“之”字形河道与惠济、通济、福兴三闸及高家堰等工程是一项十分复杂艰巨的水利枢纽工程。马头境内这段“之”字形河道是里运河的组成部分，为在乾隆年间定形的马头段里运河故河道，主要由惠济、通济、福兴三闸运河及越河河道组成，现存的河道总长约6公里。三闸是惠济、通济、福兴三闸的总称，俗称头、二、三闸，是

十分复杂艰巨的水利枢纽工程。三闸包括正、越闸，连续三组通航闸串联。正越闸一组可以互为备用，一防事故，一利维修，三组串联，既可防止黄水内灌，又可作为船闸使用，以节水过船，三闸结构型式基本相同，均为单孔，宽七米余，闸高十米以上。条石闸底、闸墙，木桩基础，闸身长十二米，进出口均为八字条石墙，与闸身岸墙连结，伸向两岸，下游出口墙较长。闸身中部设有插板槽两道，相距约两米。进出口护坦为三合土加铺条石，出口长达七十余米。三闸依次联通，逐渐升高水位。漕船沿运河北去必须经过三闸，过闸犹如登上三级阶梯，完全靠人力拉纤，把漕船拉到水位高于黄淮交汇处的清口（淮河口）的运口（运河之口），然后才能由高向低从运河进入淮河，再进入黄河或中运河北去。故老相传，船过惠济三闸，一般下水三天，上水七天，由于从运口入清口水位落差大，甚为危险，驾长（舵手）、水手过闸，都去闸旁天妃庙烧香祷告，祈求天妃娘娘保佑。咸丰五年（1885），黄河改道北流入渤海，惠济三闸逐渐废弃，通济闸和福兴闸于1967年拆除，惠济闸于1973年拆除，三闸拆下的木料总计不下六、七千立方米。

码头三闸的说明（图中马头即为码头）

## 前　言

古清口又称泗口、淮泗口，为古淮、泗水交会处。古泗水为淮水的最大支流，发源鲁南，迤逦至徐州会汴水一支，经邳、宿而达淮阴北岸会淮河。以其水清，别名清河，故亦称会淮处为清口。淮、泗二水为沟通黄河、长江的最早纽带，《禹贡》述扬、徐二州贡道为“沿于江、海，达于淮、泗”；“浮于淮、泗，达于河”，清口实扼其襟喉。

宋建炎二年(1128)，黄河南夺泗、淮入海，终开七百余载鸠占鹊巢之局。元至元二十六年(1289)，会通河成，淮北运道易辙，清口以上屡为黄河所夺的数百里古泗水成为漕运航道。后泗水被迫改道，故《明史》称这段漕运航道为“河漕”。明永乐间，漕运总兵官陈瑄开清江浦河，使淮南运道避开淮河山阳湾险途，延伸至清口对岸，清口成为黄、淮、运的交会枢纽。明朝中叶，黄河全流夺泗夺淮以后，清口上下河床淤垫加快、决溢频繁，不仅酿成众多的洪涝灾害，而且影响大运河的漕运。“由是治河、导淮、济运三策，群萃于淮安清口一隅。”为此，明万历初年，总河潘季驯创行“束水攻沙、蓄清刷黄”的治河、导淮、保运方略，即束窄黄河河床，保证河水流速以防填淤河床；坚筑高家堰（洪泽湖大堤），拦蓄并抬高淮河水位，令淮河、洪泽湖之水专出清口，冲刷清口以下河床中黄河所淤垫的泥沙，从而大大减缓清口以上黄河河床的淤浅，保证漕运畅通（清康熙时开中运河，方将河、漕分离）。其后，明清历任河臣大体遵行此策，靳辅等还有所发展和完善，从而形成了以洪泽湖和清口为轴心的特大型水利枢纽。这个特大型水利枢纽，从初步形成，到无法实现“蓄清刷黄”的战略意图，而最终衰败，直至淮河主流南汇长江、黄河北徙改入渤海，三条缠绕于清口的蛟龙最终分道扬镳，存续了数百年之久。可以说，在这一特大型水利枢纽的存续时期，在中国版图上，没有哪一个水利枢纽比它更大、更重要、更牵动朝野了。

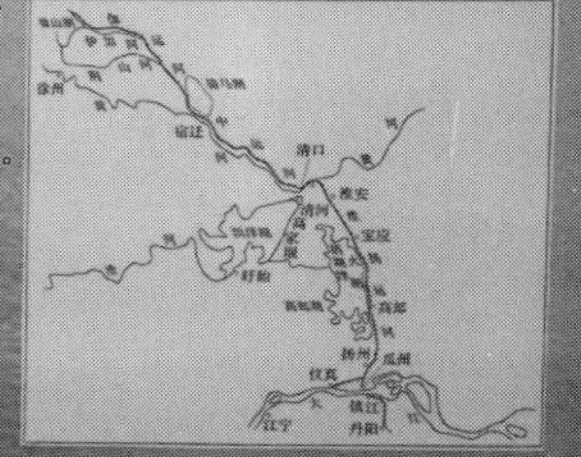


展室中的一块说明

清口三闸全图

清口沙盘局部

从枚乘故里出来，看到了毛主席手书的《枚乘七发》。毛主席的书法我很喜爱，此时方有心情驻足观赏，如此长的毛氏书法还是第一次见到，有一种震撼之感。

毛主席手书《枚乘七发》

清口的问题是与洪泽湖高家堰的问题交织在一起的，看罢清口，要前往高家堰。高家堰简称高堰，即洪泽湖大堤。沿途看到了几个标识：甘罗城、韩侯祠、漂母祠。我小时候就听说过《甘罗十二为宰相》的故事，甘罗的故事在民间流传极广，说他 12 岁代表秦国出使赵国，因功封上卿，莫非甘罗于此处筑过城池？韩侯指淮阴侯韩信，早年读过《淮阴侯列传》，少时也听到过有关韩信与漂母的民间故事，现在来到了韩大将军的故里，很想都去看看，但自己没做安排，只能留待将来了。路上还看到了一处硕大的招牌——水乡盐都高家堰，只凭这几个字，就可以知道，这是一方富庶的土地。

路旁地理标牌

离洪泽湖大堤尚有几十公里远，车马劳顿，本想在车上小憩一阵，却偏偏睡不着，脑子里想着韩信井陉“背水一战”和汉高祖伪游云梦泽诱捕韩信的故事，不一时，就上了湖堤。看到湖水，我却让车停了下来。

按事先看好的路线，洪泽湖大堤该在车行方向的右侧，但现在的湖水却在左边，我觉得不对。恰好停车处立了一个硕大的淮安市行政区划图，图示明确，由淮安市淮阴区上洪泽湖大堤，一大片湖水的确在堤防的右侧，可眼前的湖水分明在左啊！司机也困惑了。

就在这时，湖畔卖蟹的一位老者凑了过来，老者操着我听不懂的方言与我们交流，司机是当地人，两人交谈没问题。好不容易，老人弄清楚了我们的问题，说了一句话：“这个湖不是洪泽湖，是二湖，还没到洪泽湖。”然后，扫了我们一眼，多少带一点轻蔑的意思，转身离去。

可见，要相信科学，导航是科学，有时个人判断靠不住。

洪泽湖位列中国五大淡水湖之列，大堤有近 70 公里长。来前想着湖水浩瀚无际，水天一色；站在堤顶，可西观高湖碧水，东望下河平原，从而产生出一番感触。可事实上，到了堤顶，我却有些失望。或许是常年水位较低的缘故吧，湖水离大堤尚有一段距离，近堤处有庄稼，有农田，还有房屋，这不能算湖中景象。

继续前行，直到古堰景区，才终于有了湖水拍岸、烟波浩渺的意思。在一处观景台上，见到了由一块天然石头做成的石碑，上题：悬湖。

烟波浩渺的洪泽湖

洪泽湖“悬湖碑”

人们尽知黄河是地上悬河，很少知道洪泽湖为地上悬湖。洪泽湖底高于堤外地面，也与黄河有关。尽管洪泽湖水域广大，但却不是一个天然湖泊，而是一个人工湖，这也是洪泽湖大堤为什么如此之长的原因。来的路上，曾见湖堤内有一个不小的沙厂，其实也是拜黄河所赐，洪泽湖底的沙子来源于黄河。

## （三）

还是从头说起。

说起黄河，治河人有句俗语：北可乱海，南可乱淮，是说黄河迁徙、摆动的影响范围，此也即李仪祉先生所谓的孟津、天津、淮阴三角形是也——李仪祉先生乃系统地将水利西学引入中国的第一人，这个大三角形，其实就是黄淮海冲积平原。

南宋前，黄河南溢，偶见史料，基本上是黄、淮各行其道，相安无事。

南宋建炎二年（1128年），金兵南侵，东京留守杜充，为阻断金兵的追击，掘开黄河，咆哮而出的河水突入淮河支流泗水，于淮阴与淮河合流，由江苏云梯关入海，也就是说，淮河的下游被黄河吃掉了，所谓的“鸠占鹊巢”就是这个意思。由此，拉开了黄河长期夺淮的序幕，直至咸丰五年（1855年）河决铜瓦厢改道北流，长达700余年。黄河南行，影响巨大，包括政治、经济、历史等各个方面，尤其是导致了苏北地区自然地理的大变迁。[1] 发源于桐柏，干流及支津原为清流、少有灾患的淮河，也因黄河夺淮成了历史。顺便说一下，这个掘河的杜充本是“三呼过河”力主抗金的宗泽的副手，也是岳飞的老上级，后带着南宋给他的右宰相帽子，投降了金兵。

所谓的河患，有多少是人为的灾患！

人称黄河百害，尤以黄河南行至河决铜瓦厢期间为甚。

南宋偏安，淮水以北的大好河山为金人所有。金人统治时期，总的情况是任河水漫流，真是苦了中原百姓。偶有的治理，也只是随水筑堤，很难谈得上规划。至金末，蒙古人更是决河淹宋兵，致使黄河通过颍河、涡河入淮，连淮河的中游也受了侵害——淮河里有沙子，就是这样来的，当然，还有后来更为复杂的原因。此次蒙古人决河，时在端平元年（1234年）六月。河决，分三股泛流，主流通过涡河入淮，为祸惨烈，宋兵因之而速溃，《宋史》这样记载：

"时盛暑行师，汴堤破决，水潦泛溢，粮运不继，所复州郡，皆空城，无兵食可因。未几，北兵南下，渡河，发水闸，兵多溺死，遂溃而归。"[2]

写到此，脑子里不自觉蹦出几句诗文，感情所至，不得不写下来：

"长淮望断，关塞莽然平……洙泗上，弦歌地，亦膻腥。隔水毡乡，落日牛羊下，区脱纵横……笳鼓悲鸣。遣人惊。闻道中原遗老，常南望……有泪如倾。"

中原锦绣山河，频遭兵祸，更兼水旱两灾，熟悉宋史者，读此宋词，宁无同感乎？

以水带兵，古已有之，何开封独被此祸多而惨烈耶？至明末，李自成与官兵更是交互决堤灌开封，多少居民，一时而变为鱼鳖。

我每次去开封，都会为开封昔日的辉煌、今日的苍凉而感慨一番，曾作为世界第一大都会的北宋都城，规模比现今还要大，张择端《清明上河图》中描绘的虹桥繁盛景象世人尽知，开封在历史的长河中黯然失色，唯一的因素就是"河"，或说是"水"。

元统一以后，一个中国科学技术历史上的超级大家郭守敬出现了，他浓墨重彩描绘的一幅蓝图就是“北京水系规划”，因其科学性和大手笔，借唐太宗的话，“故能协隆鼎祚，赞七百之鸿基”。即是说，他为北京的700多年城市发展，做好了一篇长文；他以都水监的身份，“自孟门以东，循黄河故道，纵广数百里间皆为测量地平，或可以分杀河势，或可以灌溉田土，具有图志”[3]，这为黄河下游的治理提供了勘测、规划的基础；他在山东规划会通河，在北京修通惠河，从而打通了京杭大运河——由江南循水路抵北京，无须再走隋唐大运河，走折线变成了走直线，黄河以南仍走旧运道。

元以后，中国的政治中心与经济中心是分离的，而大运河的修通，为京城军民的生活提供了保障，因而漕运的重要性凸显出来，但这直接影响到了治河，特别是河防的“重点对象”，元明清三代，越偏后越是这样，主要在于，黄河北决会影响到会通河的安全。

元末，社会矛盾突出，民族矛盾尖锐，可偏偏黄河北决，突入运河，事关重大，灾情严重。贾鲁临难受命，以工部尚书衔兼总治河防使，采用“疏”“浚”“塞”三策开始治河，筑塞北流，挽河东南，使黄河仍走故道，工程取得了成功。

治河，本身没什么问题，但人员集聚却是问题，元统治者深深知道这一点，怕农民起事，因而倍加防范，这说明其统治已处于岌岌可危的状态。可就在修河过程中，挖出了一个一只眼的石人，此前河南、河北一带遍布童谣：“石人一只眼，挑动黄河天下反。”[4]石人一经挖出，河南就发生了农民起义，后元亡。所以后人说，挖河，导致了元朝政权的覆灭——现在的历史书一般都会写“挑河遇石人”这件事。实际上，也真是挖河直接导致了红巾军起义。洪武龙兴，加入红巾军，以“驱逐胡虏，恢复中华”为号召，终逐元顺帝北逃，建立大明。

后人有诗评价贾鲁治河：

“贾鲁修黄河，恩多怨亦多。百年千载后，恩在怨消磨。”[5]

后人不忘贾鲁，如今郑州市北有贾鲁河以纪念治水贤人。

黄河有三大特点：善决、善淤、善徙。

黄河在什么地方决口，那要看老天爷的意思，人力有时难以胜天。虽然明朱棣以后定都北京，但黄河北决的次数并不少，黄河一旦北决，一定殃及大运河山东段，张秋运河（会通河）遭冲决就不止一次。元开凿会通河，通过张秋镇，故有张秋运河之谓。张秋镇属今阳谷县，随着运河的衰落，今日的张秋镇早已失去了昔日的辉煌。

但如果黄河南决，又会影响到安徽凤阳的明皇陵和江苏盱眙县的明祖陵，大水淹皇家陵寝可是一件严重的事情，但如果黄河下游是畅通的，这种可能性就降低了，比较来看，京畿安危更重要，所以明朝的治河方针是“北塞南疏”（如白昂）、“南疏北堵”（如刘大夏）、“保漕为主”[5]。即或是这样说，淮河对二陵的影响也是逐渐明晰的——尤其是到了晚明时节，遭遇少见的洪水年才更加明晰，属于“灾变”的影响。看历史事件，不能完全以今人的眼光，更不能脱离当时的现实。

为了防止黄河北决，最基本的方法就是在黄河北边修筑堤防，比如，起于河南、途经山东、终于江苏的太行堤就为刘大夏所筑，一道不行就再修一道，形成双重堤防。

以上简述，为迎来有明一代的治河大家潘季驯做了基本的铺垫。

黄河难治，在于沙多，人力有限，来沙无穷。尽管明代治河用功不少，但至晚明，内忧外患，国势日衰，黄、淮、运的问题日趋严重，在这种情况下，划时代的治河大家潘季驯隆重出场了。

潘季驯，浙江乌程（浙江吴兴）人，嘉靖年间进士，四奉河命，总理河道，前后花了 27 年的时间。一代名臣张居正说他“功不在禹下”，这可谓是治水人能够获得的最高评价了。

第一次奉河命总理河道，潘季驯其实只能算副手，因为是协助工部尚书工作，后因其母过世，丁忧回家守孝了。再奉河命，提出了“筑近堤以束水流，筑遥堤以防溃决的主张”，也就是筑两道堤防，“以堤束水”。“明年，工竣，坐驱运船入新溜漂没多”，于是，遭到弹劾，罢官了。“溜”，指河中流速高的水流，治黄人现在还常用，可视同主流。推想是“近堤”的距离过近，导致河道过窄，河中流量大时流速偏高，影响了漕运通航。这是嘉靖年间的事。

若干年后，已是万历年间，张居正当权，起用了潘季驯，“居正之再起也，以张居正援。”[6]——由此看来，张居正对潘季驯有再造之恩，不仅仅是指让他官复原职，还在于，让他兼管漕运——清代的河道总督与漕运总督是两个人。潘季驯有了更大的权力，少了不必要的掣肘，因而能在第三次的总河任上，得以大展身手，做出了划时代的贡献。也因此，潘季驯得到后人钦敬，潘氏治河理论被后人所继承，在如今的淮安里运河畔，建有陈瑄、潘季驯祠——陈瑄为明初的水利大家，创设良多，历仕五朝，封平江伯，二氏一同享受人间香火。陈瑄本是武将，有第一神射手之称，上疏仁宗，提出七条经国利民的建议，甚得明仁宗赏识，英宗年间已享官方春秋祭祀。我读《天下郡国利病书》，但见平江伯之尊称，未见陈瑄之名讳，这也算亭林先生寓褒贬的“春秋笔法”吧！

我到陈瑄、潘季驯祠，已是夜幕降临。既是暗夜，能够“何所见而来”？不能这样说。淮安之行，除了寻觅清口，看高家堰，到二公祠来一番礼敬，才了却仰慕先贤之心，此行才算完备。到了门首，就算进了贤良祠，只在此心——陈潘二公祠内真的展示着大运河的历史名人。在二公祠前礼敬毕，越过马路，就是宽阔的里运河，水面宽阔，花灯灿烂。所见夜运河多矣，唯此处最漂亮。于是，沿运河前行，欣赏这如画的美景。再转回走，至二公祠门前一带驻足，不经意地向二公祠回头一望，却发现了地灯装饰的绿色草坪之上，竟立着平江伯陈瑄的塑像，先贤就在眼前。

在第二次“以堤束水”的基础上，潘季驯又提出了“束水攻沙”“以清释浑”的主张，可以说，“以堤束水”“束水攻沙”“以清释浑”涵盖了潘季驯治河的思想基础，也就是他治河的理论基础，“筑堤束水，以水攻沙，水不奔溢于两旁，则必直刷乎河底”，今日多以“束水攻沙”概述之。围绕着他的理论，开始修筑高家堰——于是，苏北大地上烟波浩渺的洪泽湖出现了。

**水利，有小工程、大工程，更有改天换地的巨型工程，巨大工程的规划者，最宜“观今鉴古”，中国历代都有丰富的水利文献，最为宝贵，断不可忽视。**

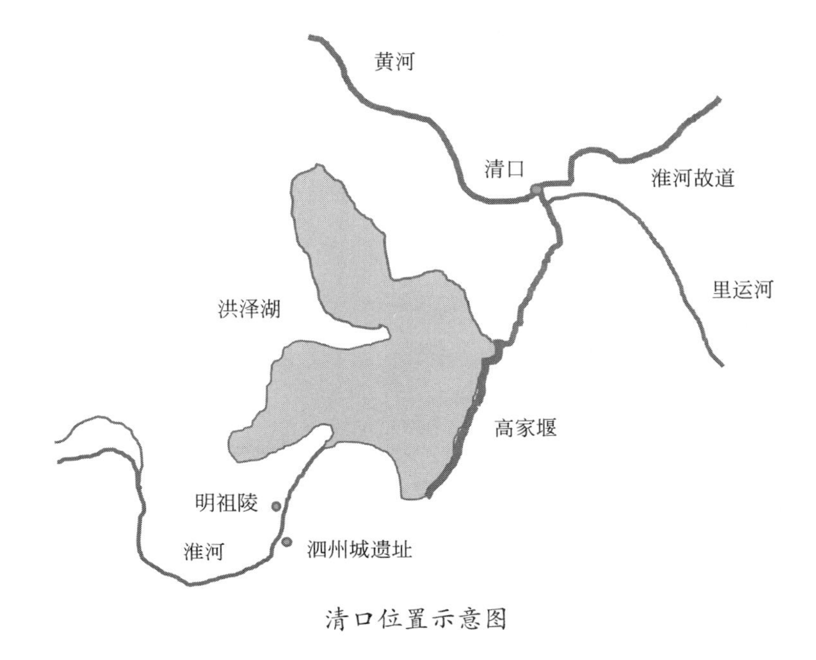


清口位置示意图

当然，潘季驯的治河理论，也是建立在前人经验的基础上的，潘季驯的前辈，隆庆年间的总河万恭曾著有《治水筌蹄》，已有束水攻沙的思想：

“夫水之为性也，专则急，分则缓；而河之为势也，急则通，缓则淤。若能顺其势之所趋而堤以束之，河安得败？”

但万恭只是开其端[7]，《明史》载：恭强毅敏达，一时称才臣。治水三年，言者劾其不职，竟罢归。真是无奈，治水之功臣，从鲧、共工以降，多有受到不公平待遇者，甚至蒙冤，这是干事人的难处，令人唏嘘。

高家堰，亦见“高加堰”之称，“堰以捍淮，名曰高加者，为护运道邑井加高而名之也……三国时广陵太守所筑”，[8] 今统称高家堰——也就是淮河拦河大坝。洪泽湖地区，原本为凹陷地带[9]，潘季驯之前，断断续续有将堰体加高者，但堰之高，不足以形成如此广大的洪泽湖，随着后人对堤堰的不断加高、加长，泥沙淤积又进一步抬高水位，共同作用的结果，洪泽湖才有了今日的规模。

潘季驯治河，是在依据“保漕为主”的条件下，通盘予以考虑：

“通漕于河，则治河即以治漕；会河于淮，则治淮即以治河；会河、淮而同入于海，则治河、淮即以治海。”[10]

这每一条都与（黄）河有关，因而治河就成了关键，为治河所采取的一切措施都不能算偏离主体，不算违背朝廷的治河方针，即“政治正确”，保漕为主。

黄河夺淮之后漫流不断，嘉靖中叶以后悉归于槽，按说，这是大的成绩，但却加快了淮安以下河床抬升的速度，这是治河的难点，也是治理多沙河流共有的难点。所以，潘季驯才要修高堤堰，将淮河水蓄起来，然后与黄河水一道，合两河之力，冲刷清口以下河床——治河人中有句俗语，叫“大水出好河”。

潘季驯的做法收到了效果，潘氏因之升任南京兵部尚书，这是万历八年。“高堰初筑，清口方畅，流连数年，河道无大患”[11]，河情好转后，总河一职也裁撤了。

两年后，张居正病逝。虽然万历皇帝为之辍朝，使张首辅备极哀荣，但这个受尽张居正窝囊气的皇帝忽然明白，没人再能辖制他了，他的心底深处没有了畏惧的对象，于是突然爆发，翻脸将张居正家抄了，出了心底的恶气——类似的事，古今中外不乏其例。

昔日作威作福的首辅张家人几乎全饿死了，在此非常时期，潘季驯给皇帝上书，仗义执言：“居正母逾八旬，旦暮必其命，乞降特恩宥释。”[6]写得足以打动人心，但皇帝身边从来不乏察言观色之人，于是，“朋党奸逆，诬上欺君”，成为弹劾潘季驯的用语，这个曾经受内阁首辅张居正重用的治水专家，再次被削职为民，回家了。这是万历十二年的事。

黄水东流，洪水滔滔，万历十六年，黄河大患，徐州以上大溢，潘季驯再度起复，四任总河。他此次出山，手笔更大，除延续第三次成功的办法外，视野从徐淮扩展到河南山东，“十九年冬，加太子太保、工部尚书兼右都御史”[6]，迎来人生最高峰。

但是清口因为淤积，形成“门限沙”，影响洪泽湖出流，“门限沙”为当时的用语。然而，天有不测风云，不测风云带来的是不测的洪水，万历二十年，淮河遭遇超大洪水，位于洪泽湖西边的明祖陵、泗州城被淹了，“泗州大水，州治淹三尺，居民沉溺十九，浸及祖陵”[11]——都是高家堰惹的祸。

朝堂一片死寂。

庙堂一片哗然。

虽说高家堰在，谁知洪水频率是多少？是百年一遇还是千年一遇？正常蓄水位是多少？设计洪水位是多少？校核洪水位又是多少？时代的原因啊！

朱元璋原名朱重八，他当了皇帝后，不忘祖宗恩典，在泗州城北的淮河畔，为其曾祖朱四九和高祖朱百六建了衣冠冢，祖父朱初一也埋在这里。尽管这些衣冠朱皇帝的祖宗没穿过，但祖坟毕竟被淹了。皇家陵寝被淹，不是小事。风水，这项中国独创的具有全部“知识产权”的学问，影响到每一个中国人的想法，可能皇家对风水更为讲究。

可以想见，潘总河遇到的压力前所未有，于是，季驯乞归：

万岁，放我回家吧！

看着满头白发，风烛残年的治河老臣，万历皇帝点了点头，我遍查《明史》没见皇帝说话。

于是，“放季驯归”。

将行，季驯“条上辨惑者六事，力言河不两行，新河不当开，支渠不当浚。”“法甚详，言甚辩。”[11]

他不是在为自己呼冤枉，一个久经仕宦的老河官，已经不在乎毁誉荣辱，而在乎的是治河的事业，怕的是人亡政息，他太熟悉中国官场了。

既然熟悉中国的官场，潘总河的临行陈情就成了多余。

潘总河给皇帝写的临别感言是这样的：

“去国之臣，心犹在河。”“朝于斯，暮于斯，壮于斯，老于斯。”[12]

感动的是自己，却没感动皇帝。他的一只脚刚踏出朝门，“束水攻沙，以清刷浑”的治河术即改为“分杀黄以纵淮，别疏海口以导黄”[13]——可简述为“分黄导淮”说。

于是，万历将潘季驯削职为民。

三年后，季驯终，年七十五岁。

甚矣，河官之难也！曾不记“乃殛鲧于羽山以死”乎？

潘氏治水著作良多，主要为《河防一览》，《四库全书》将其著录。

写到此，按“作文”程式再写，实在是累赘了，但我实在是还得补充一下后续的故事。

提出“分黄导淮”说的代表人物是杨一魁，万历二十三年（1595 年），杨一魁以工部尚书兼都察院右副都御史的头衔任总河，开辟新河三百里泄黄河水，清理清口淤沙七里，并在高家堰上修了三个泄水闸，“泄淮水三道入海，且引其支流入江。”洪泽湖水位应声而降，“于是，泗陵水患平，而淮、扬安矣。”[14]

单就降低淮河水位而言，总河杨一魁的方案无疑是可行的，效果明显。但黄河的复杂超过任何人的想象，且牵扯到政治问题——如保漕、不能淹祖陵等。因为分黄，运道受阻，违背了保漕治黄的宗旨，这是“政治不正确”；所开新河，不久淤平，会让人生出劳民伤财的想法；更有甚者，万历二十九年（1601 年），黄河于上游商丘一带决口，“全河入淮，势及陵寝”[14]，这更是政治不正确。罪杨者有之，万历帝极其震怒，“帝以一魁不塞黄堌口，致冲祖陵，斥为民。”[14]

朱家的祖陵，为治河带来了多少“障碍”。

杨总河步了潘季驯的后尘，也回家了。

## （四）

16 世纪以前的历史上，淮河为灾的记录很少，此后增多，实际上与黄淮交汇以下的泄流不畅以及黄河向洪泽湖的倒灌有关。黄河多沙，清口必定淤积，下游河床必定抬升；清口淤积，必定影响洪泽湖出流；黄河水高于湖面，浑水必定倒灌入湖，致使湖底淤淀。围绕潘季驯“束水攻沙”的理论，要荡涤清口及下游的泥沙，唯一的途径就是进一步加高高家堰。对此，韩昭庆做了合乎情理的总结[1]：清口淤淀——修高家堰，抬高洪泽湖水位，蓄清刷沙—清口再淤淀—再次抬高水位蓄水刷沙，如此反复。

在围绕清口所采取的措施中，直至清代，所有的重点都是保证清口的高程不能太高，以使洪泽湖的清流能够流出湖来。清流能够下泄，一切问题可解，洪泽湖的水泄不出去，头疼的事就多了。

问题是，黄河是挟沙水流，河水涨上天怎么办？湖水怎么流出来？事实上，嘉庆后洪泽湖水位已经低于黄河，可想而知，后人治理清口，将会越来越难。

前已交代，明代治河遵循“保漕为主”的主张，但这却使以后的治河工作遭遇被动的局面[9]。清人对黄河南行、河身日高所带来的弊端多有认识，康熙年间，研究黄河历史变迁的集大成者胡渭曾明确指出：

“向使河北而无害于漕，则听其直冲张秋，东北入海，数百年可以无患矣，奚必岁岁劳费而防其北决耶？”[15]

胡渭的话确实是有道理的，黄河南行时间太久，经行地上洪流防不胜防，但这巨大的“短痛”——任凭冲决山东运河，是任何统治者都不能答应的，也因此，才有了“睁眼看世界”的第一人林则徐改河北流的主张。所谓“改河”与“听其直冲张秋”是有本质区别的，可人工“实践”,“可行性”有待“商榷”。林则徐知道这一点难以施行，故退而求其次，为解决国家政治在北而仰给于东南的一连串弊端，就有了他的《畿辅水利议》，并将其直接上奏给最高当局：

“窃惟国家建都在北，转粟自南，京仓一石之储，常糜数石之费。循行既久，转输固自不穷，而经国远猷，务为万年至计，窃愿更有进也。”

这实在是一篇通盘考虑的“经国远猷”之策，林则徐之所以能给出这样的主张，在于他实在是一个治水人，曾任过东河总督。

林则徐的好朋友、晚清著名思想家魏源曾在《筹河篇》提出黄河改道大清河，这是在咸丰五年之前提出的——真是神人一样，咸丰五年，河决铜瓦厢，黄河夺大清河入海，使现今的大清河成为黄河的支流。何以英雄所见略同哉！林则徐曾将自己搜集的有关世界方面的资料交给魏源，魏源写了有名的《海国图志》，此书不为天朝所重，却为倭人所用，100年后回看历史，让人扼腕叹息！

铜瓦厢位置示意图

随着高家堰的加高，洪泽湖水位的抬高，进一步顶托淮河，淮河及其支津于洪水期泄流不畅，从而导致灾患不断。新中国成立后大力治淮，追踪根源，还在于“鸠占鹊巢”，古文献中四渎之一的淮河［渎，“发原注海者也”（尔雅·释水），即独立入海之意，现在的字典已无此意］，最后的结果就是失却了自己的入海通道——新中国成立后治淮，为淮河开辟了入海通道，遭遇非常大洪水时洪水有了出路，就兼顾了现状和历史，值得肯定。

明末清初，围绕国破家亡的历史变迁，痛定思痛，中国出现了一些杰出的思想家、学者，思考中国社会的问题，其中之一就是顾炎武。当时，对水利这门封建时代的“经世之学”做过考察的为数不少，如朴学大师阎若璩、顾炎武，地理学家刘献廷等。顾炎武在《天下郡国利病书》的《淮安府志·河防》篇中，对潘季驯治河后的影响有所涉及，如：

“黄河身高，汇淮于清口，而黄性常强，门限沙垫遏淮流，使不得急下；而淮之上流积泗、盱，高堰又无闸坝泄水，遂侵及祖灵，淹枯松柏，泗、盱乃成巨津。”[8]

这里已经极清楚地说明，黄淮相会，淮河会受到下游黄河的顶托，由黄河淤积的泥沙，形成了“门限沙”，而“门限沙”会阻碍淮河的出流，最终的结果是，洪水灾害转移到上游，致使上游的泗州、盱眙一带被淹没。高家堰上又没有泄水闸，导致大水淹没明祖陵，连松柏都被淹死了，泗州、盱眙一带分明成了“海淀”——请留心这一段，后将与三门峡水库作比较。

《清史稿·河渠志》[16] 曾总结道：

“黄河南行，淮先受病，淮病而运亦病。由是治河、导淮、济运三策，群萃于淮安清口一隅，施工之勤，縻帑之钜，人民田庐之频岁受灾，未有甚于此者。盖清口一隅，意在蓄清敌黄。然淮强固可刷黄，而过盛则运堤莫保，淮弱末由济运，黄流又有倒灌之虞……”

这是以辩证的眼光，在谈河流强弱关系和对河湖演变的影响。

对《天下郡国利病书》和《清史稿》的引述，意在说明，某些水利经验和教训，前人已经总结得很清楚。**在现今的学科设置中，水利学科属于工科，但鉴于中国的特殊国情，水利行业是基础产业，水利的问题，最终为社会问题，必定为社会学、地理学、史学所关注，而水利工作人员，对此应更多地加以注意。但不能不说的是，很多水利工程师在这方面的已有修炼和主观修炼都很弱，没有有意识的思想，何来有思想的行动？**

潘季驯治河，誉之者有之，病之者有之。誉之者多，病之者少。誉之者，认为其有理论，有实践，其治河方法多为后人所继承、所借鉴；病之者，认为导致了洪泽湖的扩大化；再有就是没有认识到泥沙的严重性，以清刷浑效果有限。

明朝最终为潘季驯恢复了名誉和所有头衔，已是几十年后的事；顺治五年，季驯入祀大禹陵；乾隆第二次南巡，所发上谕更体现出他对潘季驯的认可：

“更念有明一代治河之臣，最著者惟陈瑄、潘季驯二人……运道民生，至今犹赖……其以潘季驯与陈瑄并祀，有司春秋致祭，用昭崇德报功之典。”[17]

病之者也有道理，但不尽然，也

靳輔⊙齊蘇勒⊙嵇曾筠⊙一同祠祀。更念有明一
實録卷五三二 一三
代治河之臣。最著者惟陳瑄⊙潘季馴⊙二人。而
季馴之功。實優於瑄。運道民生。至今攸賴。今
清江之湄。瑄⊙有專祠。季馴獨不列祀典。朕甚
憫焉。其以潘季馴與陳瑄並祀。有司春秋致
祭。用昭崇德報功之典⊙諭軍機大臣等⊙兆

《清实录》截图

有求全责备的意思。“浸及祖陵”“祖陵被水”“暴浸祖陵”这些话都来自于《明史》，但都是遭遇黄河大溢或淮河大水时出现的问题，任何工程措施都有个设计标准，出现超标准洪水时就不是人力所能及的，谓之不可抗力。库尾的延伸范围、延伸高程诚然与湖水位有关，但当时哪有这个概念？至于泥沙方面，确实有认识不足的问题，但有限措施应付无穷泥沙是做不到的。黄河泥沙问题太复杂，直到20世纪80年代，才基本弄清黄河泥沙的主要来源及对下游河床的影响[18]，**直到今天也不好说完全理解了黄河，毕其功于一役，借以永赖的想法是不现实的**。即使是科学技术高度发达的今天，花大力气修建的小浪底水利枢纽工程，其设计的减淤年限也就20年，待将来水库冲淤平衡，上游来沙，仍需要在下游河床输送入海。黄河的泥沙问题，是个长期的问题，也许永远不能彻底解决——**黄河泥沙，未必都是坏事，广袤的华北平原赖黄河所创造，且溉且粪是古人的做法，三角洲东延则持续造陆，完全的清水下泄，除了引起河岸坍塌，海岸线同样也会退缩**……

补充一点，康熙年间，泗州城沉沦于水底，被泥沙掩埋，今有遗址存，在江苏盱眙县境内。曾有称泗州城为“东方庞贝”的说法，其实意大利的庞贝古城是淹没于火山灰之下的，二城湮废之原因，风马牛不相及也，又何须提及“大秦”之废墟？

至于泗州城的被淹，有多重原因可追溯，高堰之因固不可免，本身的地势低洼也是一个客观的因素，还有一个更重要的原因是清人治河，已没有淹没祖陵的负担，坐稳了江山的满人，不会关心朱重八的先人安息之地是否会变成水殿龙宫。南岸多设减水坝，客观上是将洪泽湖一带当成了滞洪区，水大，能不淹乎？

“汴水流，泗水流，流到瓜洲古渡头，吴山点点愁。”这是白居易的《长相思·汴水流》中的诗句。

汴水于泗州入淮，可想而知，泗州是一个交通要冲；泗州更是一个美丽的地方，秦观有诗曰：“渺渺孤城白水环，舳舻人语夕霏间。林梢一抹青如画，应是淮流转处山。”

舳舻人语，或是由汴水来的远客吧？看到淮水绕孤城，清白之间，风景如画，我读出了唐人“停车坐爱枫林晚”之意。

“白发渔樵江渚上，惯看秋月春风。”千秋功罪，任后人评说吧！

## （五）

“冲冠一怒为红颜。”吴三桂等引清兵入关，中原再次丧乱，江河日废，洪水横流。淮水全河入运，黄河漫溢，清口、运口淤为陆地，运道彻底受阻。这是当时黄、淮、运的状况。所谓“兴，百姓苦；亡，百姓苦”，何况海内鼎沸，山河破碎，田庐频岁被淹乎？真是苦了两淮百姓。

三藩尚未平息，康熙皇帝于金銮殿的立柱上写下了三件大事：三藩、河务、漕运。三藩在短时间就平息了，而后两件事，终清之世，都没解决好。其实，这后两件事是一件事：治河。

在这种形势下，有清一代第一治河名臣靳辅出场了。

靳辅隶汉军镶黄旗，在总督河务之前，已有过翰林院、大学士、礼部侍郎的朝廷历练和巡抚地方的经历；不止于此，靳辅曾随康熙平三藩，有征战经历。以这样的经历做铺垫，就可以知道清代的河道总督是个什么来头，靳辅由安徽巡抚任擢升的河道总督全称是：总督河道提督军务兵部尚书兼都察院右副都御史。

所谓“新官上任三把火”，靳辅久经仕宦，却是个新任的河官。既做过安徽巡抚，对黄淮给地方所带来的苦处，当记忆犹新。现在既然专任河务，自当全力以赴，“赴汤蹈火”，不辱使命。约两个月后，他将亲自踏勘调研后的成果开始给皇帝报告了：

一天八疏！

对的，一天之内给皇帝上了八道折子，一事一议。既是议，当有实质内容，折子也不会太短。靳辅这样急迫，可窥知其建功立业之内心，他当时正值壮年，想有一番大作为啊！这八疏也基本上成了他以后治河的蓝图。

是折子，就是给皇帝看的。全国有多少大事，你一人一天就写八道，皇帝会看吗？若看，还不累死？

会的，皇帝会看，会全部看；若是密折，且不让别人看——康熙创设了密折制。皇帝本来就不是一般人所能干的，累是肯定的，就拿洪武爷来说，“日勤不殆”，没有节假日，没有星期天，宵衣旰食，估计比他夹棍讨饭时还累。

靳辅的折子，康熙会看得十分仔细。原因是，清朝治河有个特点，就是皇帝治河——你绝不能认为清朝皇帝只是批阅“知道了”，康雍乾三朝，很多情况下，皇帝就是治河措施的具体制定者——纯粹的技术层面，若借用英语语法的词汇来表述康雍乾三朝皇帝参与治河的程度，则是“原级、比较级、最高级”。

靳辅是深通“病急则治标，病缓则治本”中医哲学思想的人——靳辅确于朝堂上用这两句话与人争辩。当时的河病是急病，洪泽湖大堤高家堰决口三十多处，黄河决堤七八十处。经过详细的踏勘、论证，靳辅采用了“筑堤岸、疏下流、塞决口”的技术路线——这尚不是他的治河理论。既然是急症，就需要头痛医头，脚痛医脚。具体步骤是“先疏下流（游），后浚上淤；堵塞所有决口，坚筑两岸堤防，建减水坝泄洪”。[7]

靳辅于康熙十六年任河道总督，至康熙二十二年，黄河复归故道——这算了不起的成就了。

靳辅治河的理论基础还是潘季驯的理论，但有所发展，将“筑堤束水，以水攻沙”修正为“筑堤放水与引河放水交相使用”，最终还要“以清刷浑”，但做法上却是有相悖之处——可视为同一理论的不同应用，也可以说着眼点不同。

潘季驯：绝对不允许分黄，不分黄则力专。

靳辅：在黄河南岸设置较多的减水坝——这就是分黄了。

这不是完全相反的做法吗？

未必。

减水坝，可视为堤防上的溢洪道，遇到较大洪水时，洪水通过南岸溢出，通过淮河支流入淮，沿程将泥沙澄清，清水入洪泽湖。然后，清流再出清口，重新与黄合流，“以清刷浑”——再回到潘季驯。

细读史书，抽象到最简，觉得靳辅治河最热衷的就是做“减水坝”，这也实在是一个妙招。

首先，要有堤防才谈得上修溢洪道，所以，修堤防、堵决口的工程不能少，堤防主要在黄河上修筑。堤防上有了溢洪道，就为堤防上了保险，可最大限度地减少堤防决口的可能。再有就是在高家堰上设置减水坝，这样，明人所谓的高堰累卵之危、高宝隐性之患也没有了。

黄河堤防的破坏形式有冲决、漫决、溃决三种，冲决罪至重，堤防冲决，守堤者死刑，且累及河臣。清朝近三百年，只有一例冲决见诸记载，信其为事实乎？

靳辅热衷修减水坝，康熙皇帝有不同看法，认为减水坝“利于河工，不利于百姓”——这就是社会问题。康熙的话对。

既然定鼎中原，百姓的安危就成了朝廷的心忧之事，这是统治者该有的态度。“民心泰否，关乎大清江山。”他儿子这样说。

所以，皇帝有皇帝的视点，河臣有河臣的视点，二者高度不同。

康熙的话，自然对靳辅有影响，不只有影响，可能还有启发——靳辅在清口上游的黄河北岸，修了一条新的运河，名曰“中运河”，或称“中河”。中河位置见前边的图示，沙盘照片也能显示出来。

中河的修筑，是靳辅治河最为亮丽的一个大手笔，超越了潘季驯。其关乎重大，也完好地呼应了康熙的问题。

靳辅修中河之前，漕船由清口入黄，需逆水行舟一百八十里。虽说“黄河之水天上来”，但黄河行到下游，水深实在是有限，而船的载重，全在于吃水深度，这是阿基米德定律所决定的，与绝对流量的大小无关；而若洪水汹涌，主溜无定，滩多流急，则漕船或易飘没，或易搁浅。总之，在黄河中行船，实在是难事。也正因为此，才有了唐开元年间的分段运输法——与此文无关，打住了。

修中河以后，由北岸减水坝溢出来的黄河水，就会被中河所隔断，最大限度减少了黄水漫溢，避免了百姓田庐被淹，这当然“有利于百姓”；

更为重要的，是由清口进入黄河的船只，可直接横渡，进入中河，再也无须在黄河中逆水行船了。

靳辅治河，维持了一段小康局面。遵循靳氏成规，小康局面约有八十年时间，延续至乾隆朝。这当然是总体而论。靳辅有《治河方略》传世。

靳辅治河比较成功，得益于有个帮手陈潢。陈潢，浙江钱塘人，为靳辅幕友十七年，划策良多，出力甚大，有《河防述言》记其事，至乾隆修《四库全书》，指示将《河防述言》采录其中。《清史稿·河臣传》靳辅名下，附带有陈潢的传略，这算沾了靳辅的光。

陈潢，这个看惯了钱塘潮的才子，身怀治河策，但时运不济，不得志。邯郸郊外有小庙吕祖祠，据称有卢生赶考，在此小庙内做了一场好梦——此地现名黄粱梦，至今小庙存焉，有卢生酣睡卧像。某日，陈潢到此，题诗一首，恰巧被上任河督的靳辅看到，大奇之，终访及踪迹，罗致门下。初以为是八卦故事，谁想《清史稿》录其事，当为实。并言陈潢“语豪迈”。

陈潢确实眼界高远，于靳辅任河督的第二年，做出了建议：治河当审全局，必合河道、运道为一体而后治，可无弊。——尽管漕运重要、京城人吃饭重要，但为了转输不穷，自当划策远猷，不能只盯着漕渠。上边所说的靳辅治河的具体步骤就是这样来的。

康熙深知一个好汉三个帮的道理，鉴于靳辅治河有成，问靳辅“谁佐汝”，靳辅抓住机会向康熙汇报说，陈潢是个治河奇才，于是，康熙授陈潢佥事道，陈潢由幕府工作人员有了官衔。

陈潢治河主张因势利导，有患必推其源。有一点需特别指出，他主张做工程不能太省，“省则速败，所费较所省尤大”[19]，现今承包工程，低于成本价不得中标，就是这个意思。

说靳辅治河有了小康局面，成就大，只是以今人眼光看。其实当时，靳辅治河也是步履维艰，朝臣与其不断地互相攻讦，尤以康熙二十四年的“方案”之争导致了极为跌宕的政坛风云，使这场争论断断续续延续到康熙二十七年。故事太过曲折、太过复杂，只能说主线：

靳辅治河的“撒手锏”是修减水坝，其实这是人为施行的决口，洪泽湖高家堰上就开了若干个口子，泄出去的洪水流进了运西诸湖；如果洪水过大，超过湖泊的储存能力，洪水会越过运河，殃及运河东岸的里下河地区，即将里下河地区当成了蓄洪区，可那一带是淮阳沃土。对此，有人持不同看法自是难免，代表人物是安徽按察使于成龙。

“成龙力主开浚海口。”

“辅言下河海口高内地五尺，应筑长堤高丈六尺，束水趋海。”[20]

“成龙议疏海口泄积水，辅谓下河地卑于海五尺，疏海口引潮内侵，害滋大。”[19]（此处记载的大堤高度是一丈五尺）

安徽按察使于成龙建议疏浚海口，将积水泄去；河道总督靳辅反对，说入海口比里下河一带高五尺，海口一旦疏浚，海水内侵，害处更大。靳辅的方案是修两道束水堤防，将洪泽湖泄出去的洪水直接送到海里边。

这就形成了方案之争。

如果今天让我投票，问支持谁，我只能弃权。海水内侵，将导致大片土地的盐渍化——荷兰是低地国家，修堤防隔断海水，经过了不知多少年，才用风车涸干海水，改成了田地，有了今天色彩斑斓的郁金香；

可靳辅修两道高高的堤防，将泄出去的洪水送入大海，不仅工程量太大，还存在诸多社会问题——如今的调水线路不也得协调诸如移民、坟茔等社会问题吗？这在当时，似乎也不现实。

于是开始了廷议，主持人就是康熙。首先是河官靳辅的汇报，于成龙作为反对派开始驳辩。这次廷议是一次民主的会议，一次考虑全面的会议，除了正反双方的朝堂辩论之外，还派人询问了下河地区在京任职的官员，并同时派朝中大员赴当地民间调研。为一个工程问题花这么大精力，足见康熙对此事的重视。可意见还是不统一。

支持靳辅的有大学士以及“九卿”。九卿究竟是谁，众说纷纭，此处无须界定，总之他们都支持靳辅。

支持于成龙的有某御史、某给事中、某通政使参议。

双方对比，高下立判。

可谁高呢？

明清的御史，品级未必高，实际地位很高，负责监察；给事中，是六科的工作人员，朝堂内的“芝麻官”。六科，指吏、户、礼、兵、刑、工六科，明初设，“辅助皇帝处理奏章，稽查驳正六部之违误”，注意这里的“六科”不属于“六部”，他们眼睛盯着的是“六部”，予以“稽查驳正”。张居正时，六科权力进一步增大[21]。清承明制，虽有异化，但还是不能小看六科给事中这些“芝麻官”，更早的中国历史上，这些“芝麻官”本是协助宰相限制君权的，可协助宰相当面指出皇帝不妥当的地方，因此，给事中说话相当有分量。

工程有对比方案，争论不下时，需要一个拍板人，这个拍板人，通常被认为是技术权威，德高望重之人。

这里的拍板人是康熙——既是治河专家，也是九五之尊。既是专家，就有他的观点，别忘了他的话，他说修减水坝“利河工不利百姓”。《清史稿》记述这场争论，用了这么一个词：康熙“颇右成龙”。我查字典，右，古同“佑”，帮助、偏袒之意。

你该知道天平的砝码往哪偏了吧！

可廷议最终的结果是“罢浚海口议”，并没有支持于成龙的方案——我读出了康熙的容人之量。但同时也将于成龙调任直隶巡抚，于成龙因这场争论而得以升迁。

此后又经过了很多事，于是这场当时没有“统一意见”的争论逐渐演变为争斗。由于康熙本人也参与其间[22]，就使问题变得愈加复杂。至康熙二十七年，反对靳辅的人占了多数，靳辅被参了，是否有见风使舵者，就难说了。某御史的奏本直截了当地要求将靳辅罢官，“请罢辅”；还有不直截了当的类比：“至以舜殛鲧为比。”[19]

中国的文字表达有时很有意思，这句话的直接来源是“乃殛鲧于羽山以死”（《史记》）。殛本身的意思是诛杀。但是唐朝解经的大家孔颖达却解释说殛是流刑。那么，到底是什么意思，康熙爷您自己理解吧。

清朝的御史是厉害，大学士明珠被参了，又连累上了靳辅，当然该御史已经先参了靳辅。于是，康熙开始问责，靳辅革职，陈潢锁拿进京。此外还有个人牵扯其中，漕运总督慕天颜革职。漕运总督与河道总督匹敌——说到底也是个河官。慕天颜是靳辅的反对派，他在江苏布政使任上时有过治水的多重历练。

古曰“刑不上大夫”，可同其他官员相比，陈潢就是个草民，入狱前，他病死了——是气死了也未可知。治河虽为其所长，可涉及人事之争就是其所短了。“四十年中公与侯，虽然是梦也风流。我今落魄邯郸道，要替先生借枕头。”此即《清史稿》所谓“题诗壁间，语豪迈”，谁想自己的一生也是一场大梦。早知今日，何必当初呢？还不如在钱塘江畔观潮呢！

道光时，有名的学者包世臣——北宋名臣包拯第二十九世孙，论曰：“神禹之后，数千年而有潘氏，潘氏后百年而得陈君……贤才之生，如是其难。”[23] 陈潢当瞑目矣！

有必要补充一下，清代有个名头非常大的“天下第一廉吏”于成龙，此于成龙非彼于成龙，此于成龙为河官于成龙，廉吏于成龙对河官于成龙有举荐之功。

方案之争总是有好处的，没有全是优点的方案，靳辅、陈潢部分采纳了于成龙的观点，对入海口进行了适当程度的挑浚，水利史大家姚汉源先生认为比之于潘季驯，是一种进步[7]，因为，潘季驯曾言“海不浚而辟，河不挑而深”[11]，即无须浚海。其实呢，靳辅也是执行朝廷的英明决策，后来朝廷还是有了疏浚海口的新决定。

靳辅病逝于河道总督任上，追赠太子太保，这是人臣所能获得的最高荣誉了，尽管是在死后。

继任者，于成龙。

“三十七年，命以总督衔管直隶巡抚，请修永清、固安浑河堤，并加以浚治，上为改河名曰永定。”[19] 也就是说，于成龙被任命为带着总督衔的直隶巡抚。上任之后，于成龙开始治理浑河。浑河者，永定河是也。后浑河被康熙赐名“永定”，这是北京永定河名称的由来。今日北京永定河的经行路线，大体定型于于成龙。

清代的河臣哪个是吃干饭的？他们不是水利工程师，是治水人，今天能配上治水人称号的，实在太少了。

皇帝的事太多，可其管河事又太细——这不是优点。这里不能详述，只能写点大事记。

康熙六巡江南，每次都到淮安，都到清口，有时一住数月，这当然就成了现场工作人员，比如，某处要修挑水坝就成了康熙的方案。挑水坝，可理解为今日黄河上所说的丁坝。

康熙实在是喜欢治河，如他对河臣的奏折格外重视，对张鹏翮的具体指导，清史料中都不乏记述。

张鹏翮，有清一代治河的能臣、幸运之臣，廉吏，封疆大吏，文华殿大学士兼吏部尚书，也有“天下第一廉吏”之称，曾为中俄签订《尼布楚条约》做出极大贡献，其在家书中写道：“愿效张骞，以身许国，予之志也。”这是自比于凿空西域的博望侯了。

康熙自己也有正经的治河“学术成果”，并得到了应用，“在与大臣详细研读于成龙绘呈的河图后，康熙帝认为平面河图难以反映地势高下、河道高低和准确描绘河势，于是，他便运用康熙二十九年以来从任职清廷的法国耶稣会士白晋、张诚等那里所学的立体几何知识，亲自改制木刻的立体清口河图，以便明了河势、治理河患。”[24]

康熙对治河的理论著作非常关注，前文说到的胡渭《禹贡锥指》，是以《尚书·禹贡》为脉络，围绕水道为中心的一部鸿篇巨制，主要研究自然地理与历史地理的变迁，胡渭集前人研究之大成，发前人之所未发见，提出了黄河五大徙之说，广为研究地理的人和治河者所知晓，康熙褒奖其“耆年笃学”。胡渭因有荣焉，一时名重士林。

长夜不寐，也曾挑灯静读卷帙浩繁的《禹贡锥指》，其广征博引，真是震慑后人。能与之比肩的，恐怕就是有“晚清民初学者第一人”之誉的郦学大家杨守敬与门人熊会贞合撰的《水经注疏》了，这不禁使我想到了一个成语：高山仰止。古为学者，原来如是，康熙的褒奖，真是实至名归。

雍正的实际经验更多些，当皇帝前，他曾在河南武陟亲自参加河决堵口，如今御坝存焉。其实这没什么，雍正堵口，只是当皇子之时，雄才大略的汉武帝当政时曾亲自背柴草塞宣房——在河南堵河决，堵不住就上泰山求老天爷，留下《瓠子之歌》，同行者司马迁。由于亲见河水滔天，缥缈无迹，司马迁于《史记·河渠书》中感叹：“甚矣，水之为利害也！”雍正皇帝在高家堰修缮之后，曾亲撰《高家堰碑文》。

乾隆效乃祖，也有六次南巡的经历，其中五次到淮安清口，他留下的有关高家堰的文牍太多，这里录其《重修惠济祠碑记》[25]中几句话：

“经国之务莫重于河与漕，而两者必相资而成……黄河，自积石龙门，经豫徐东下，挟淮泗交流入海，势湍悍不可御。泥浊易淤。漕艘渡江达淮，黄河亘其冲，其入河也，必资于黄。治之之道，以清淮迅激荡涤之，俾无壅沙，河恒强，淮恒弱，则潴洪泽之巨浸以助之，交会于清口。是为运道之枢纽，河防之关键。”

从“以清淮迅激荡涤之”一语可以看出，乾隆也是潘季驯的信徒，难怪他将潘季驯封到了祠里边，与平江伯陈瑄一起享受官方的祭祀。

惠济祠乃淮安清口香火极盛的一处庙宇，供奉的是极有灵验的天后妈祖。妈祖是海神信仰中的神祇，目前全世界约有三亿信众，我也曾到湄洲祖庙拜祭，同行者是两位同学——同样的水利人。妈祖保佑的是和平航行，没有波涛之险，故而海上人员多拜妈祖。妈祖既然能保佑海上安全，则更能保佑内河航运的安全，从明及清，在清口为妈祖礼拜上香的不知有多少旅行商客、达官贵人，最大的官员当数清圣祖康熙和清高宗乾隆。至清嘉庆，嘉庆帝为生民考虑，为漕运着想，也为了自己致祭方便，在圆明园之绮春园内，以清口形制建了一座惠济祠。时至晚清，国势日衰，列强欺凌，外侮不断，在英法联军点燃的熊熊烈焰中，惠济祠随着金碧辉煌的宫殿一道化作了残垣断壁，后八国联军再次在圆明园举火，原留下的残垣断壁变成了焦土瓦砾，如今瓦砾虽在，可惠济祠的准确位置都难以说清了。一座庙宇的沧桑经历，反映的不仅是运河的兴衰，还映衬出国运的泰否。

怎样评述靳辅的治河？靳辅身后极具哀荣，是统治者当时对他的承认。包世臣这样评价靳辅：减黄入湖，黄平而湖淤，后患无穷。后以开减坝为救险常法，卒至湖高决堰。使其无助清之功而成淤湖之祸，与旧时大异。[26] 话说得硬邦邦，与舞台上的包公有一比。包世臣之论当然成立，但我却想到了《孙子兵法》上的两句话：

**“兵无常势，水无常形”——多沙河流，难以找出万全之策！**

喜欢治河如乾隆者，不也认为没有一劳永逸之法吗？（见本书《秋思永定河》）。

黄淮的问题实在是复杂，清口，这个小之又小的地名，竟出现在科举考试殿试第一甲第一名（也就是状元）的制策考卷中，实在是出乎意料。我在南京科举博物馆不期而看到了这个考卷，当时真的有点震撼，我感觉到，清口问题若不是这么重要，在资讯尚不发达的年代，何以能被天下士子所知晓、所关注？而当年的士子也实在是不容易，除了需要娴熟八股制艺之外，还需要有真才实学，需要关心时事政治、国家大事，有经国方略，懂经世之学，以备一旦获得殿试资格，即可在策论考试时，一吐胸襟。

一介寒士，十年苦读，当时运通达，完全可以凭自己的胸中才学在朝堂上指点江山。

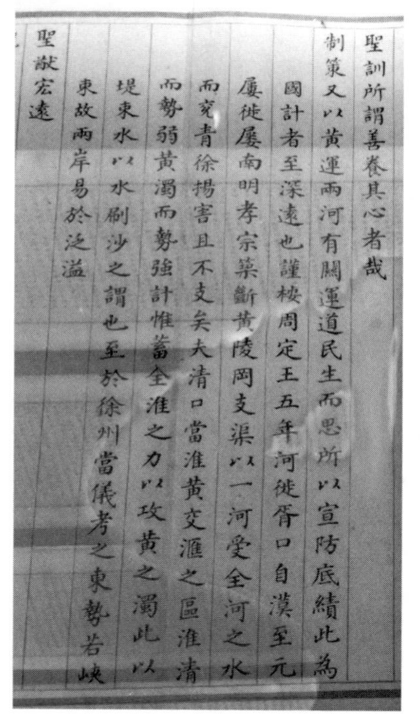
聖訓所謂善養其心者哉
制策又以黃運兩河有關運道民生而思所以宣防底績此為
國計者至深遠也謹按周定王五年河徙胥口自漢至元
屢徙屢南明孝宗築斷黃陵岡支渠以一河受全河之水
而究青徐揚害且不支矣夫清口當淮黃交滙之區淮清
而勢弱黃濁而勢強計惟蓄全淮之力以攻黃之濁此以
堤束水以水刷沙之謂也至於徐州當儀考之東勢若峽
東故兩岸易於泛溢
聖猷宏遠

中国科举博物馆状元卷（局部）

八股取士，实在是中土远超西方的健全的文官制度。占据美国汉学第一人的学术地位、曾代理美国驻华公使达九次之多的西方人卫三畏在《中国总论》中称：“这种制度在古往今来的大国都是无与伦比的”“这一制度将一切人置于平等的基础之上，据我们所知，人类本质还没有这样的平等”“这就给这个国家最有志向、最有才能的或激烈的人物提出一个崇高的使命，需要他们贡献全部力量”[27]。研究世界史的历史学家斯塔夫里阿诺斯在《全球通史》中指出，科举制度“为中国提供了一种赢得欧洲人尊敬和羡慕的、有效稳定的行政管理”。“实际上，当时，中国的考试制度和儒家伦理观给欧洲留下的印象，较之欧洲的科学和数学给中国留下的印象，要深刻得多。”[28]

## （六）

下面过渡到现代水利工程——三门峡水利枢纽工程。

近世三门峡暴得大名，是因为三门峡水库建设之后出现了许多工程问题。

这些工程问题，三门峡水库实在不该出现。清口的问题，困扰中国约 700 年，难道还有比这更深刻的历史教训吗？三门峡水库的问题恰与清口的问题有诸多相似的地方。

三门峡水库位于今河南省三门峡市。三门峡市旧称陕州，事实上，三门峡水库所在的位置，是中国历史上一个很重要的地标。在古文献中，砥柱山、陕州早就“暴得了大名”。

《尚书·禹贡》是中国最早的地理文献，其中这样记述神禹导黄河的路径：

“导河积石，至于龙门；南至于华阴；东至于砥柱，又东至于孟津……”

注意这里出现了“砥柱”字样。砥柱者，屹立黄河中流之石柱也，谓之砥柱山，其阻遏激流，不知几千几万年了。“砥柱”一词，为幼时所学，源于毛主席《论联合政府》中的一段话：

“没有中国共产党人做中国人民的中流砥柱，中国的独立和解放是不可能的。”

《水经注》这样描述“砥柱”：

“砥柱者，山名也。昔禹治洪水，山陵当水者凿之，故破山以通河。河水分流，包山而过，山见水中，若柱然，故曰砥柱也。”[29]

河水分流，包山而过，不利于航行，西汉时为解决漕运艰难，避开这一段的险阻，想尽了办法，均告失败。东汉干脆将都城设在了洛阳，算是彻底解决了该问题。但洛阳与关中的通航毕竟重要，此后司马懿、司马炎又做过修整。但大唐都长安，又碰到了西汉同样的问题，漕运艰难。雄才大略的唐太宗李世民曾让一代名臣魏征写下《砥柱铭》，他自己也曾吟出这样的诗句：“仰临砥柱，北望龙门，茫茫禹迹，浩浩长春。”[30]这几句，其意真的不好解。我的理解，这只是一种感叹，前后看看黄河，伟大的君王发出了一种“非可道”的感叹，既然“非可道”，即如“拈花一笑”，由心底来感悟吧！隋唐以后，由于朝廷对江南的仰给越来越重，所以宋以后，不再建都关中，一方面是为了可以缩短运距，另一方面，与避开三门漕运之险可能存在着一定的关系。

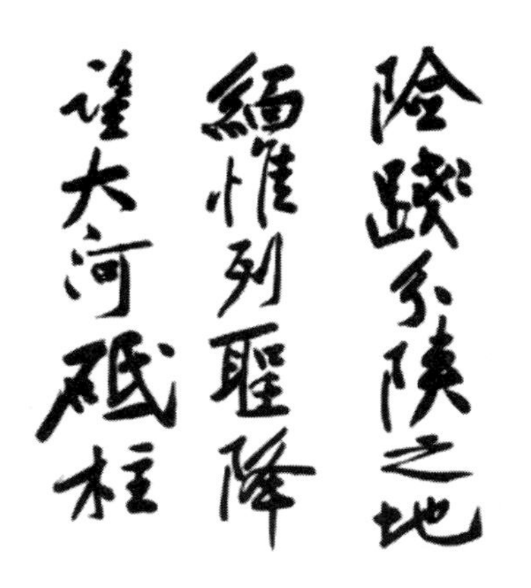

黄庭坚书魏征《砥柱铭》(局部)[31]

在砥柱山的上游处，黄河被大禹劈成了三个通道，即所谓的“三门”。

明人有笔记，这样描写砥柱与三门的关系：

“砥柱在陕州东五十里，黄河之中……三门者，中曰神门，南曰鬼门，北曰人门。其始特一巨石，而平如砥，想昔河水泛滥，禹遂凿之为三。水行其间，声激如雷。而鬼门尤为险恶，舟筏一入，鲜有得脱，名之曰鬼，宜矣。三门之广，约二十丈。其东北五十步，即砥柱。崇约三丈，周数丈。相传上有唐太宗碑铭，今不存。”[32]

显然，砥柱的上游就是三门了，著名的三门峡大坝，就修建在砥柱的上游，而三门就淹没在了水库中。黄河早已不通航，三门之险，也就无从谈起了。

黄河还是那条黄河，江山依旧，其多泥沙的特性从未改变。

1957 年 4 月 13 日，标志全面治黄战役开始的第一枪打响：修建三门峡水利枢纽工程。这是一个以防洪为主的大型水利枢纽工程。这是一个失败的工程，世人对其诟病者居多，我在此文中，也意在“诟病”，但着眼点不一样。

那么，问一个问题，能不能不修这个工程？

行文至此，读者当知道黄河在历史上为害甚巨。在回答上边问题之前，先问另一个问题，既然黄河“善决、善淤、善徙”，在未有三门峡水库之前，黄河上并没有一座控制性的工程，而“黄河之水天上来”，在其广阔的摆动范围内，豫、鲁、冀、苏、皖诸省甚至京津地区受威胁的老百姓怎么办？城市怎么办？工矿企业怎么办？怎样搞建设？面对中华民族的“国之忧患”，为政者怎么办？

下边，引述两则民国年间的资料[33]。

1933年，黄河发生创实测记录以来最大的暴雨和洪水，受灾人口达364万人，受灾县66个，京汉铁路桥被冲垮，黄河漫溢，将17亿吨泥沙堆积在下游地区，造成空前的环境灾难。黄河多年平均输沙量为16亿吨，也就是说，将一年多全部的泥沙都堆积在了下游滩区及黄泛区。

1935年，黄河大水，因决口，约8/10的黄河水咆哮而出，漂没茫茫，“黄河不知去向”，豫、鲁、苏三省共21县受淹，341万人受灾，“田庐冲没，村舍为墟，哀鸿遍野，触目惊心”是当时的用语。至于安徽，则是灾上加灾，因为1934年遭受特大旱情，1935年尚在抗旱，突然就来了滚滚黄流，当时的申报这样记述：

“甫令防旱于先，忽告防水于后，人民长此辗转流离于水旱两灾之间。此种头痛医头脚痛医脚之现象，不仅沿江一省一地为然，即黄河、珠江等流域莫不亦然。”

既如此，找出病因，在根子上着手，不也是年轻的共和国该重点解决的问题吗?

于是，三门峡水利枢纽工程就成了苏联156个援华建设项目中的一个。

中国有成语，“海晏河清”，语出唐人诗句：“海晏河清，时和岁丰。”明人蒙学读物《幼学琼林》有“圣人出，黄河清”一语。前者，喻天下太平，也是一种企盼，没什么不妥；后者，蒙学读物，只为了上口，恐怕没太多的深层次意义。今人有解读，修三门峡是为了实现黄河清，预示朝堂有圣人出，恐怕是过分解读了。

我读三门峡水库的意义，读出的只是社会上的、公益上的，有巨大的防洪、防凌、供水等社会效益，即或是众人纷纷诟病三门峡水库的今天，其防洪作用也无可替代，后修的小浪底工程规模虽然更大，但没有三门峡水库做基础、做支撑，其构建的防洪开发目标将不成立，这是以数据做支撑得出的科学结论。以这样的眼光来看待三门峡水库，其“必要性”，即使在今天也没有什么可怀疑的地方。

问题是，该怎么实现这巨大的防洪效益？如何处理上下游关系？如何处理建库后的河湖（指与河流连通的天然湖泊）关系？规划设计者该如何接受古已有之的教训？

类似的问题，不独在黄河上有，在许多的大江大河上都存在。

黄河，出星宿，过大漠，在大峡谷中呼啸而下，至潼关由南而东，转弯处有水文测流断面，谓之潼关断面，渭河由此入黄。

渭河黄河及潼关断面示意图

三门峡水库于 1957 年动工，1960 年基本完工，开始蓄水拦洪，蓄水之前的潼关（断面）高程为 323.4 米——这是一个带有指标性意义的数据，维持此高程，渭河基本上可以达到冲淤平衡，也就是说，在长久的历史时期内，渭河基本上保持了床面不抬高，因而，就有了富庶、安全的关中平原——八百里秦川。

记得“泛舟之役”乎？“以船漕车转，自雍相望至绛”[34]，几百里不绝。《史记·留侯世家》中张子房曰：“诸侯安定，河渭漕挽天下，西给京师；诸侯有变，顺流而下，足以委输。”水运曰漕，车转曰挽，很显然，（黄）河、渭曾经有很强的运输能力，这样的印象今人是难有了。我的家乡离黄河不远，看到黄河浅流，我曾长期地认为，黄河是不能通航的，历史上恰恰不是这样。

渭河的支流泾河，经过渭北高原及黄土地区，是渭河泥沙的主要来源区。泾河有泥沙，未必为害，《汉书·沟洫志》录民歌曰：

“郑国在前，白渠在后，举臿为云，决渠为雨，泾水一石，其泥数斗，且溉且粪，长我禾黍，衣食京师，亿万之口。”

引泾，从战国直到今天。现今的泾惠渠，由李仪祉先生所创修。曾沿渠畔走，顾盼泾水滔滔，嘉禾繁茂，心生几多感叹！

泾河不但有泥沙，还有龙王，《西游记》里，魏征梦中斩了泾河龙王；《柳毅传书》里，无助的洞庭龙女，在泾河滩上孤苦地牧羊，那是一个凄美的爱情故事，故事跌宕而曲折。我多解读一句吧，龙女所牧之羊本是雨工。雨工者，“雷霆之类也”，当是助雨的“器具”。这反映了黄土地区降雨，归神仙管束，雨水资源在人们的心目中弥足珍贵。

由于渭河能够实现冲淤平衡，故而泥沙都输送进黄河了，所以，曾经的渭河不但美丽，且舟樯云集。清人有诗配画：

“长天一色渡中流，如雪芦花载满舟。江上太公何处去，烟波依旧汉时秋。”

多美丽的一幅渭河秋色图！名曰《渭阳古渡》。如今，此秋色图无可寻觅了，留下的只是古渡遗址。渭阳古渡指咸阳古渡，本为关中八景之一。写到此，耳畔不自觉响起古曲《阳关三叠》的旋律，“渭城朝雨浥轻尘……”王维的老辣之作，传唱千年，其极为平实的语言，却震撼了人的灵魂，故而才有为唐人七绝压卷之作的美誉：朋友啊，西出阳关，春风不度，乡人难觅，既如此，何不趁此微雨之后，柳色一新，再进一杯美酒呢？我似乎看到了诗配画，微醺后的惜别情，真是人生中难有的一幕啊！

事有遗憾，三门峡水库的修筑，使大量泥沙淤积在库内，潼关高程因而抬高，比建库前高了 5.25 米，形成“拦门沙”——拦门沙是今人的用语，有门槛之寓意，这对渭河造成了很大的麻烦。

本文无意于对三门峡水库的争论予以评述，不臧否历史人物，只写下几个数据，供思考：

三门峡水库曾有过的最高蓄水位为 332.58 米，可以理解为，水位抬高到此，远高于蓄水之前曾有过的水位高程，不但引起大量淤积，还对渭水形成了顶托；而第一期工程，大坝修筑至 353 米高程，这意味着，可拦蓄的水位可以远远高于曾经有过的 332.58 米，如此，渭河怎么流进水库呢？渭河来大洪水，怎么能不殃及两岸呢？

用“第一期工程”的说法，是因为苏联专家当时认为：水库正常高水位不应低于 360 米，如考虑水库寿命 100 年，最高水位则应提高到 370 米。当时正是中苏友好的蜜月期，而中方大多数的专家也认可 360 米的正常高水位。

如今有人把责任推诿给苏联人，说苏联的坝工专家不懂河流泥沙，不懂河流的复杂性。虽说当时的中苏友好是一段特殊的历史时期，但是自己当家做主人，三门峡水库上马有完备的法律程序，自己的责任自己负，怎好“甩锅”给人家？

1955 年第一届全国人民代表大会第二次会议上，时任国务院副总理邓子恢代表国务院做了《关于根治黄河水害和开发黄河水利的综合规划的报告》，这个充满了美好愿景的报告在代表们的激奋中、在经久不息的掌声中通过了，多少人为之彻夜难眠，诗人贺敬之在《三门峡——梳妆台》中这样写：

“望三门，三门开：黄河之水天上来！……展我治黄万里图，先扎黄河腰中带——神门平，鬼门削，人门三声化尘埃！……责令李白改诗句：黄河之水手中来！”

这进行曲般的诗作是不是很催人奋进？我今天读起来还似有一种按捺不住的激奋。但河流泥沙的运动与诗作没有任何关系，它只遵循自己的运动规律，几十年后，水利大家潘家铮在《千秋功罪话水坝》中这样写道[35]：

“在（三门峡）这座纪念碑上，刻下了中国人民要治理黄河的迫切愿望和坚定信心，刻下了为探索治黄所走过的曲折道路，刻下了打响治黄第一仗后遇到的巨大挫折，刻下了为换回败局所进行的艰苦斗争，也刻下了留给人民的宝贵经验和光明前景。”

真是佩服潘先生深厚的人文功底，这几句话不是“春秋笔法”，而是对三门峡工程的明确肯定，读起来也有让人“荡气回肠”的感觉。我注意到了这几个字：“也刻下了留给人民的宝贵经验。”既是经验就是历史，难道我们历史中没有类似的经验吗？即如本文中所涉及的几个治河人物，如明总河万恭有《治水筌蹄》，明总河潘季驯有《河防一览》，清总河靳辅有《治河方略》，清总河张鹏翮有《治河全书》，清总河康基田有《河渠纪闻》，这些书都是他们治河的直接经验或历代经验的总结，而思想家顾炎武更是以思想家的天下眼光称：

“黄水涨溢，余波从旁漾上，直至十余里之外，沙随波停，遂将此口（清口）进行淤淀，今称门限沙者也！”[36]

有鉴于顾炎武的“利病”叙述很重要，《行水金鉴》也节录了亭林先生的总结。鉴者，镜也，况金鉴乎？我们是否有所借鉴？

或以为，都是陈旧过时的东西。非也！**技术会过时，智慧不会过时**。

在此，我想引述姚汉源先生的一句话：

“今人所笑古人水平低，不足以有为！古人有何尝不可笑今人限于已有水平不深入求索，亦终不足以有更大作为耶！”[26]

**历史不是为了遗忘**。

现在，我们将三门峡水库带来的诸多复杂问题，取其要者，抽象成最容易理解的几句话：三门峡水库水位高，潼关高程抬升，渭河入黄不畅；水库淤积延伸至库尾，渭河河床抬高。

既如此，就结合清口、高家堰、洪泽湖静静地对照想一下：

**清口的黄河与潼关处的黄河，是同一条黄河，有着共同的自然属性，即高泥沙河流。**

一处是可将淮河看作黄河的支流（黄河夺淮后）；一处是渭河，本身为黄河的支流。

清口有“门限沙”；潼关有“拦门沙”。近似的语境，是对同样现象的描述。

一处是高家堰；一处是三门峡大坝。堰、坝是同样的河流挡水建筑物。

一处是洪泽湖；一处是三门峡水库。是同样的人造湖泊。

一处因下流（游）的顶托，淮水泄流不畅；一处因下游的顶托，渭水泄流不畅。

一处黄河倒灌；一处也出现黄河倒灌。

一处洪泽湖淤积；一处三门峡水库淤积。

一处引起淮河河床抬升；一处引起渭河河床抬升。

一处“小雨小灾，大雨大灾”；一处“小流量、大灾情”。

相似吗?

**以铜为鉴，可以正衣冠。同样的错误，不会只犯一次。为了不再重复过去的错误，重视历史的教训，实在是一门严肃的课程。历史从来都不会缺位。**

姚汉源先生在《黄河水利史研究》[26] 中引述了一个日本教授佐藤俊明的一席话：

“我们研究水的利用或水的治理时，首先考虑的问题是安全问题。所以我认为必须以历史为基础进行研究，近代科学的某些方面不能脱离历史。换言之，把历史与经验科学化，正是科学所要研究的内容……中国在水的问题上，对从历史中去实证的现象很淡薄。”

我想起了德国存在主义哲学家雅斯贝斯在《论历史的意义》中的一段话[37]：

“历史观给我们提供了场所，我们有关人的存在的意识就是从那里来的。因此……（历史）是我们生活中的一个活跃的组成部分……把历史当作一个整体来研究的使命，实在是一种严肃的责任感。”

**治水，贯穿着整个中国社会的文明史；水利工程，是公共工程；水利问题，最终归结为社会问题。很多问题，历史里有答案。**

秋将尽，夜愈寒，窗外，万籁俱寂……

## 参考文献

[1] 韩昭庆 . 黄淮关系及其演变过程研究 [M]. 上海：复旦大学出版社，1999.
[2] 宋史卷四百一十七：列传第一百七十六 [M]// 脱脱，等 . 宋史 . 北京：中华书局，1985.
[3] 元文类卷五十 [M]// 苏天爵 . 元文类 . 北京：商务印书馆，1936.
[4] 元史卷六十六 [M]// 宋濂，等 . 元史 . 北京：中华书局，1976.
[5] 水利部黄河水利委员会《黄河水利史述要》编写组 . 黄河水利史述要 [M]. 北京：水利出版社，1982.

[6] 明史卷二百二十三：列传第一百十一 [M]// 张廷玉，等 . 明史 . 北京：中华书局，1974.
[7] 姚汉源 . 中国水利发展史 [M]. 上海：上海人民出版社，2005.
[8] 顾炎武 . 天下郡国利病书，册十三 [M]. 书同文古籍数据库 .
[9] 王英华 . 洪泽湖—清口水利枢纽的形成与演变 [M]. 北京：中国书籍出版社，2008.
[10] 潘季驯 . 河防一览卷十四 [M/OL]// 永瑢，纪昀，等 . 钦定四库全书 [2020-08-30]. http://www.guoxuedashi.com/shumu/352877p.html.
[11] 明史卷八十四：志第六十 [M]// 张廷玉，等 . 明史 . 北京：中华书局，1974.
[12] 马雪芹 . 大河安澜：潘季驯传 [M]. 杭州：浙江人民出版社，2005.
[13] 明实录卷二百八十九 [M]// 明实录 . 上海：上海书店出版社，2017.
[14] 明史卷八十四：志第六十，河渠二，黄河下 [M]// 张廷玉，等 . 明史 . 北京：中华书局，1974.
[15] 胡渭，著 . 邹逸麟，整理 . 禹贡锥指 [M]. 上海：上海古籍出版社，2013.
[16] 赵尔巽，等 . 清史稿 [M]. 北京：中华书局，1977.
[17] 清实录卷五三二 [M]. 书同文古籍数据库 .
[18] 钱宁，王可钦，闫林德，等 . 黄河中游粗泥沙来源区及其对黄河下游冲淤的影响 [C]. 河流泥沙国际学术讨论会论文集，1980.
[19] 清史稿卷二百七十九：列传六十六 [M]// 赵尔巽，等 . 清史稿 . 北京：中华书局，1977.
[20] 清史稿卷一百二十六：志一百一 [M]// 赵尔巽，等 . 清史稿 . 北京：中华书局，1977.
[21] 樊雨志 . 国史概要 [M]. 3 版 . 上海：复旦大学出版社，2004.
[22] 杨明 . 极简黄河史 [M]. 桂林：漓江出版社，2016.
[23] 包世臣 . 中衢一勺 [M]. 合肥：黄山书社，1993.
[24] 席会东 . 河图、河患与河臣：台北故宫藏于成龙《江南黄河图》与康熙中期河政 [J]. 中国历史地理论丛，2013，28（4）：130-138.
[25] 爱新觉罗・弘历 . 清代史料文献 / 清帝御制诗文集类（康雍乾）：御制文初集，卷七十四 [M]. 书同文古籍数据库 .
[26] 姚汉源 . 黄河水利史研究 [M]. 郑州：黄河水利出版社，2003.
[27] 卫三畏 . 中国总论 [M]. 陈俱，译 . 上海：上海古籍出版社，2005.
[28] 斯塔夫里阿诺斯 . 全球通史：从史前到 21 世纪 [M]. 7 版 . 吴象婴，梁赤民，译 . 北京：北京大学出版社，2020.
[29] 郦道元，著 . 陈桥驿，校证 . 水经注校证 [M]. 北京：中华书局，2007.

[30] 侯全亮，魏世祥 . 天生一条黄河 [M]. 郑州：黄河水利出版社，2003.
[31] 文师华 . 黄庭坚《砥柱铭》[M]. 南昌：江西美术出版社，2011.
[32] 都穆，宋彦，黄汝亨 . 游名山记 山行杂记 天目游记 [M]. 北京：中华书局，1991.
[33] 赵春明，刘雅明，张金良，等 . 20 世纪中国水旱灾害警示录 [M]. 郑州：黄河水利出版社，2002.
[34] 史记卷五：秦本纪第五 [M]// 司马迁 . 史记 . 北京：中华书局，1982.
[35] 潘家铮 . 千秋功罪话水坝 [M]. 北京：清华大学出版社，2000.
[36] 顾炎武 . 天下郡国利病书，册十一 [M]. 书同文古籍数据库 .
[37] 汤因比 . 论历史的意义 [M]// 张文杰 . 历史的话语：现代西方历史哲学译文集 . 桂林：广西师范大学出版社，2002.

# 吴城邗，千里赖通波

“吴城邗，千里赖通波”，集句。

“吴城邗”，出自《左传》:“吴城邗，通江淮。”寥寥数语，勾勒出古扬州的起源及江淮水系的沟通;“千里赖通波”，则是后人对隋大运河的诗评:“尽道隋亡为此河，而今千里赖通波。”后人者，唐代大诗人皮日休是也。

春秋“吴城邗”，迄今，已是两千多年了。两千多年间，大运河舟樯云集，舳舻相继，创造了人类水利交通史上不可复制的佳话，有鉴于此，当你站在大运河边上时，会做怎样的感想呢?

## （一）

这是我第二次到扬州。

与第一次不一样，这次的时间要宽裕一些，到运河边走一走，是一种情怀。关于扬州，可说道的东西太多，于是，把思绪专注于“水”上，即算“运河怀古”吧。

大运河包括西汉东西向的大运河、隋唐南北向的大运河，以及后来的元明清京杭大运河。**与万里长城一样，大运河可视为中国的象征，是勤劳智慧的中国人谱写在大地上的壮丽篇章，是中华民族的骄傲。说起来，运河的历史比长城还要早；论功能，长城的功能单一，只是单纯地用于防御。大运河的功能却要多得多，除舟楫之利外，大运河还大大促进了人员间的交流，促进了中原文化与吴越文化间的双向传播。通苏杭，连汴洛，达京津，大大促进了沿岸城市的发展，甚至，在运河沿岸，产生了商品经济的萌芽，产生了灿烂的运河文化……**

初到扬州看运河，约在20多年前吧，记不得确切是哪一年了，当时的行色很是匆忙。粗略的印象，是惊叹何以扬州的运河保存得如此完好，宽阔的水面，石砌的河岸，长长的船队。这可是一条世界上最古老的运河，居然青春常在。

运河，最有意趣的是扬州古运河段，味道老。唯其老，才老而弥新。所谓老，是已经有约2500岁了；所谓新，在于其功能常在并有所发展，这有赖于后人的持续呵护。水利河道工程，有冲刷，有淤积，有老化，有损毁，能够正常使用的时间也就几十年，要维持功能的持续性，就得不断地予以维护与修缮，这需要一套制度并坚持下来，不容易。

现下，我又站在了运河旁，正是早秋，天空辽远，虽非草长莺飞的季节，但叶绿絮白，气候宜人。运河的水，看起来还如旧时一样，视觉上有少许的浑浊，水位近乎与岸平，这本是水乡平常的一幕，但对我来说，因常年生活在北方，多见的是干涸的河道，即使有水，也是涓涓细流，因而对眼前如此充盈的河水，尤其是那渐近、渐远的船队，还是觉得新鲜，以至于有些如醉如痴了——其实，我有过多次这样的沉醉情形，那是当火车行进在吴越大地看到船队之时。

在什么地方初见的运河，已经记不清了，似乎眼前有一座桥，桥那边是一幅原野秋色图，莫非是因为受了杜牧“二十四桥”诗的影响而生出的幻象？但此景象确实浮现于脑际，一经想起，就浮现出相同的一幕。时间久了，亦真亦幻，连自己都难以说清了。

扬州有一道观，曰琼花观。琼花观远不如瘦西湖的名闻遐迩。但若你对运河感兴趣，恐怕不会这样认为。是的，琼花观，其传闻与运河有关。

那年初到扬州，曾到过该道观门首，时间的关系，惜未进去，所谓的到此一游吧。但当年导游的话却还有印象：隋炀帝为了来扬州琼花观看花，修了大运河……

真的，说扬州就绕不开运河，说运河，就绕不开隋炀帝——一个声名狼藉的无道昏君。扬州琼花观的传说，有多种版本，在民间流传很广的，是说隋炀帝开河的目的是来扬州琼花观看花，这本缘于某些传奇小说的特意渲染，可慢慢地，就成了隋炀帝无道的“口碑”。

对传奇故事，原不必认真。但此处，却愿对隋炀帝修大运河的初衷，做点不同的解读，基于理性分析的解读。

游历确实是一个因素，对隋炀帝来讲，甚或会是一个感情因素。隋炀帝曾镇守过扬州，前后两次，计 10 年。扬州是他人生事业的起点，甚或说，这里是他的根基，“望中犹记，烽火扬州路”——当然这句诗是借用的，本与隋炀帝无关。他是于扬州的烽火中成长起来的，那时，他还是个年轻人。有此经历，推想他思念的不会是琼花观，而会是整个扬州一带的山、水、人。“故人西辞黄鹤楼，烟花三月下扬州。”扬州景色绝佳，谪仙李白，抵抗不了三月扬州的吸引力；“青山隐隐水迢迢，秋尽江南草未凋”。“杜郎俊赏”，要相信诗人的眼光异于常人；“千家养女先教曲，十里栽花算种田”。客居扬州的郑燮，对扬州当然比别人都更为了解。引用这些诗文，无非想说扬州是个花簇锦绣的好地方，值得隋炀帝留恋。

当然，还有更重要的因素。

史载，隋大业元年（605 年），隋炀帝为了游历江都（扬州），以东都洛阳为中心，开始营建大运河，先是修洛阳至淮水的“通济渠”：

“命尚书右丞皇甫议发河南、淮北诸郡民，前后百余万，开通济渠。”[1]

同样是在大业元年，为扩展淮安至扬州之间的山阳渎：

“又发淮南民十余万开邗沟，自山阳至扬子入江。渠广四十步，渠旁皆筑御道，树以柳。”[1]

此段，可称为“淮扬运河”。两期工程完毕后，从洛阳至扬州，就有了直达的水路。

半年后，工程修建完毕，隋炀帝的“水殿龙舟”船队从洛阳出发了，奢华无度，阵势浩大，前不见古人：浩浩荡荡，锦缎为帆，彩绳拉纤，连绵二百余里。

问题是，同样是在大业元年，隋炀帝还在洛阳城西营建着东都，每月役丁二百万人[2]。同一年度，开工三项浩大的工程，民众有难以承受之重，更何况，“自长安至江都，置离宫四十余所”“造龙舟及杂船数万艘”。无可怀疑，统治者的奢华是建立在统治的严酷和民众血泪的基础上的，《隋纪》载：

“役丁死者什四五，所司以车载死丁，东至成皋，北至河阳，相望于道。”[1]

“殷鉴不远，在夏后之世。”隋炀帝这是作死的节奏啊！

洛阳至扬州，千里迢迢，而隋炀帝的龙舟又是如此之大，“舟四层共高四十五尺，长二百尺。”[2]能背负这样大的艨艟巨舰，该需要多么大的吃水深度，需要多么大的渠宽！如此看来，通渠工程量极其浩大。而如此浩大的工程能在半年时间内完成，无疑该是一个极其伟大的工程——这需要秉持实事求是的态度。伟大之处，就在于规划水平高，其取线一定充分地利用了旧有渠道、天然河道以尽可能地减少工作量，并调研清楚了可靠的水源，在此基础上，再开挖一些连接性的新渠，这种工程量也不会太大，否则，即使是今天，半年的时间，也难以完成，遑论千余年前的“纯手工”时代了。

下面引述一点史料，叙述一下隋渠规划线路的历史继承性：

刘禹锡有七律《西塞山怀古》一首，述西晋大将王濬率大军由四川顺江而下，直取南京事，“王濬楼船下益州，金陵王气黯然收。”当年王濬名义上受杜预节制，杜预，就是那个著有《春秋左氏经传集解》的超级牛人，他本是善于用兵、惯于谋略的武将军、前敌司令，可他却将《春秋》和《左传》经、传合一，成就了一番轰轰烈烈的“文”事业，他是明朝之前唯一进入文庙和武庙陪祀的人，杜预在水利上多有贡献，他救过灾、引过水、挖过运渠，因此在此多啰唆几句。事实上，杜预在节制王濬这件事上是极其谦逊的，只是在书信中给他提出一些用兵的意见，并建议王濬取石头城后沿江北水路还京（洛阳）：

“自江入淮，逾于泗汴，溯河而上，振旅还都，亦旷世一事也。”

“濬大悦，表呈预书。”[3]

这一段写得生动，可以想见王濬的得意神情。想其行军路线，居然是从益州到南京，再回到洛阳，真是千帆竞发，势如破竹；奏凯而归，得胜旗飘扬。确实是让人震撼的旷世奇观啊！

针对于《晋书》所述，胡渭对汴水评述道：

“濬舟师之盛，古今绝伦，而自泗、汴泝（sù，同溯）河，可以班师，则汴水之大小，当不减于今，又足以见秦、汉、魏、晋皆有此水道，非炀帝创开也。”[4]

胡渭乃康熙年间的地理学集大成者，康熙嘉其“耆年笃学”，是因其著述建立在坚实研究的基础上。引述胡渭的话，是因为要弄清汴水，实在是不易，胡渭也是推测用语啊，但是合理推定。

世事沧桑，汴水，今天听起来或比较生，但提起张择端的《清明上河图》，当是无人不晓，上河，就是汴河，那段汴河虹桥图，述尽了汴京繁华，而繁华的汴京，就与这汴水息息相关！

史学大家钱穆先生认为：

“隋炀帝开浚运河，自开封到徐州，再由徐州南下直到扬州，在先是军事性质的由北侵南，在后则是经济性质的由南养北。在开封以上到洛阳的一段，是和黄河并行的汴水，原来很早便有的。但开封以下的水道，也并非隋炀帝所凿。三国时曹操率领水师攻东吴，即由洛阳到开封而至皖北，回师时绕道徐州，全路程都由舟船水道。魏孝文亦曾有心利用此一段水道来输送军粮，控制南方。隋炀帝不过把此一段连贯南北的原有水道加深加阔，重新整顿，使中原水师可以顺流直下，径抵江边。”[5]

以上引文，充分说明从洛阳到长江，古有水路畅通，故而隋炀帝才能在短时间内成其大功。

钱穆先生的论述，是由军事而经济，并未提到游幸江都之说，也未对隋炀帝开河有功而称其创修，不能湮灭前人的功绩。至于隋炀帝在黄河北岸修永济渠对前人的继承，可参看本书《魏武挥鞭背后的运渠及屯田水利》；江南运河，也有类似的情形，可参看本书《遥思江南运河》，此处不再赘述。

隋之前是南北朝，一个战争频仍、国家分裂的时代。隋文帝为平定江南（平陈），于开皇七年（587 年）开掘了从淮安到扬州的山阳渎，并通漕。通漕，供给京师，是从西汉就开始的国家大事。炀帝登基后，开始修汴渠（通济渠），是谓隋唐大运河的骨干河段；又进一步扩展了山阳渎——淮扬运河；再进一步，开掘了通杭州的“江南运河”。这样，循水路从杭州通洛阳就没有了障碍，整个江南就成为了朝廷的财赋重地。

隋炀帝曾经为晋王，统领水陆大军51万进行渡江作战，破扬州，克京口，下建康，灭陈，俘获陈后主。马背出身的炀帝，当皇帝后不可能不虑及才平定的陈国地区是否稳定，事实上，隋统一之后原陈地确实爆发过大规模的暴乱。因此，**开通这样一条河流，只怕有秦始皇“修驰道”的考虑——维护国家安定在军事上的意义**。**隋炀帝也修了驰道，那个时代，水运在军事上的意义，可比陆地上的驰道更大，更方便**。**由此可以推知，游幸江都，只怕是“附带效益”**。

这是黄河以南的运河，而黄河以北呢？大业四年（608年），“诏发河北诸郡男女百余万，开永济渠，引沁水，南达于河，北通涿郡。”[6]

开通永济渠，从洛阳可直通幽蓟（北京），这就为调运物资、控制北方、控制辽东，甚或征服高丽提供了运输条件——炀帝曾三次亲征高丽。

至此，将黄河南北的运河一起考虑，则不能不佩服隋唐大运河这幅蓝图构建的宏伟。

虽如此说，隋炀帝修运河，工程量实在是太大了，耗费尽了整个国家的财力。所以，皮日休的总结“尽道隋亡为此河”是有道理的，“而今千里赖通波”则更是事实。而另一首唐诗，对运河的描述却要更为深刻：

汴水通淮利最多，生人为害亦相和。

东南四十三州地，取尽膏脂是此河。

榨取民脂民膏，是人的因素，与河无关。

在后来的统治者眼里，运河的意义更为重大，宋太宗曾说：“东京养甲兵数十万，居民百万家，天下转漕，仰给在此一渠水，朕安得不顾！”[7]话语十分恳切。宋太宗说这句话的背景是汴水于浚仪县(今开封市)决口，致使其大为惶恐，外出查看时“车架入泥淖中，行百余步，从臣震恐”[7]。

只是可惜，北宋以后，汴渠逐渐淤废，开封随之衰落；而扬州的运河，历代修缮，用功最勤，如今仍给人们以巨大的舟楫之利。于今看来，说扬州因运河而兴，因运河而盛，则当是恰当的。

隋炀帝荒淫、奢靡、无道，史有定评。“暗想当年，追思往事，一场好梦”，炀帝登基后游幸扬州三次，最后授首江都。“地下若逢陈后主，岂宜重问后庭花？”晋王俘获了荒淫的陈后主，将其虏至洛阳；真是“殷鉴不远”，“后庭花”余音未落，当年的晋王死于非命，比陈后主的下场惨多了。

前些年，扬州发现了炀帝与萧后的墓陵，印证了历史，真让人不胜叹息。

隋炀帝是为后人留下丰厚遗产的皇帝，因而也可说他是一个有大作为的皇帝，在久远的历史长河中，很少有皇帝能望其项背。但这大作为的背后，却是民众的不胜负荷，不胜负荷的基础垮了，楼台还能安然耸立乎？这就是隋朝短命的原因。“水可载舟，亦可覆舟”，窃以为，唐太宗常提起的这句名言，虽然是历史经验教训的总结，但他一定暗有所指，那就是隋炀帝——他们既是亲戚，也是君臣，眼见的事实一定比别人更真切，因而感触会更深。

后人对隋炀帝开河的评价很多，尽管以负面为主，总体说是功过两不相掩，但过在人，功在事。其中明人于慎行的评价算偏于正面的，属于有卓识的评论：

“为其国促数年之祚，而为后世开万世之利，可谓不仁而有功者矣。”[8]

当然，需要进一步指出，隋炀帝授首江都，是因为御林军的兵变，兵变是偶然的因素，这偶然的因素是促使隋朝垮台非常重要的原因，不好因“尽道隋亡为此河”而以一概全，假如没有御林军的兵变，历史会是什么样子还真不好说，**历史的发展进程，偶然因素往往会起到很大的作用，恰如地质学上的灾变论**[9]，比如大洪水、火山爆发，甚至于小星体对地球的碰撞等偶然因素对地球历史演变的影响。**隋朝的垮台，这里至少可以列出三大原因：一是御林军的兵变，这是直接的原因；二是挖河积聚的民怨——这里强调的是积怨，南北运河的竣工，并没有导致天下大乱，因而只以“挖河”来诠释隋朝的倒台是不客观和不全面的；三是长期的战争，尤其是统一以后的三征高丽，穷兵黩武。不只是耗尽国力的问题，真正的天下大乱发生在第二次、第三次东征高丽期间，“古来征战几人回？”终导致起义，烽火蔓延。**

虽如此说，隋大业年间的社会经济状况比唐贞观年间还是要好[10]，甚至，隋朝的富足，是西汉以来的高峰。既如此，何以历史认定炀帝是荒淫无道之主，而唐太宗却是千古明君？这是个“相对坐标系”的问题，而不是以“绝对值”来衡量。隋二世而亡，由治而乱，隋炀帝把家业败光了，轰隆隆大厦倾，“眼见他楼塌了”；而贞观年间，君臣一心，由乱入治，属于战后重建，所谓“贞观之治”，“治”字之用，可谓当矣，“治”的效应，更多地成为盛唐的铺垫——**就水利事业来讲，初唐极其重视隋朝所开创的航运交通事业，同时黄河流域的农田水利事业也得到了极大的发展，故而唐朝的辉煌，与水利事业关系很大。**

“秦吞六合汉登基”，隋朝走了与秦朝一样的路。写到此，我想起了贾谊《过秦论》的总结：

“一夫作难而七庙隳（huī），身死人手，为天下笑者，何也？仁义不施而攻守之势异也。”

“二十四桥明月夜，玉人何处教吹箫。”小说家言，二十四桥的名字乃是隋炀帝所取，不信也罢。但“寒鸦飞数点，流水绕孤村。斜阳欲落处，一望黯销魂”，却真是隋炀帝的手笔。很难想象，一个马背出身的人，一个荒淫无道的皇帝，居然于数语之中勾画出一幅唯美的远景图，并传递出一番落寞与孤寂的心情。不可否认的是，此诗既写实、也写意、更写情，情景转换只在数语之间，文辞中不再有六朝的“彩丽竞繁”，而却于平实中透露出一种非刻意修饰的自然美——这一点尤难，隋炀帝本受南朝文学影响深重，因而极易打动人心。

其实，隋炀帝文武全才，十年扬州梦，看尽“杏花春雨”；巡视塞上，至榆林可汗大帐，亲历“白马秋风”。这不寻常的经历，自然使隋炀帝的文字摒弃浮华，表现出真情。因此，不好因历史上对其有明确的臧否之论而全然否定之，事实上，隋炀帝的文字对初唐的诗歌是有影响的。他确实为自己的文学才情而自负，他自谓，若是与天下士子一起比试，也能当上天子。[10]

如今，扬州又建了二十四桥。“杜郎俊赏，算而今、重到须惊。”白石道人感慨战争过后扬州“废池乔木”的黍离之悲已过千年，但杜郎再来，“重到须惊”也是必然，眼前的二十四桥太漂亮了：水碧柳青，花簇锦绣，近楼远塔，湖山画船，所有这些所烘托的，就是二十四桥的玉带高耸。

真是少见的人间繁华！只是，细寻觅，未见桥边生“红药”，稍感遗憾。

扬州二十四桥全景

因为大运河的开凿，且靠着长江，安史之乱之后，扬州成为中国最为富庶的地方，同期富庶的大都会还有成都，《资治通鉴》曰：“扬州富庶甲天下，时人称扬一益二。”[11] **安史之乱后，随着北人南移，南方经济地位上升，文化重心也转到江南，若按罗素的水文地理说来找最根本的原因，那就是水利技术的转移为重要因素**。钱穆先生的总结更为明确：

“主要的经济转移关键在农业，主要的农业转移关键在水利。”[5]

钱穆先生将类似的表述写到了《国史大纲》中。

“水利是农业的命脉。”以此来看问题就容易理解了。

## （二）

隋炀帝拓展山阳渎，是因为其父隋文帝所开的山阳渎不够宽，当时隋朝虽然已经建立，但还在统一全国的过程中，也就是说，还在战争之中，因此无力、无暇将运渠修得完备，只要能够满足“平陈”的当下需求即可。国家安定之后，他就觉得山阳渎不敷用了，也不够豪华。拓展后的山阳渎，因渠更宽阔，旁筑御道，植柳——成为了炀帝无道的实证，这多少有些求全责备了，渠岸植柳，也是通行的做法啊！

隋文帝，一代英主，结束数百年战争纷争，统一天下。在国家行政构架中实行三省六部制；在人才选拔上，首开科举——进一步的完善则在炀帝。只此两项，都是划时代的创举，影响达千年之上。科举选材，实际上成为中国历史上文官制度的基础，为东邻高丽所全盘仿效，并深得近代西方人，特别是英国人的赞赏，算是中国在西方有重大影响的“国粹”，“最后的结果是形成一种制度，为中国提供了一种赢得欧洲人尊敬和羡慕的，有效稳定的行政管理”。“中国的考试制度和儒家伦理观念给欧洲留下的印象，较之欧洲的科学和数学给中国留下的印象，要深刻得多。”[12] 至今，我们也不好说科举的影响就完全消失了。文帝在水利交通史上的贡献，不只是开山阳渎，还开凿了从首都长安到潼关长达 300 余里的广通渠：

“于是命宇文恺率水工凿渠，引渭水，自大兴城东至潼关，三百余里，名曰广通渠。转运通利，关内赖之。”[13]

广通渠于隋开皇四年（584 年）开凿，曾一度称为富民渠。历史上广通渠曾数次兴废。[2]

至炀帝完成江南运河之后，从关中扬帆可直达杭州。其实，西汉时节，从长安东南到杭州，已有“水道相通”，著名水利史专家姚汉源先生称之为东西大运河，为西汉的漕运粮道；但黄河以北通涿郡的永济渠加上黄河以南的运渠，则可认为是南北大运河。东西大运河的“重要性

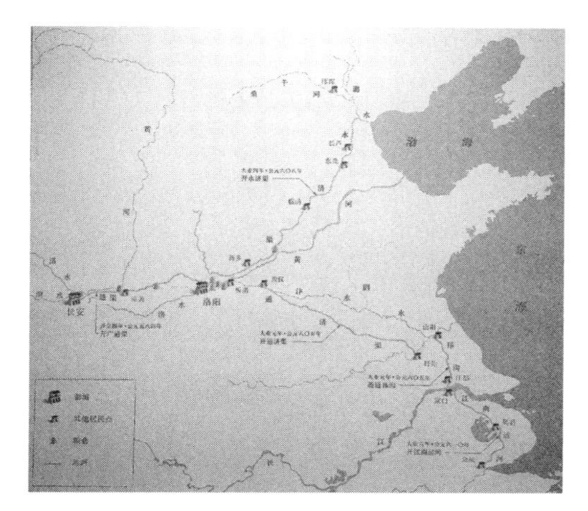


隋大运河图（南京博物院展板照片）

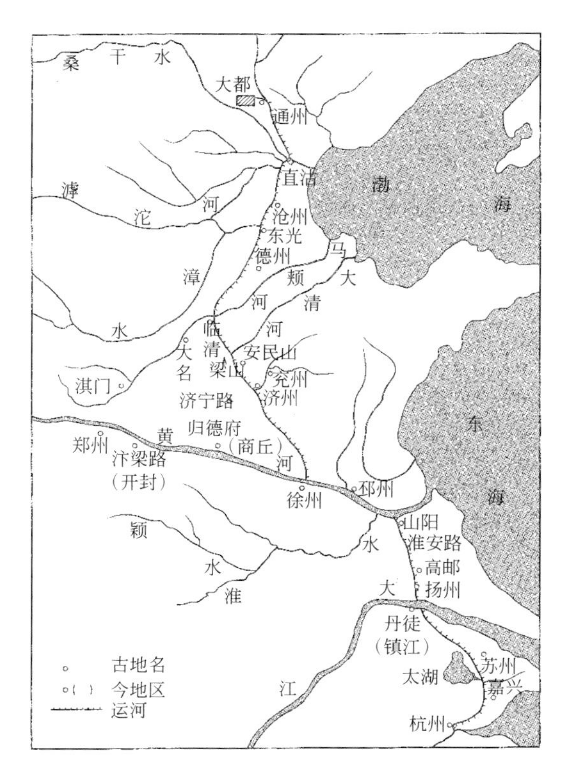


元代京杭大运河示意图（源于朱惠琴[14]）

与规模”，不次于京杭大运河，但却要早1400余年，南段又为京杭大运河所用，后人是在继承的基础上予以开拓，承前启后、源远流长，正是中国水利交通史上最浓重的一页。

水利工程，特别是重大的水利工程，最具有继承性。虽说《隋书》载，开皇七年，“开山阳渎以通运漕”[15]，但开山阳渎，也不是文帝的首创，而是整治邗沟旧道。邗沟，春秋时吴王夫差所开，至隋，时间已越过千年，可以想见，邗沟旧道，或萎缩，或淤废，或变迁，已不足以通航，这是文帝平陈时为什么要重开山阳渎的原因。

吴王开邗沟，是军事上的需要。

春秋是列国争霸的时代，可人类还处于青铜器阶段，最重要的军事装备，无疑是战车。但江南埤湿，河网密布，木轮战车，何以通行？人马粮草，何以运输？于是，走水路就成为自然的选择，**单从经济上来考虑，从古迄今，最便宜的交通运输方式就是水运**。

夫差，“昂藏英伟，一表人才”，是个战争中的超级猛人，曹孟德曰：“恃武者灭”，说的就是他。但不可否认，“吴城邗，通江淮”，开发长江下游，却是夫差的功劳，邗沟是中国历史上第一次明确记载的人工运渠，时在公元前486年。

“城邗”，是营建新城“邗城”，与“通江淮”是两件事，字面无疑义。推测看，“邗城”当比“通江淮”更早，至少是同期，因为，建城可成为挖河的后方基地，可以为挖河提供服务。如此看，也可以把这两件事合称为一件事，如今的扬州，被认为建城始于公元前486年。

邗沟掘通之后，吴王率兵北伐齐国，齐大败，吴奏凯而还。

志得意满的吴王尝到了甜头，野心进一步膨胀，他要与晋国争霸天下，要当天下的霸主。可怎么把强大的吴兵带进中原腹地呢？如法炮制，挖运河。

公元前482年，吴王夫差掘通了另一条运河，名曰菏水，菏水在今天的山东省内，惜已湮废，故迹难考，属于沧海桑田的原因。菏水沟通济水与泗水，济水是黄河的支流，泗水是淮河的支流，按《水经注》：

“自河入济，自济入淮，自淮达江，水径周通，故有‘四渎’之名也。”[16]

也就是说，邗沟、菏水两条运河修通之后，江、河、淮、济“四渎”就全部沟通了——“四渎者，发源注海者也”，从而盘活了半壁天下，这项事业，是由吴王夫差完成的，这比单纯的挖邗沟通江淮意义大多了。

菏水沟通的当年，夫差即以强大的吴兵做后盾，“北会诸侯于黄池，欲霸中国以全周室。”[17]孟子曰“春秋无义战”，“欲霸中国”是真的，“全周室”只是个口号而已。黄池会盟吴王力压晋侯，取得霸主地位。会盟地在今河南封丘——如今故迹尚存，有古黄池碑一通。我沿黄河两岸进行工程考察曾到过封丘，只记得平川碧绿，河水苍茫，被雨打风吹掉的东西太多了，何况千古风流。

建筑一个新城，一定是大兴土木；开沟挖河，有浩大的土建工程量；加上连年征战，穷兵黩武的吴王夫差，耗空了吴国的人力、物力，这些都被曾经战败、几近灭国的越国看在眼里。就在黄池会盟期间，越国趁吴国空虚，在背后发起偷袭，太子殒命。吴王回兵，乞和——对吴王，这实在是太艰难了，要知道，这可是刚刚伯诸侯的吴王啊，“九年，晋定公与吴王夫差盟，争长于黄池，卒先吴。吴强，陵中国。”[18]而当年勾践在夫差面前又是何等的谦卑啊，吴王对越王也算心存一丝“仁慈”，当年，夫差的爷爷阖闾（阖闾与夫差的关系史存两说：爷孙关系，父子关系）就是在与越国的槜李之战中伤及性命的，勾践正是杀祖仇人，但夫差放回了越王，且广其地，这无异于放虎归山。数年后，越再次兴兵，吴亡，夫差自杀。如果当年吴国占领越国都城会稽时听从伍子胥的建议而灭越，历史该是怎么一回事呢？……历史不能假设啊！

“……古邗沟城，乃是列国时吴王夫差的旧都。”

这是《隋唐演义》中炀帝的一句话，《隋唐演义》本是一本传奇故事书，能以此书将邗看成吴的都城吗？但著名史学家顾颉刚先生在《苏州史志笔记补遗》中，有“春秋末吴都邗”[19]的说法，顾颉刚先生本是苏州人，首开“古史辨”，想顾先生必定证据确凿。

然而，吴亡在夫差手里，一个亡国之君，过去的扬州人很少提到他，反映了一种压抑的心情。而如今，扬州大大方方修起了吴王夫差广场，并竖起夫差高大威猛的铜像，此夫差塑像与一般武人雕塑的不同之处，在于夫差手执一份图卷——可看成初建扬州城的蓝图，大概是扬州人不忘其“城邗”之意吧。修建夫差广场，反映了如今扬州人的自信。不以成败论英雄，人们的观念发生了变化。

外国人怎么看待夫差挖运河呢？是的，吴人所挖的古运河具有国际影响。英国著名的历史哲学家汤因比认为：“开挖运河和发行金属货币是最重要的民用技术革新。这两项创新都产生于公元前 5 世纪。”

“由于长江下游和淮河下游横贯吴国境内，所以吴国是挖运河的先驱。虽然直接的目的是便于军事运输，但是通过对具有生产潜力的沼泽地进行排灌，运河也附带地促进了农业生产的发展。”[20]

不能不佩服哲人的眼光，对于运河，一般人的看法是长期的运输效益，这是当然的，但汤因比却抽象出一层排与灌的水利技术，这意味着人的能力的增加，这直接促进的是农业的发展。**公元前5世纪，在沼泽地进行排、灌，这对促进江淮地区的农业发展，其意义无论怎么强调都不为过**——不能小看排水这项技术，荷兰这个低地国家就是通过排干海水而围垦出来的，“荷兰人筑坝排水的有文字记载的历史可以追溯到中世纪，但历史上治水成就最突出的时期是18、19两个世纪。”[21]

## （三）

运河虽老，“其命维新”。

《清史稿》中有云：

“运河自京师历直沽、山东，下达扬子江口，南北二千余里，又自京口抵杭州，首尾八百余里，通谓之运河。”[22]

数千里大运河，沧桑难述，誉之者多，病之者有。近世以来，运河衰落，是不争的事实：

“迨咸丰朝，黄河北徙，中原多故，运道中梗。终清之事，海运遂以为常。”[22]

但扬州似乎有着异乎寻常的好运气，中国南水北调东线的水源地，选在了扬州江都区。

这是运河的机遇，意味着古老的运河，将返老还童。

有鉴于此，我想再重复一下重大水利工程的历史承继性。

东线的水源点，建筑在江都抽水泵站的基础上，江都抽水泵站，始建于1961年，本是江苏省江水北调的水源地；而输水渠道的扬州段，几乎借用了全部京杭大运河的渠线，此段也是隋唐大运河的渠线；大运河部分利用了古邗沟，此外，还利用了治淮工程。治淮工程开始于20世纪50年代。由此看来，尽管南水北调工程宏伟，但我们却不好给东线工程建设的起始年来个界定，诚然“借水说”可以追踪寻源，但输水路径确乎是可以上溯至春秋。由此可见，做好一个重大的水利工程，真的是功在当代，利于千秋，而这样的工程，在世界范围内难找，在中国，却是不乏其例——例如，从春秋的芍陂（què bēi）到今日的安丰塘（隶属于淠史杭灌区，中国最大灌区之一），从战国的郑国渠到今日的泾惠渠，以及都江堰、灵渠、河套灌区、它（tuō）山堰等。我们有着勤劳勇敢、智慧开拓的祖先，这足以使后人骄傲了。

不止于此，沿运河，还将高起点建成江淮生态走廊。

扬州运河，又迎来了换新装的机会。

如今，扬州建了一个南水北调源头公园，用实体来讲述运河与南水北调的故事。这是一个花了心思的公园，一个花簇锦绣的公园，一个独具匠心的公园。

说其花了心思，是说这是一个主题公园，设计主要围绕水来展开，连进门通道，都是河道的形状，曲折蜿蜒，自然而不显雕琢；景点小品的表现手法，结合张若虚《春江花月夜》的诗境，同时在音乐的悠扬、辽远、舒缓以及灵动中，共同烘托出一种文化气息；说其花簇锦绣，是因园林的花、草、树木，展现出的五彩缤纷，不只是花，还有叶，虽说是晚秋时节，但色彩不输于春时，更胜于春时的，是与春芬不同的桂花香，那一股股的浓郁，稠密得如同能感知到的实体，在偶有的微风吹过时，直扑人脸；说其独具匠心，则是说为突出主题——南水北调与运河的关系，所采用的表现手法，包括公园位置的选择和景观元素的选取。

张若虚，扬州人，因《春江花月夜》的诗作而闻名。历史，为扬州贡献了张若虚；当今，扬州为南水北调提供了水源地。公园的诗画，诗画的公园，别忘了，还有名曲《春江花月夜》，真想在“月上东山”之时感受一番“风回曲水”“回澜拍岸”的“江景”，无奈身为游人，只能在遗憾中做一番“江楼钟鼓”“渔歌唱晚”的想象了……

公园紧靠通江河道，淮水由此入江，属于南水北调的源头区域，所以公园的雕塑上，高高托举起一个“源”字。

公园最主要的景观元素为 5 个大湖和雕塑，以表现出五大湖、运河与南水北调输水之间的关系，同时也表现了运河的前世今生。这五大湖即运西五湖：邵伯湖、高邮湖、宝应湖、洪泽湖以及骆马湖，“景观是微缩的，视野是宏观的”，水乡的水系太复杂，而微缩景观恰恰可以起到“科普”的作用。雕塑的底座上，刻画着运河水系图，同时将精选的历代文人墨客涉及运河的诗句，镌刻于圆形底座的边墙上，这些诗文均出自诗词大家的手笔，如皮日休、张继、苏轼等。游人到此，所感受到的不仅仅是园林之美，还可感受到诗文之美——那种如含干邑、回味悠长的美，更可感知到的，是运河的生命之树常青。

南水北调源头公园内建筑了一座不小的展览馆，展览馆门紧锁而不开，我通过门缝观望了一阵，不无遗憾——如此公益性的展览，不妨学一下如今存在于文化街市的全开放式展览的创意，不需要人员值守。

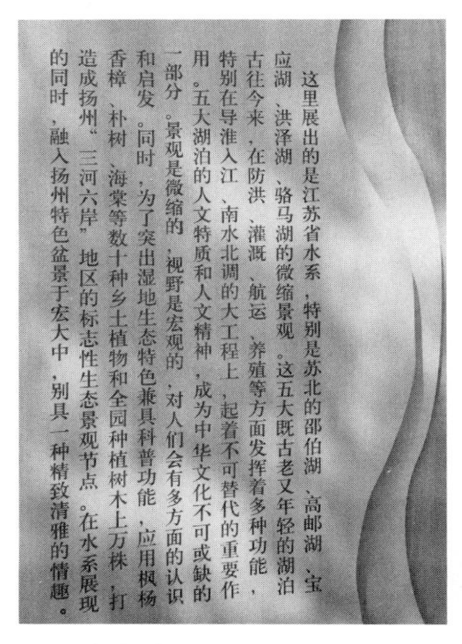



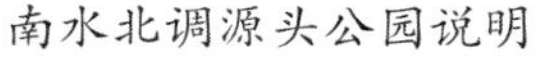

南水北调源头公园说明

南水北调源头公园主体雕塑

晚上，看了夜扬州，夜运河。

夜扬州，太美；夜运河，更美。

东关古渡的牌坊下，霓虹闪烁，牌坊下运河“世界遗产”的标识，显眼醒目，成为游人的关注点，这无疑是扬州人的骄傲；牌坊的对面，为古东门遗址，城门内，红灯高挂，人头攒动，摩肩接踵，分明的不夜城。

最美的运河三湾段，美则美矣，但最能抓住人心的还是夜航船上以甜美嗓音传送出的讲解词：此处的运河段，谓之古邗沟，开凿于春秋时期，隋唐将其拓宽……扬州因运河而建，如今已有 2500 年了……

听着解说词，我脑子里很自然地浮现出与个人专业相关的一个成语：

源远流长。诚然，画船是现代的，声光是现代的，河岸是现代的，但正是有了源远流长的文化与事业的传承，才使眼前的一切有了灵魂，如此，今人当倍知珍惜古老的运河，又何止于运河呢？

运河的青春，随着中国社会的节律跳动。

## 参考文献

[1] 资治通鉴卷一百八十：隋纪 [M]// 司马光 . 资治通鉴 . 北京：中华书局，1956.

[2] 姚汉源 . 中国水利发展史 [M]. 上海：上海人民出版社，2005.

[3] 晋书卷四十二：列传第十二 [M]// 房玄龄，等 . 晋书 . 北京：中华书局，1974.

[4] 禹贡锥指卷五 [M]// 胡渭，著 . 邹逸麟，整理 . 禹贡锥指 . 上海：上海古籍出版社，2013.

[5] 钱穆 . 中国历史精神 [M]. 北京：九州出版社，2011.

[6] 隋书卷三 [M]// 魏征，令狐德棻 . 隋书 . 北京：中华书局，1973.

[7] 宋史卷九十三 [M]// 脱脱，等 . 宋史 . 北京：中华书局，1985.

[8] 于慎行 . 笔麈 [M]// 冀朝鼎 . 中国历史上的基本经济区与水利事业的发展 . 朱诗鳌，译 . 北京：中国社会科学出版社，1981.

[9] 陈宝国 . 人与地球的对话 [M]. 广州：广东人民出版社，2000.

[10] 钱穆 . 国史大纲：上册 [M]. 北京：商务印书馆，2013.

[11] 资治通鉴卷二百五十九：唐纪七十五 [M]// 司马光 . 资治通鉴 . 北京：中华书局，1956.

[12] 斯塔夫里阿诺斯 . 全球通史：从史前到 21 世纪 [M]. 7 版 . 吴象婴，梁赤民，译 . 北京：北京大学出版社，2020.

[13] 隋书卷二十四：志第十九 [M]// 魏征，令狐德棻 . 隋书 . 北京：中华书局，1973.

[14] 朱惠琴 . 中国的水利史 [M]// 钱正英 . 中国水利 . 北京：水利电力出版社，1991.

[15] 隋书卷一 [M]// 魏征，令狐德棻 . 隋书 . 北京：中华书局，1973.

[16] 郦道元，著 . 陈桥驿，校证 . 水经注校证 [M]. 北京：中华书局，2007.

[17] 史记卷三十一：吴太伯世家 [M]// 司马迁 . 史记 . 北京：中华书局，1982.

[18] 史记卷五：秦本纪第五 [M]// 司马迁 . 史记 . 北京：中华书局，1982.

[19] 顾颉刚 . 苏州史志笔记补遗 [EB/OL]. [2020-08-30]. http://dfzb.suzhou.gov.cn/dfzk/database_books_detail.aspx?bid=3671

[20] 刘远航 . 汤因比历史哲学 [M]. 北京：九州出版社，2010.

[21] 张健雄 . 列国志：荷兰 [M]. 北京：社会科学文献出版社，2003.

[22] 清史稿卷一百二十七：志一百二 [M]// 赵尔巽，等 . 清史稿 . 北京：中华书局，1977.

# 水旱从人，不知饥馑——回眸都江堰

都江堰的存在，是“得蜀则得楚，楚亡则天下并矣”的基础条件；李冰父子的雄视千秋，还仰赖于后人的继往与开拓，因而文翁、诸葛亮、丁宝桢等治水贤人就站在了伏龙观之前，成为蜀地编年史不可分割的一部分；岁修制的建立，则成为都江堰可持续发展的法律保障；不止于此，任何水利工程，都需要精心呵护。都江堰的范例，需要每个水利人终生感悟。

## （一）

都江堰的名气太大，写都江堰的人太多，有古人，有今人，有学者，有学生，有工程技术人员，有艺术家，以至于当我提笔欲写都江堰时，心里出现了一丝畏惧之感。两千多岁、写入中学历史课本、世界文化遗产、浇灌1000多万亩良田，凭这几顶桂冠，就足以使人下笔踌躇了。可我毕竟是一个“以水为业”的人，人说“拜水都江堰”，如若不仔细地写一遍都江堰，总觉得如学生没交作业一般，有一种歉疚或惶恐感。

其实，我以前曾有过写都江堰的文字，比如《都江堰——水的顺势疗法》，发表在《中国国家地理》(2003年第9期）上，从专业的角度讲，我对都江堰也是理解的，但在都江堰的盛名之下，任何人都会觉得自己的文字苍白，毕竟，那不舍昼夜、进入宝瓶口的岷江水，滋润的是生命、绿色，是一方的富庶与骄傲，是文明与进步的编年史，因而那流淌的，分明是奶与蜜……

但毕竟，我对都江堰检阅过多次，从实地，到资料，就像专门教某一门课的教师，每次备课，总有新的理解，而不认为自己做到了彻底领悟，如此，就该再写一次，于是，我下笔了。暂将此文叫作“回眸”，而新的理解，以后还会有。

我共到过都江堰三次。第一次，是在20世纪80年代中期，自始至终，自己都在生涩地理解着这幅画在中华大地上的“工程图”、这幅足以撼动任何水利人的历史长卷，感叹着其何以能如此神奇地发挥着效益，莫非有神助？千古英雄，“风流总被雨打风吹去”。人类文明的存留，或在博物馆中，或在荒野中，以锈迹斑斑、残垣断壁的形式，供今人品评，但都江堰不是这样的，都江堰是鲜活的，是水灵灵的，你看不出它的年龄，它既古老又年轻，既端庄持重又活力四射，这鲜活的文明，足以震慑每一个研究世界文明史的人、每一个研究世界科技史的人。当然，我忘不了的，还有那跨越内、外江的悬索桥，那是第一次见到悬索桥，觉得新鲜、刺激，当然还包含着一份凌空俯视急流的惊悚。第二次，是20世纪90年代中期，这一次，是凭自己的专业知识，努力于脑中滤掉现代工程的影子，恢复其古代工程的模样，再佐证于资料，发现自己判断无差，有点小骄傲，这意味着自己的理解进了一步，是将理论联系到了实际。第三次，是2005年，这次是“游”，是从前门——离堆公园进去的，说起来令人可笑，前两次到都江堰，算是纯粹的业务性质，是从后门——偏岷江上游的一个门进去的，我居然不知道有个离堆公园的存在，其实这离堆公园已经有历史了，建于民国年间，有“川西第一名园”雅称。如果说，以前来都江堰，是惊叹古代工程所蕴含的神奇科技色彩，那么，这一次的印象，则是感叹离堆公园所刻意为都江堰打扮得花簇锦绣和赏心悦目。是的，离堆公园为都江堰的工程外貌增加了一份俊美、一份华丽，并体现出一份挚爱和一份感恩。时在暑期，树的叶子绿得太深，花的色彩过于浓艳，与春时的初新和娇媚完全不同，尤其是那几株楠木树——高大、挺拔、健美、壮硕，以前从未见过如此高贵的树种，当时就被彻底“征服”了。

为写此文，我一次次对着地图，查找岷江、金沙江的流向与路线，查找都江堰市与成都市的位置关系，并查阅成都市的建城史，以及都江堰与川西平原的地理关系、地面高程差。并自问：都江堰的修筑，是不是像吴王夫差开邗沟那样，单纯为了军事上的目的？因为，春秋战国时代，水运交通为军事服务，是挖渠最充足的理由。不是，根据地理位置与河流上下游的关系，我自己不能同意这个答案，不管别人怎么说。也许，这样问得太直接，试着换了另一种问法，开凿都江堰的目的是什么？于是，视野就被放到了时代的大背景下。

## （二）

时间上溯到公元前316年，巴、蜀两国相攻。而毗邻的韩、秦二国，关系不睦。

这时的秦国经过商鞅变法，已由一个弱小的国家变为战国七雄之一。这对急于扩张领土的秦国来说，无论是东出伐韩，还是南下伐蜀，都是个好机会。当时正值秦惠文王当政，是东出还是南下，秦惠文王一时难以决断，于是，在朝堂之上问询于司马错与张仪，此称为“司马错张仪论战”，论战的结果，客观上拉开了修建都江堰的序幕。

首先是张仪的滔滔不绝。张仪，秦相。张仪与苏秦，为战国时齐名的两大纵横家，二人均跟鬼谷子学纵横术，言辞是他们的专长[1]：

“亲魏善楚，下兵三川……周自知不救，九鼎宝器必出。据九鼎，按图籍，挟天子以令天下，天下莫敢不听，此王业也。今夫蜀，西辟之国，而戎狄之长也，弊兵劳众不足以成名，得其地不足以为利……”

“挟天子以令天下”，多么熟悉的表述！这个策略，为东汉末年的曹操所用，谓曰“挟天子以令不臣”。

但司马错不这样看。司马错，也是纵横家，与张仪不同，他是秦将，文武兼备，他有个更为有名的后人叫司马迁。他对秦惠文王说：

“欲富国者，务广其地；欲强兵者，务富其民；欲王者，务博其德。三资者备，而王随之矣。……今攻韩劫天子，劫天子，恶名也……不如伐蜀之完也。”

这里，司马错给出了王天下的三个条件，前两者富国、强兵须依赖于广地、富民的“硬件”基础，还特别强调了“德”的重要性，这是一个“软性”条件，但却是“三资者”中最重要的，不能背上劫持周天子的恶名。

“善！寡人听子。”

这是秦惠文王的回答。

作为秦国国君，他采用司马错的意见，是可以理解的。当年商鞅以帝、王、伯（霸）三术说秦，孝公以帝王之术“迂远”而不用，独采用了能富国强兵的霸术，10 年间，秦由弱变强，获取了原魏国的河西之地，现司马错的策略中有“富国、广地、强兵、富民”的内容，他当然会因其务实而采用。秦惠文王本是一代明君，至于咸阳市车裂商鞅，那是因为商鞅功高震主，他感觉不舒服；商鞅变法得罪权贵太多，特别是当年商鞅不原谅他当太子时所犯下的错而处罚其师，属于公报私仇。但商鞅没有人亡政息，秦惠文王仍继续采用变法后的富国强兵之策。

于是，“虎狼之国”的“虎狼之师”，“卒起兵伐蜀，十月取之，遂定蜀……蜀既属，秦益强富厚，轻诸侯”。这就是结果。

“秦益强富厚”是因为有了蜀地，这时候，都江堰还没有创修。

《司马错论伐蜀》中，只是伐韩与伐蜀的观点之争，两种策略的优劣对比。司马错的眼光显然要远得多，他的战略与战术思想在《华阳国志》中却说得更为清楚：

“(巴蜀)水通于楚，有巴之劲卒，浮大舶船以东向楚，楚地可得。得蜀则得楚，楚亡则天下并矣。”[2]

秦灭蜀后，司马错留守镇蜀，比咸阳制营建成都，后秦移民万户至蜀，这是超越军事家的政治家作为了。三十年后（公元前 280 年），司马错继续他当年论战时的战略构想，“统十万巴蜀大军，乘一万艘战船，带六百万斛粮食”，出兵东攻楚国，大胜，取得了楚国的黔中之地。于是，稳定的巴蜀大后方，为后来的郡守李冰治蜀，提供了平台，提供了条件[3]。

**打仗，靠的是人、财、物，秦国要继续向东发展，经由巴蜀灭楚，需要更为丰厚的人力、财力、物力；要使得蜀地变富，而不只是占有“西辟之国”“得其地不足以为利”，就需要在川西平原一带发展灌溉事业和交通运输业，于是，进行水利开发，就成了社会、军事、民生各方面的共同要求，这是当时的大背景。也就是说，发展水利，是时代的要求。**

这时，彪炳史册、光耀千古的水利人李冰，登上了历史舞台。

## （三）

公元前 272 年，李冰被任命为蜀郡太守。

此时的蜀地，尚不称发达，历史地看，“西辟之国，而戎狄之长也”是现实。秦得蜀后，虽经司马错的治理，但不可能一蹴而就，与“天府之土”相连用的一个词是“益州险塞”，四周太封闭了；再加上有的人怀不臣之心——有委任的官员，也有当地旧户，稳定也还是问题。川西平原虽然广大，但盆地中心最好的地带，人烟尚且稀少，农业尚需大力开发，张仪“得其地不足以为利”之谓，就当时来讲也并非无稽之谈，真要做到司马错的“得其地足以广国”“取其财足以富民缮兵”，就必须稳定社会、发展经济，这样才真正能让蜀地成为秦国可以依靠的大后方——这就是“蜀守冰”的任务。

“冰能知天文地理……冰乃壅江作堋（péng，作分水堤），穿郫江、检江，别支流双过郡下，以行舟船。岷山多梓、柏、大竹，颓随水流，坐致材木，功省用饶；又溉灌三郡，开稻田。”[2]

从这里，我们可以看到，李冰是个“能知天文地理”的“知识分子”，可推知其对“水文”也多有感悟，他通过实际调研发现，岷山盛产木材、竹子，这对于营建城市、构筑家舍都是重要的资源，若于岷江上开渠引水，随水漂木“放排”，就可以做到“坐致材木，功省用饶”；而成都平原要发展农业，灌溉是重要的条件，开渠引水，还可以“溉灌三郡，开稻田”。

翻开中国地形图可以发现，从成都往西，是四川盆地的平原地带，称为川西平原，或成都平原，这里处于盆地的中心区域，而长年奔腾不息的岷江，就在成都的西边擦身而过——这里的位置高程较高。很显然，如果选择在玉垒山处切开一条口子从岷江引水——“凿离堆”，那么，就可以实现自流灌溉，整个川西平原就有了永远不会枯竭的乳汁，于是，都江堰应运而生。

“蜀守冰凿离堆……穿二江成都之中……”[4]

这是正史的记载。

到此，我们可以完整地回答最开始提出的问题，都江堰开凿的目的是航运和灌溉。

写到此，想写些多余的话，有关都江堰的资料上，多称都江堰有防洪的功能，这种表述不正确，因为所引之水恰恰是流向了成都平原，如若岷江发大水，多引水只能增加成都平原的水害，历史上，成都平原确实有很多水害[5]；都江堰所引之水也有限，也不可能如分洪区那样，减除都江堰下游岷江上的水害。如果勉强要说都江堰有防洪之利，则只能说是不断增加的灌区渠系具有排涝的功能，这与李冰的都江堰枢纽无关。写此多余的话，无伤于都江堰，反使人感觉到，都江堰是个可持续发展的工程，李冰开其端，后人继其后，两千多年来，后人在李冰创始的基础上，不断地发扬光大。

那么，修成后的都江堰带来的具体效益是什么?

“于是蜀沃野千里，号为陆海，旱则引水浸润，雨则杜塞水门。故记曰：水旱从人，不知饥馑，时无荒年，天下谓之天府也。”[2]

“此渠皆可行舟，有余则用溉浸，百姓飨其利。至于所过，往往引其水，益用溉田畴之渠，以万亿计，然莫足数也。”[4]

所引这两段，正是舟楫和灌溉之利。

都江堰工程于公元前 269 年动工 ，经过 14 年艰苦卓绝的努力，于前 256 年完工。在此要提到郑国渠，郑国渠公元前 246 年兴工，约 10

年后完工。两渠发挥效益的时间约相差20年。即短时间内，秦国获得了足以改变国运的两大灌区。此乃“虎狼之国”的经济基础。

都江堰不是直接为“伐楚”而创修，但都江堰工程建成后，溉田畴无数，渠道纵横，终使得“天府之国”变成“天富之国”。为苦心经营这块大后方，秦国继续移民于蜀——相同的方法也用于兴安运河（灵渠）开凿之后，有了地，还得有人，此乃是占有土地的恒久之策！此时，秦人于蜀地所构筑的经济基础和人力条件已经存在，于是，“得蜀则得楚，楚亡则天下并矣”的谋天下大略就可予以实施了。

“华阳黑水惟梁州”“黑水西河惟雍州”[6]。华阳乃华山之阳[7]，华山之东为豫、其西为雍、之南为梁。黑水在哪儿，聚讼千年，不管它了。总之，天下九州，秦已得其二，大体说来，现在所说的西部、西南部，均已属秦。既然秦岭南北已各有一个大型灌区，那么，成都平原所产可用于沿长江东下伐楚（西晋王浚率水军灭吴即沿江东下），军需无须靠关中委输，翻越秦岭运之艰难得以免除；而秦川所出则可用于“步兵”东出函谷关。于是，七国间均势不再，统一已是指日可待。

公元前223年，秦国的百万大军从巴蜀出发，顺江而下，势如破竹，一举灭掉了楚国。两年之后，即在公元前221年，“千古一帝”的秦始皇完成统一大业。

从此，中国的历史纪元掀开了新的一页。

## （四）

都江堰一词，源出成都江，简称都江，故名，这是宋以后才有的名字[8]。在一般的语境中，都江堰仅指都江堰灌区的渠首枢纽，由一系列的建筑物组成，诸如鱼嘴、宝瓶口、飞沙堰等，灌区从这里引水；宽泛地讲，都江堰应当包括灌区的渠系系统，至少包括“穿二江成都之中”的那两条江。渠首枢纽旁，是旧灌县城——现在改称都江堰市了，名称上的重复，偶尔也会带来误解。

既如此，为何一个引水枢纽就盛名天下？甚至可以说，世界范围内无出其右者？

都江堰的神奇，主要在于其功能的发挥，在水利专业人眼里，那是愈发地神奇，细说其神奇之处，需要按建筑物类别，以专业术语予以描述，这未免太“工程化”。按最简单的话来说，就是都江堰能够自动调节、引到适量的水，而且只引清水，不引含沙量大的浑水。当然，这还是在“术”的层次。在“道”的层次，则是渠首的选址，即选择在这里修建引水工程。都江堰在历史长河中能够持续不断地发挥效益，这是一个重要因素。

都江堰，是世界上最早、规模最大且持续发挥效益时间最长的无坝引水工程。所谓无坝，指没有拦河大坝，因而不会改变原河道的形态，若用表示现代理念的语言来描述，就是兼顾了环保和生态。所以我曾说，两千多年的文明古迹不难寻找，但持续发挥效益、一直在为后人服务者，只有中国的水利工程了——创修于两千年之前，如今仍然青春不老的水利工程，在中国有多处。

都江堰处于成都平原冲积扇的北边缘，这个位置选择得实在是妙，水出山就自流到了平原；此处也不存在河床下切问题，因而不像郑国渠或郑国渠的后代那样，若干年以后，取水口就高悬在了悬崖边上——再也取不到水，引泾渠道取水口都处于坡度很大的深山峡谷地区，引泾渠为实现自流灌溉和有较大的灌溉效益，也只有那样修建、开凿取水口；都江堰取水口凿取于石头山中，这也避免了被水冲毁的问题，因而就取了个美丽的名字——宝瓶口，被称为“内江咽喉，离堆锁峡”。

虽说“蜀守冰凿离堆”工程艰巨，但“离堆”之谓，只是从玉垒山脚切下的一个小脚趾头，明挖施工，远远没有郑国渠后代于石质山体中洞挖的艰难，也就是说，做到了减少工程难度；最为神奇的，是取水口位于岷江沿玉垒山弯道凹岸的下游，这才是天才的选择，一方面玉垒山阻断了岷江可能的摆动，而弯道凹岸下游的位置则保证了只取清水，不取浑水，含沙量大的浑水会由飞沙堰排走。

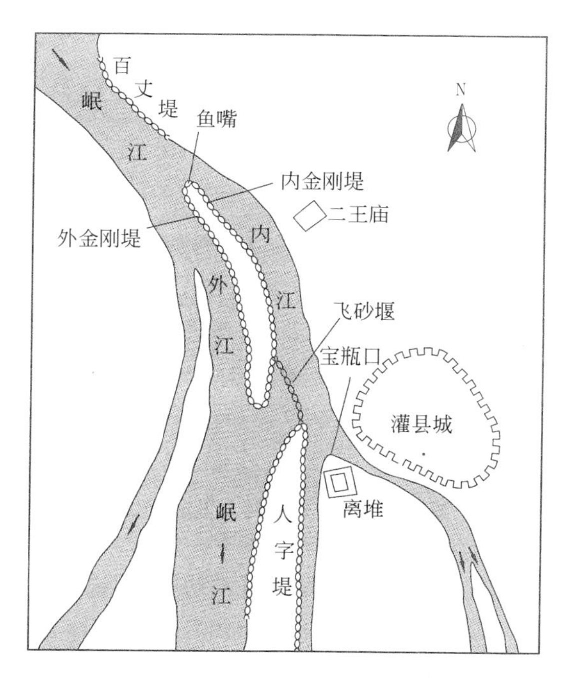


1949年前的都江堰，河道上没有节制闸，最易明了都江堰的原理（源于朱惠琴[9]）

分流堤谓之金刚堤，取其金刚不坏之身之意，静卧于江中。岷江出山，迅比烈马，奔腾咆哮，不可一世，但碰到势若砥柱的金刚堤，驯服地一分为二，实现了内江与外江的四六分水：在丰水时节，使岷江的水四分进入内江，用于宝瓶口引水，六分沿原河道下泄，不让进水口引走过多的洪水；枯水时节反过来，完全地实现了天然调节。

这里，不能不提飞沙堰，堰的本义是“挡”，“堰，壅水也——《说文》”。飞沙堰，是设置于河道中的一道低坎，目视可见。既是堰，就有挡水作用，其将水壅高而便于宝瓶口进流；但“飞沙”是堰的定语，是功用的形象解释，即排沙，也就是，飞沙堰有助于排沙，当然，排沙的过程也同时实现了泄洪——将进入外江的多余的水流泄掉。

你说，神奇吗？神奇！因为神奇，李冰就变成了神！

老百姓把李冰当神看待，在玉垒山的极高处，一个山坳的地方，修建了二王庙。初见二王庙字样，想是神仙界或人间的某王爷，进去后才发现是纪念李冰父子的专祠，唐代李冰被加封为“赤诚王”；元代李冰的儿子李二郎被封为“英烈昭惠灵通显仁右王”。从位置看，此处气势绝佳，既高，远眺则一览无余。所背靠的玉垒山，山色叠翠，将整个庙宇掩于其中；极目南望，是号称天下幽的青城山；山势连绵的西边，是高大的岷山，天气晴好，可遥望西岭白雪。岷江，即由西岭中咆哮而出，及至宣泄到李冰父子的脚下，就驯服地化作“利济全川”的“膏流”了。

就在这形势巍然之处，李冰父子享受着人间不断的香火。“恩泽长流”“惠民济世”等牌匾在昭示着他们的功业；而二王的神明，则在人们的祈愿中，保佑着脚下的都江堰。

二王庙山门的后侧，画着一幅《膏流千古图》，由清人绘制，从二王庙出来，抬眼即可看见。前已说明，我第一次来都江堰时，是带着生涩看都江堰的，当我看到此图时，那种生涩荡然无存。岷江引水经都江堰后，一分为二、二分为四，如此下去，直使得整个成都平原水网密布，“稻田足水慰农心”，此图与悬挂于伏龙观内的《分流鸟瞰图》相互映照，使得任何文字说明都成了多余。《分流鸟瞰图》的全名为《四川省都江堰内外江河流分水鸟瞰图》，绘制于1938年。个人觉得，对于游人来说，应当先看这两幅图，都江堰的高大丰碑，在抬眼一望之中，便在胸中竖立起来。

二王庙山门后侧《膏流千古图》

那年，我坐火车由四川回京，硬座，对面坐着一位大叔，灌县人。

说起都江堰，他说：

“坝子好哦，女娃儿愿嫁坝子上的人家。”

我不太懂他的话，几经交流才明白，原来他说的坝子，是指可用上都江堰水浇灌的平原地带。

都江堰镶嵌哲语

伏龙观大殿后侧图片

为什么二王庙内，年年、月月、日日，红烛摇摇，香烟袅袅？大叔的话是最好的解释。

李冰在这里留下了六字真言：

“深淘滩、低作堰。”

一辈辈的水利人，体味、感悟着六字真言所富含的哲理，精心呵护着都江堰。

## （五）

李冰是人，他创造的人间奇迹，不只有都江堰，还有导雒水、导绵水、于沱江流域创修灌渠、开凿运渠等，均史载明确[10]，干了太多的水利上的大事，真的是“尽力乎沟洫”，功追大禹了。

在李冰众多的治水奇迹之外，还有一个奇迹，就是凿盐井，初读到凿盐井时，让我大吃一惊，但这并不是现代人的穿凿附会，均来源于历史记载，就是说李冰具有渊博的地学知识，能够识察地下卤水的分布规律[11]，从而为开凿地下盐卤定井位。这是可能的，既察地理，以山势、水脉确定盐卤可能存在的位置，也属于“水文地质”的范畴。盐，在人们的生活中居何地位？盐业对西南地区的财政有多大的影响？无需讲，人人都明白。我不知道李冰在盐业开发中是否被尊为神，这里只对李冰作为水神的一面做点阐述，史籍中有他平险滩的神迹传说，有他降孽龙斗江神的神话，所以，他今天安坐在老王庙——“伏龙观”内。“伏龙观”之谓，缘于李冰父子伏恶龙的神话故事。

既在“观”内，就属道教系统，此处离青城山近，青城山为道教第五洞天，近水楼台，我相信，把李冰拉进道教系统，道教也“因有荣焉”。川人是心里边将李冰与神禹作类比的，证据是，“神禹岣嵝（gǒu lǒu）碑”就立在“伏龙观”前。岣嵝碑，又称大禹功德碑，最早发现于湖南省衡山岣嵝峰，故名。

李冰神迹既多，仅引《华阳国志》一条：

“时青衣有沫水出蒙山下，伏行地中，会江南安，触山胁溷（hùn）崖，水脉漂疾，破害舟船，历代患之。冰发卒凿平溷崖，通正水道。或曰：冰凿崖时，水神怒，冰乃操刀入水中与神斗，迄今蒙福。”

这一段，主要还是记“人事”，就是说，青衣江与沫水（大渡河）相会之处，山崖突出于江内，江流险恶，对通航形成极大威胁，李冰发兵凿崖时，触怒了水神，工程艰难，李冰入水与神斗，方将危崖凿平。虽语及“神迹”，当理解为“通正水道”之艰难。

志书是史书的一种，撰写《华阳国志》的常璩是东晋人，神话入志，说明一个问题，东晋之前人们对李冰的崇拜已经开始，作为神的李冰，早已活在民间——神话，多有民间传说做基础。

确实如此，伏龙观内的李冰塑像，是东汉灵帝年间的原物，距今已1800多年，比《华阳国志》的成书年代还要早，上镌刻“故蜀郡李府君讳冰”字样，此数语，包含了多重尊重先贤的意思，是来自心底的崇拜；只是，此石雕像为官家之物，并非来自民间，因有“都水椽”的字样。“都水椽”，为堰官，东汉时设。塑像巨大，有镇水之意[12]，可理解为官方的礼拜吧。塑像造型圆润，丰满慈祥，双手致礼，面露微笑，游人至此，钦敬之情油然而生，盖因李冰造下了“川西第一奇功”。

伏龙观后侧有怀古亭与观澜亭，置于离堆最高处。这里的事迹足够多、足够老、足够神奇，骚人至此，尽可发思古之幽情；至于危崖观澜，则需要有更多的胆气，若不惧惊涛拍岸，当大可仿效夫子发出一声感慨：膏流如斯夫，“不舍昼夜”！曾任四川总督的清人骆秉章有长联赞之，正应此意：

“此日去庄襄两千余年，终古大江流，潭影波光，夜夜照秦时明月；其地溉益州一十六县，秋风香稻熟，豚蹄杯酒，家家祝太守祠堂。”[13]

李二郎当然也是神，而且神通广大。

在二王庙下，内江左岸，有一石墩，上有铁索，说是二郎栓锁哮天犬所用，原来《西游记》中神通广大的二郎神，就是帮助李冰治水的二儿子李二郎。早知二郎神，只是冠以李姓让我感觉生僻了不少，乃孤陋寡闻之故。民间崇拜二郎神确实有，山西平遥就有创修于清代的二郎神庙，写明二郎为李冰的儿子。《西游记》在中国家喻户晓，其中写二郎住在灌江口，灌江口就是都江堰呀！今灌口镇存焉……是观音菩萨向玉帝推荐了二郎神擒拿孙悟空：

“陛下宽心，贫僧举一神……乃陛下令甥显圣二郎真君，见居灌洲灌江口……神通广大……着他助力，便可擒也。”

除《西游记》外，《劈山救母》《封神演义》等文学作品中也有李二郎的形象，可见，李二郎助乃父治水的事，已影响了中国的民间信仰与文学创作，而不是后者对前者有影响，二郎神出现于文学创作中，要晚得多。

再对伏龙观做点补充。伏龙观建于离堆之上，有指示航标之实效。旧时漂木放排——岷江漂木量很大，须对准伏龙观航行，方可无虞，安全驶过离堆。我信此说，因为离堆三面环水，也有“砥柱中流”之谓，但只是借喻。

砥柱山本位于黄河之中，船过“三门”，惊涛骇浪，接着迎头又是砥柱，实在是惊心动魄，抬眼是“朝我来”三字，让人心胆俱裂。险是险矣，但大胆迎头而上，即可安全顺利航向下游，真是险中带着神奇！长江夔门入口，江中巍立滟预堆，比黄河三门峡尤险，也需“朝我来”——滟预堆如今已经炸除，黄河砥柱山尚在，就在三门峡大坝下游。为什么船行“朝我来”就可安全过砥柱，要说清楚该问题，需要流体力学方程了。

## （六）

**都江堰能够流淌两千多年，有今天如此的规模，得益于后人不断地扩建和精心呵护，尤其是岁修制度的建立。**

离堆公园的伏龙观供奉的虽然是李冰，李二郎配祀，但川人敬重先贤，在观前道路的两旁，还树立着历代治水有建树官员的塑像，第一个是文翁，文翁是文景之际的蜀守，“又穿湔（jiān）以灌繁田千七百顷”[14]，按姚汉源先生的解释：“虽系别引湔江水为源，但后来（与都江堰灌区）合二为一”[10]。“千七百顷”在当时可能是很大的数了，我读到一段文字，从中可看到对文翁的赞誉：

“孙叔敖起芍陂，楚受其惠；文翁穿湔口，蜀以富饶；凿漳水于魏者，邺旁有稻粱之咏；导泾水于秦者，谷口有禾黍之谣。”[15]

骈俪之文，朗朗上口；堤渠寸寸，人间丰碑。

蜀中人不忘武侯，所立塑像中有诸葛亮。隆中对，诸葛亮曾对刘备说“益州险塞，沃野千里，天府之土，高祖因之以成帝业……若跨有荆、益，保其岩阻，西和诸戎，南抚夷越，外结好孙权，内修政理……诚如是，则霸业可成，汉室可兴矣。”[16]可以看到，诸葛亮对占有益州进一步获得天下的意义说得十分清楚，大约司马错的战略观对诸葛亮有影响，因此，他非常重视对都江堰的保护，《水经注》载：

“诸葛亮北征，以此堰农本，国之所资，以征丁千二百主护之，有堰官。”[14]

都江堰的分流堤名曰“金刚堤”，寓意虽好，但天下哪有金刚不坏之身？更何况岷江出山，挟沙带石，具摧枯拉朽之威力！堰官之设置，主要任务就是维修，所以，千二百人都是“工兵”——编制不小。我在其他文稿中也有提及，水利工程，淤积、冲刷、水毁、老化，修修补补是常态。《宋史·河渠书》载：

“岁暮水落，筑堤壅水上流，春正月则役工浚治，谓之穿淘。”

“岁”字点明是每年的事，这就是今人所认可的“岁修”。因来自《宋史》，一般认为岁修制源于宋，其实未必，岁修制一定更早，只是未见官方文件“志”之，原因在于，都江堰年年岁岁服务于人，必将岁岁年年需要维修。《河渠志》记述的是事，没记录的是与此伴生的风俗，据称，每年清明，都要进行盛大的放水、拜水仪式，以庆祝岁修的结束，同时纪念李冰父子。清代祭典的官方祝文是：

“维神世德，兴利除患，作堋穿江，舟行清晏。灌溉三郡，沃野千里。膏腴绵洛，至今称美。盐井浚开，蜀用以饶。石人镇立，蜀害以消。报崇功德，国朝褒封。兹值春祀，理宜肃恭。尚飨。”[17]

从内容看，祝文实际上是对李冰治水功业的总结。目前，这项活动现已成为国家非物质文化遗产[18]。庆典，不仅仅是一场民俗活动，其深刻的内涵是感恩，感恩水，感恩先贤。

修复需要有规矩，所遵循的规矩就是“深淘滩，低作堰……”三字经[19]，传为李冰所留下，是治水人的智慧结晶，算是早期的“行业规范”——确实是很早，“汉晋以降，率用是法，唐宋相承，世享其利”“宋开宝五年壬申（972 年），敕重刻‘深淘滩、低作堰’六字于灌口江干。”[20]其实，附带此三字经，还应有具体的技术细则——类似于今日规范之条文说明，史海钩沉，卷帙浩繁，技术细节，未免烦琐，略之。此外，从李冰始，在河床内就预埋物件，以作为维修时的实物参照，不断出土的物件就是明证。**岁修是制度，有技术规范做依据，这成为其可持续发展的重要条件，否则，再伟大的工程也会淹没于历史的长河中**。

小时候在农村长大，有参加兴修水利的经历。家乡有庞大的水利灌溉系统，为造福一方做出了历史性的贡献，加上自己是学水利的，对此不但了解，也比较关心，近些年来，家乡的水利设施多有毁坏，服务年限是原因，维修没有跟上也是原因，我曾投书报刊，呼吁建立基层水利设施的岁修制，制度才是保障。

在竖立的塑像中，有一人是丁宝桢，丁宝桢是晚清有大作为的名臣。民国期间，曾编过一本书叫《清代河臣传》，不知道为什么其中没有丁宝桢，这是很遗憾的事。丁宝桢不但在四川治理过都江堰，更在山东两次治理黄河，是堵口大工程。《清史稿》中有《丁宝桢传》。

光绪二年（1876年），丁宝桢以头品顶戴、太子少保，兼兵部尚书、都察院右都御史衔的身份任四川总督，到任即大修都江堰。晚清四海鼎沸，洋人欺凌，都江堰岁修废弛多年。丁总督此次大修都江堰，以石材代替竹笼，原是想有所发见，一劳永逸，但光绪三年碰见百年未见之大水：

“其水则以一划为一尺，自出水面一划起，定至二十二划为上。从来江水盛涨，闻未有逾十八九划者，甲子年水大异常，亦只至十八划有奇……”[21]

此次都江堰大修，为保护都江堰下游起到了非常大的作用，但丁总督以石材代替竹笼的做法违反了传统，大修工程当年即被冲坏，受到质疑，遭参奏，降职三级；光绪六年，部分工程又被冲毁，还赖在丁宝桢头上，他再次遭到参奏。好在朝廷算实事求是，“丁宝桢将来功罪，总以有无成效为断，不在此时之剖辩也，懔之慎之。”[21] 丁宝桢任四川总督10年，全面恢复了都江堰的岁修制度，重视水利，至今川人缅怀之，这是后世民众对丁总督的认可。丁宝桢于总督任上去世，“卒官，赠太子太保，谥文诚，予山东、四川、贵州建祠”[22]。盖棺论定。

## （七）

得益于现在的电子地图，我知道前两次进都江堰的门叫“秦堰楼”。此处真是观赏都江堰大全景最好的地方，远山近水，浓翠青幽，尽收眼底。从秦堰楼走下去，就是我前边提到过的索桥了——谓之安澜桥。此桥甚古，古籍中有李冰为之的记载，至少唐时杜甫曾咏过此桥。此桥名字甚多，绳桥之谓最为妥帖，苏轼有诗曰“朝行犀浦催收芋，夜渡绳桥看伏龙。”在民间安澜桥有“夫妻桥”之谓，以纪念清代捐资修建此桥的一对夫妻，今天的电子地图上还给它标注了另一个名字——天下第一爱情桥，算与时俱进吧！

我对此桥念念不忘，是因为悬于索桥上观看岷江的印象深刻，我从未在别处看到过流速如此高的河流，真是惊心动魄。初来的那次，悬索桥只是简单的木板铺就，旁边是些简单的绳索做“栏杆”，恰有风来，左右摆动，再看脚下，由冲击形成的白色浪花，如箭一般随水冲向下游，带着“唰唰”的声响，全然不同于平常所说的“哗哗”水声，因而就带着一丝恐惧。再上此桥，桥已经精修加固，反而对桥和桥下的江水没了太深的印象。走过千米安澜桥，再回头，又给了我又一次惊艳：玉垒高耸，岷江奔腾，以二王庙为中心，由西而东，山水楼台、庙宇关隘，或动或静，或虚或实，高矮参差，浓淡深浅，都布置在一幅设色长卷上，这设色长卷的主调是玉垒山所特有的一种绿。

当然，不能忘的，还有西北方向远山上的一处小景，一片青绿中凸出的一派金黄，黄色的上方，就是蓝色的虚空，虚空中飘着几朵厚实的白云，蓝白的映衬，青绿的底色，使那一派金黄投射出一股强烈的视觉冲击力——那是南方的菜花。南方菜花的黄过于新鲜，是北方的菜花所不能比的。菜花种在山顶高处，还是第一次见。

行文至此，有关都江堰的“回眸”基本结束，新的感悟只待未来，却想到了另一幕——它不属于都江堰，只是都江堰的邻居，但因与都江堰相关，却有必要写下来，警醒后人，那就是鱼嘴电站。我见到过鱼嘴电站的残留建筑物，拍摄下了建筑物，最近听说有的残迹已经移除。

鱼嘴电站是1958年的产物，位于都江堰安澜桥上游370米处，大约在百丈堤结束的附近。尽管它近在咫尺，但游人一般不会注意到它的存在。

我在岷江的右岸遥视过位于左岸的鱼嘴电站厂房，那只是一处废弃的四方形建筑物，周围凌乱、充满杂物，可见平时人迹罕至。而我的眼前却是当年鱼嘴电站的泄水闸——一排废弃的钢筋水泥结构。因为年代久远，上面沉积下时间的痕迹。时在早春，树木初芽，野草带着新出土的黄，却衬托得这几孔泄水闸倍加突兀。它们已经在凄风苦雨中矗立几十年了，残物有灵，当会感到无奈吧！

鱼嘴电站遗留泄水闸

资料显示，当年鱼嘴电站在缺乏地质资料的情况下，仅用了两个月的时间就完成了设计，后发现存在着诸多的问题。就在其行将建成之际，不得不炸除了，那隆隆的炮声似乎在诘问，何以在二王庙的脚下动土，对都江堰这具有两千多年历史的伟大水利工程，竟然毫无畏惧之心？

时代的无奈，无意于责备谁，我想说的是，**在古人的辉煌和今人的羞愧中，后代的我们接受了多少教训，甚或于是否感到了羞愧？古人的手段是受限的，今人的肢体是延长的，延长了肢体，稍不注意，就会伤害到大自然，因而，伴随着科学技术的进步，就产生了一种伦理——人与自然之间的伦理，科学技术的长足进步和过分使用，一定会破坏大自然之中人所未窥测到的“秘密”——这也是一种不道德，这种“秘密”意味着环环相扣、彼此依赖，大自然不一定是弱者，人也不一定是强者**。

旧读《中国文学史》，对一首民谣有印象，再修《中国文学史》时，恐怕不会再有人写进这首民谣，但我却愿录在这里：天上没有玉皇，地下没有龙王。我就是玉皇，我就是龙王。喝令三山五岳开道，我来了！

人，要有所敬畏，敬畏历史，敬畏自然。

都江堰的范例可供每一个水利人终生学习，“拜水都江堰”是电视里的一句话。**水利的根本要旨在于趋利避害，对于现代水利工程来讲，由于技术手段的进步，尤其需要注意的是，别伤害到自然，否则会遭到自然的惩罚**。我期待着新的一次都江堰之行。

附注：“蜀守冰凿离堆，辟沫水之害，穿二江成都之中……”系《史记·河渠书》的记载，用语太过简略，会引起误解，因而，现有“凿离堆”即为凿都江堰离堆的说法。此说法不对。都江堰之离堆，是凿离大山母体的一个石堆。前语“蜀守冰凿离堆”与后文“辟沫水之害”构不成因果关系，即与都江堰引水的功能完全不相匹配，引水不能避水害。至于“穿二江成都之中”，则可理解为开凿都江堰后所穿郫江、检江。姚汉源先生认为，四川称“离堆”者不下六七处，大渡河古称“沫水”，司马迁这里所谓的“凿离堆”为凿大渡河之溷涯，在大渡河入岷江处。简单来说，司马迁所叙述的“凿离堆”与“穿二江”为两件事。既“穿二江”，“凿离堆”也在所必然，并不会否定李冰在都江堰“凿离堆”的历史功业。

## 参考文献

[1] 战国策注释：司马错论伐蜀 [M]// 何建章．战国策注释．北京：中华书局，1990.

[2] 常璩，著．汪启明，赵静，译注．华阳国志译注 [M]. 成都：四川大学出版社，2007.

[3] 张骅．司马错平定巴蜀与李冰兴建都江堰 [J]. 海河水利，2001（4）：39-41.

[4] 史记·河渠书 [M]// 司马迁．史记．北京：中华书局，1982.

[5] 李映发．岷江与都江堰对成都平原生存环境的影响 [J]. 西华大学学报（哲学社会科学版），2013，32（2）：13-17.

[6] 胡渭，著．邹逸麟，整理．禹贡锥指 [M]. 上海：上海古籍出版社，2013.

[7] 顾颉刚．禹贡 [M]// 中国古代地理名著选读：第一辑．北京：学苑出版社，2005.

[8] 朱更翎．都江堰、都江及水经注所述流路 [M]// 姚汉源．中国水利发展史．上海：上海人民出版社，2005.

[9] 朱慧琴．中国的水利史 [M] // 钱正英．中国水利．北京：水利电力出版社，1991.

[10] 姚汉源．中国水利发展史 [M]. 上海：上海人民出版社，2005.

[11] 刘德林．从李冰“识齐水脉”开凿盐井到《四川盐法志》“看榜样”选定井位：关于先民对地下卤水资源规律的识察及其布井法的初探 [J]. 盐业史研究，1992（3）：24-32.

[12] 温玉成．说李冰石人题刻的“三神”[J]. 四川文物，1987（4）：35.

[13] 钟天康，罗树凡，杨瑞文．都江堰文物志 [M]. 四川省文化厅文物处，都江堰市文物局（内部资料）.

[14] 郦道元，著．陈桥驿，校证．水经注校证 [M]. 北京：中华书局，2007.

[15] 陈开林 . 叶适佚文《古今水利总论》考校 [J]. 保定学院学报，2016（6）：70-75.

[16] 三国志：蜀志 · 诸葛亮传 [M]// 陈寿 . 三国志 . 北京：中华书局，1982.

[17] 王淼 . 旧时都江堰的开水大典 [J]. 文史博览，2012（10）：66.

[18] 江宏景 . 都江堰清明拜水大典 [J]. 新疆画报，2013（5）：101.

[19] 杨瑞文 . 都江堰的岁修 [J]. 巴蜀史志，2015（3）：12-14.

[20] 邹礼洪 . 古都江堰岁修中的生态环境保护意识 [J]. 西华大学学报（哲学社会科学版），2006（2）：32-34.

[21] 陈渭忠 . 丁宝桢与一百三十年前的都江堰大修 [J]. 中国水利，2012（21）：24-26.

[22] 赵尔巽，等 . 清史稿 [M]. 北京：中华书局，1977，116.

# 秦以富强，卒并诸侯——从郑国渠谈起

“秦以富强，卒并诸侯”，郑国渠之谓也。秦渠以下，继往开拓，持续浸润，成为秦川富饶的源头。中国有持续发展的农业，得益于水利所提供的强有力支撑。水利，居功至伟；水利，是农业的命脉。

## （一）

还是在20世纪90年代初，我的老师谷兆祺先生说，泾河就是中国的灌溉博物馆，有一代代的引泾灌溉引水口……从那时起，我就想去看看，但作为一个待完成的“任务”，居然被“挂起来”了30多年，以至于后来提起，就成了一件心事，直到中国水利史学会在西安召开成立60周年纪念会，才算有了机会。而如今写此文，又成了回忆，西安之行，也已是数年前了，幸而有几张照片——拖沓真是大毛病。

那是会议的中间，安排了两个活动：一是参观李仪祉先生纪念馆，二是参观泾惠渠，直到泾惠渠首枢纽。此次参观我个人很有收获，一个实在的启发是，水电站的尾水可以与下游灌溉渠道很好地结合起来（即将发完电的水，巧妙地引进灌溉渠道）——这与我的专业相关，深觉不虚此行。

我是按会议日程随着大部队参观的，事先并不了解具体内容。及至到了李仪祉先生纪念馆前，看到李仪祉先生的高大塑像，才进入状态。

天气很好，上午的阳光斜向投射到李先生的石雕像上，石雕底座是黑色，塑像是白色，形成巨大的反差。塑像身后为纪念馆，纪念馆以梯形为台基，平顶，四周平旷，整个建筑极富张力。有纪念馆做背景，使本来高大的塑像显得更加高大了；尤其是李先生的面部神情，斜向的阳光下显得更为坚毅，因而，那种尊重先贤的心就变成了虔诚——我对李仪祉先生是知悉的，可以说，他是将西学水利引入中国并付诸实践的第一人，因而，在中国的许多水利部门，或在许多的近代水利事业中，都可以找到李仪祉先生的影子，或与李先生有关。这里仅提两个例子：清华大学旧水利馆的水力学实验室，在国内算历史比较长的实验室了，门首圆券石刻的名字就为李仪祉先生所题写，字体稳健中带着疏朗，极富美感——这侧面反映出李先生在水利界的高辈分；著名的“关中八惠渠”也是李仪祉先生所主持创修的。

早年我曾看到过李仪祉先生身故后的不少资料，当时国民政府给予了公葬，并特发了褒扬令，“国府褒扬邃学，以生平事迹宣付国史馆立传，并以公葬。噫！可谓生荣死哀，备其盛矣”[1]，先生“德器深纯，精研水利，早岁倡办河海工程学校，成材甚众。近来开渠、浚河、导运等工事，尤瘁心力，绩效懋著”[2]，可谓是水利界的泰山北斗。李仪祉与于右任、张季鸾三先生并称近代“陕西三杰”，现代草圣于右任先生曾为李仪祉先生墓园题写挽联：殊功早入河渠志，遗宅仍规水竹居——只是可惜，如今李先生墓园松柏叠翠，可于先生却遗恨天涯，“葬我于高山之上兮，望我故乡；故乡不可见兮，永不能忘。”

李仪祉先生塑像

纪念馆内，有丰富的实物和图片资料。纪念馆旁，有一个沙盘模型，很长，标注着历代引泾取水口的位置，很直观——我终于看到了 30 多年前老师提到的历代引泾灌溉取水口。需要解释一下，由于河床下切，前代创修的取水口和渠道，在时间的历程中慢慢就取不到水了——进口和渠道都会高于河道水面，因而，再行引水，须将进水口向上游延，这就是为什么历史上引泾有众多进水口的原因；模型旁边，有历代官方引水修渠碑记的木制铭牌，铭牌很多，不用多解释，就会让人立即感受到，在历史的长河中，泾水一直都在滋润着一方土地。

馆内有一方彩面石刻，我印象十分深刻：善治秦者必治水，善治秦者先治水。石刻言简意赅，突出了治水的重要性。

沙盘模型局部

展览馆内石刻

岂止于秦呢？中国的文明史是从治水开始的，中国人，从来把大禹治水当成真实的历史，章太炎先生讲：“经史非神话。”中国古代许多的水利工程，都是秦人统一天下后所创修的。**治水，是历朝历代的大事。水之为利害，不随时代而发生变迁。**

## （二）

秦人，原为周天子养马的部落，马养得好，“马大蕃息”——马繁衍得很繁盛，因而周孝王“朕其分土为附庸”[3]，即封秦为附庸之国。平王东迁，因护送之功，被封为“伯”，秦始列入“诸侯”。经过数代国君的励精图治，拓土开疆，特别是经过商鞅变法，至战国末年，秦之强已成七雄之首，此时的秦国国君是嬴政；他的相国是吕不韦，一个精明的商人。

“秦，虎狼之国也！”崤函之东六国，感到了阵阵寒意，而紧邻崤函的韩国，是七雄中最为弱小的，而偏偏与“虎狼”为邻。秦国有个既定的对外政策，是秦昭王时代的相国范雎先生提出来的，叫“远交近攻”——这四个字几乎在长久的中国历史中，都是“放之四海而皆准”的真理，其当时的意义是将邻近秦国的韩、魏作为兼并的对象，而将较远的齐作为友好的盟国。

公元前249年，韩国西边赖以凭借的重要关隘成皋（虎牢）与荥阳（今郑州西），已为秦国所有，秦国东出函谷关向六国挺进最重要的地理障碍已不复存在，可想而知，韩国上下，感到了岌岌可危。

万般无奈之下，韩国想出了一条“疲秦之计”。正是这条计，让韩国早早灭了国。

《史记·河渠志》以及《汉书·沟洫志》这样描述这条计：

“而韩闻秦之好兴事，欲罢之，毋令东伐，乃使水工郑国间说秦，令凿泾水，自中山西邸瓠口为渠，并北山东注洛三百余里，欲以溉田。”

简单来说，就是韩国派一个“水工”——水利工程师，名叫郑国，到秦国去当间谍，任务是游说秦国修河渠，以消耗秦国的人力、物力，以使其没有力量东伐。

无疑，水利工程在当时是最为耗费人力、物力的工程，问题是，这条计所耗的人力物力并非是去修阿房宫，而是裕国，实乃为秦国谋划的“经国远猷”之大计！更何况，秦国当时已经有了巴蜀的根据地，有了由都江堰灌溉的川西之饶，再在关中地区兴建一个大型灌区，更得郑国渠之利后，不是让秦这个“虎狼之国”插上翅膀了吗？所以，这条计的原始设计是有问题的，对秦国，是一个良好的规划；对韩国，则无异于饮鸩止渴。

问题是，一个木讷的水利工程师，又不是携帝王之术、以说词立取卿相的智辩人士，何以能说动秦国去修建这么一个长达300里的大工程？

只能说明，修渠，是秦之所需；且秦国能够“不拘一格用人才”，具有利用贤良的社会环境，无论国籍、出身，譬如商鞅、张仪、范雎、蔡泽，这些有大成就的秦相国，哪一个不是六国之人？连当时的秦相吕不韦本人也不是秦国人呢！

事实是，郑国这个木讷的水利工程师真的说动了秦廷，说动了吕不韦这个执掌秦国大权的精明商人——他一定知道即修的都江堰对于秦国所起到的作用，因而能够理解大型灌区对于富国强兵的重要意义。行文及此，想起了贾谊的《论积贮疏》：

“夫积贮者，天下之大命也。苟粟多而财有余，何为而不成？以攻则取，以守则固，以战则胜。”

——既然如此，此大型灌区修成之后，秦必然以攻则取，以守则固，以战则胜！

于是，**公元前246年，中国历史上单纯以农业灌溉为目的的大型引水工程在渭北高原开工建设——这是中国雨水农业走向成熟灌溉农业的重要标志（郑国渠没有别的功能），这是灌区建设的国家行为，尤其对于黄土地区，有着尤为深远的历史意义**。

所谓好事多磨，“（修渠）中作而觉，秦欲杀郑国”。郑国的间谍身份中途曝光了，面临杀头的危险。

勿以为此乃小事一桩，其实是影响深远的大案。

所谓大案，是指以此为导火索，秦国上上下下开始大规模驱赶六国之人，套用一句说法，叫作“非我国人，其心必异”。在被驱赶的名单中，有一个人叫李斯，楚国上蔡人。

司马迁在《李斯列传》中做如下记载：

“会韩人郑国来间秦，以作注溉渠，已而觉。秦宗室大臣皆言秦王曰：‘诸侯人来事秦者，大抵为其主游间于秦耳，请一切逐客。’”

既然“一切逐客”，李斯自然在驱逐之列。

李斯一生最大的感悟是仓鼠与厕鼠的区别，“人之贤不肖譬如鼠矣，在所自处耳”[4]。被驱赶的李斯，觉得一下子由仓鼠变为了厕鼠，这是他所不能忍受的，他不甘命运对他如此摆布，于是，写下了有名的政论文《谏逐客书》——郑国的间谍案，说起来极为简单，不具有传奇色彩，又是一个水利冷故事，未必会有多少人感兴趣，但说起《谏逐客书》，大多数人当知晓，实乃千古美文，清人所编《古文观止》即收录了此篇。

且看几句李斯的申辩：

“臣闻吏议逐客，窃以为过矣！”

——既称臣，就是对国君说的，既然被“逐客”，不妨把话说得重一些，但“过错”在“吏”不在“君”，拿捏得十分到位。

“夫物不产于秦，可宝者多；士不产于秦，而愿忠者众。”“今逐客以资敌国，损民以益仇，内自虚而外树怨于诸侯；求国之无危，不可得也。”

“泰山不让土壤，故能成其大；河海不择细流，故能就其深；王者不却众庶，故能明其德。”

而另一幕，被抓住的郑国也有一番申辩：

“始臣为间，然渠成亦秦之利也。臣为韩延数岁之命，而为秦建万世之功。”

李斯的话，其利害分析，着实启发了秦国上下；郑国的申辩，确实站得住脚，于是“合议庭”认为“申辩”成立，“秦以为然，卒使就渠”。结果是“逐客令”废止，继续让郑国这个韩国派来的间谍，带着秦国的“黔首”夜以继日地挖渠，“戴罪立功”。

十年功成，带来的结果是：

“渠成而用注填阏之水，溉泽卤之地四万余顷，收皆亩一钟。于是关中为沃野，无凶年，秦以富强，卒并诸侯，因名曰郑国渠。”[5]

《沟洫志》给出了浇灌以后的亩产量：收皆亩一钟，约 250 斤。那个时代，这个产量不低了，更何况“泽卤之地”乎？

最简单的结论就是：

“秦以（郑国渠）富强，卒并诸侯。”

正如当年郑国所做的预言，为韩延了数岁之命，但为秦建了万世之功。秦据此统一了天下，这就是前边所说的“疲秦计”影响深远了。

至此，由灌溉农业导致的国家经济力量的变化，明晃晃地呈现在世人的面前。

京剧有《郑国渠》，秦腔有《疲秦计》，二者说的是相同的故事。我看过京剧《郑国渠》，郑母责子的大段唱词还有印象。秦腔《疲秦计》在陕西三原一带很受欢迎，三原，正是郑国渠浸润的地区之一。既蒙其利，百姓感怀之，最可理解，不唯关中如是，全国尽然，堤堰寸寸、涓涓渠水，足可雄视千秋，历史上很多有功的水利人，或被立祠，或被建庙，世代享受百姓礼敬，真的是百世流芳。如今的陕西博物馆中对郑国渠有专门的介绍，一个灌溉渠道进入博物馆，可想而知其在历史上的地位。

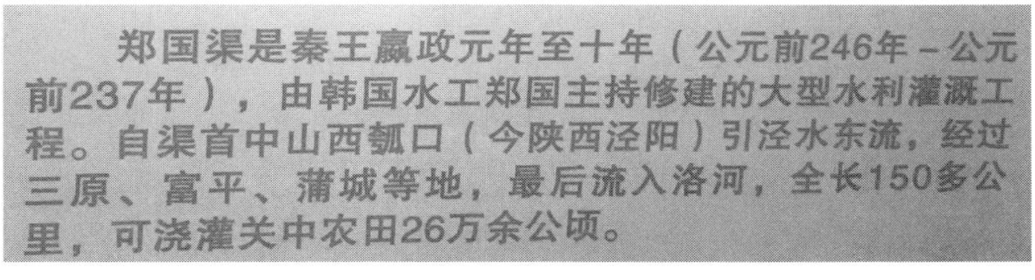

郑国渠是秦王嬴政元年至十年（公元前246年－公元前237年），由韩国水工郑国主持修建的大型水利灌溉工程。自渠首中山西瓠口（今陕西泾阳）引泾水东流，经过三原、富平、蒲城等地，最后流入洛河，全长150多公里，可浇灌关中农田26万余公顷。

陕西博物馆内对郑国渠的介绍

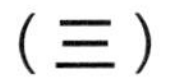

## （三）

在上段引文中，有“用注填阏之水，溉泽卤之地”一语，阏同淤，唐人颜师古如是说。简单来说，就是引含泥沙的泾河水，淤灌低洼贫瘠的盐碱地。泾河水含泥沙，于农业，实在是宝贝；推而广之，中国黄土地区的含沙水流，用于引灌，都有“膏腴”之效。中国语言词汇极为丰富，而在历史文献中，但凡涉及含沙水流的浇灌之效，最常用到的词汇就是“膏腴”，本段对此略加发挥。

《汉书·沟洫志》记载相同事，将“泽卤”一词改为“舄卤”。“舄卤”一词，还出现在引漳水灌溉的记载中：

“以史起为邺令，遂引漳水溉邺，以富魏之河内。民歌之曰‘邺有贤令兮为史公，决漳水兮灌邺旁，终古粱卤兮生稻粱。’”

《汉书·沟洫志》的记载，采用的是《吕氏春秋》的旧说。《史记·河渠书》记载的是西门豹引漳水。西门豹治邺，为河伯娶妇，入选小学课本，有连环画，人所共知。因史料记载的不同，到底是谁引的漳水，一时引起聚讼。鉴于此，后人敷衍二公都曾引漳水——其实西门豹引漳水凿十二渠之事，在《史记》中记载很详，西门豹说过一句很出名的话：“民可以乐成，不可与虑始。今父老子弟虽患苦我，然百岁后期令父老子孙思我言。”诚如是。

既然“秦以富强”，西汉武帝太始二年（公元前95年），人们在郑国渠引泾偏南侧一点，又修了一条灌溉渠道，渠在赵中大夫白公建议下所修，故称为白渠，《汉书·沟洫志》载：

“穿渠引泾水，首起谷口，尾入栎阳，注渭中，袤二百里，溉田四千五百余顷，因名曰白渠。民得其饶。”

时人并称郑国渠、白渠为郑白渠。民歌记曰：

“泾水一石，其泥数斗，且溉且粪，长我禾黍，衣食京师亿万之口。”“言此两渠饶也。”[6]

时至东汉，大文学家、蔡文姬乃父蔡邕，不惜溢美之词，为另一灌溉渠道樊惠渠作颂，樊惠渠引的也是泾河水，谓泾水“黄潦膏凝结，多稼茂止”，黄潦，即指含沙水流，膏凝，像油脂一样凝结。至唐，长孙无忌说泾水“白渠水带泥淤，溉田益其肥美”[7]。

既然含沙水流有如此的肥田之效，引灌放淤在史书上的记载就特别多——如今的放淤在甘肃白银一带还年年施行，为笔者所亲见，虽名为灌溉，黄水必有肥效。时在公历 11 月中旬，晨起，西北的狂野，朔风阵阵，莽原沉沉，漫漫黄流，平覆于黄土之上，在为来年的春小麦打基础。作为水利人，见如此规模漫灌，始觉有些费水，但我深知，事关“三农”，这样做有其合理性，不可简单而论之。

历史上的放淤一语，包含如下内容[7]：一是普通的溉田；二是引水到低洼地带，将低洼地淤成可耕作的土地；三是放淤固滩护堤，这一条与本文无关，不谈。至于放淤的河流，有黄河、汾河、漳河、滹沱河……

下面再引用几条史料，从正反两方面进一步说明浑流的肥田之效。

《宋史·河渠志》记载，宋神宗曰：

“大河源深流长皆山川膏腴渗漉，故灌溉民田可以变斥卤而为肥沃，朕取淤土亲尝，极为润腻。”[8]

宋神宗说他亲尝了黄河的淤土，尝出了“润腻”之感。或是中国历史上宋朝比较弱小的原因吧，我找不出对哪个宋朝皇帝有好感，以至于对宋神宗亲尝淤土都觉得是矫情，但他支持王安石熙宁变法却是真的，当时正值内忧外患，宋神宗想通过变法富国强兵，这一点毋庸置疑。北宋神宗年间颁布了《农田水利约束》，这是我国第一部农田水利法[9]，该法的颁布，使得“四方争言农田水利，古陂废堰，悉务兴复”[10]，水利大兴。姑且相信他亲尝了淤土吧！

尽管引黄有淤灌之利，但治河人却反对引黄，如明代总河潘季驯，他最怕的是河工之坏，“滨河田地每利于黄河出岸淤填肥美，奸民往往盗决。盖势既扫溜，止须掘一蚁穴，而数十丈立溃矣”[11]，潘总河承认“淤填肥美”，他怕盗水破坏堤防故持反对态度，算反证。

永定河是黄河以外我国含沙量最高的河流，元以后，永定河石景山以下河身日高，决溢频繁。“然两岸稻麦桑枣田园，连阡带陌”[12]，却是蒙泛滥淤积之利。“永定浊泥，善肥禾稼，所淤处，变瘠为沃，其收数倍”[13]，《畿辅通志》如是说。

民谚：“黄河百害，唯富一套。”引黄灌溉，历史悠久，这是最大的例证。河套灌区——中国现今最大的灌区之一，可上溯至汉武一代屯垦戍边之时，已经存在两千年了（也有秦代蒙恬于河套屯垦引水之说）。新中国成立以后，我国又修了不少的引黄灌溉工程，如上游的甘肃省景泰川电力提灌工程，河南的人民胜利渠，还有下游星罗棋布的沿岸引水口。

**中国以黄河为代表的河流，泥沙含量较高，而这些泥沙，从地质的角度看，都来源于广袤的黄土高原，颗粒细，矿物质含量高，所以才有肥田的“膏腴”之效。在长久的历史中，我国劳动人民积累了丰富的引水淤灌经验，这都是经过检验的“真理”。河水含沙是自然现象，为害为利，看人的主观能动性，完全不加以利用，当然为害；能巧妙利用，就可变废为宝。今人于泥沙利用，做得不够。**

矣其餘每歲冬春間務及時詳加勘議應護埽者急
護應築磯嘴壩者急築若水既發則難施工矣水發
之後尤須倍嚴防守司道府官俱當不時巡閲矧瀉
河田地每利於黄河出岸淤填肥美奸民往往盜決
蓋勢既掃溜止須掘一蟻穴而數十丈立潰矣凡此
等處夜防尤不可懈識之慎之
一羊山横隄雙溝築縷守遥固為得策但恐漲水直至
近山未免分流今於邳州對河羊山龜山土山相接

欽定四庫全書　　河防一覽

處剏築横隄長四百八十丈縱有順隄之水遇格即
返仍歸正漕自無奪河之患此隄雖係睢寧縣地方
然去邳州不遠専責該州掌印管河官時加督閲培
築之工勿怠勿忽
一議格隄防禦之法格隄甚妙格即横也蓋縷隄既不
可恃萬一決縷而入横流遇格而止可免泛濫水退
本格之水仍復歸漕淤溜地高最為便益今於南岸
房村單家口雙溝馬家淺辛安峯山等處俱築格隄

潘季驯，《河防一览》，卷三，《钦定四库全书》截图

既然谈到水中的泥沙，可以更上一个层次，谈谈中国的持久农业与黄土的关系——这是从哲学家罗素的视角，是从水文地理的角度来看问题了[14]。这里涉及两个关键词：黄土的“自行肥效”；土壤的“自行更新”。

中国广袤的西北地区都是黄土，黄土被河流带到东部地带——加上其他河流的作用，就有了广袤的黄淮海大平原，自然，这些地区都是黄土地区。

中国的黄土不但土层深，还有个重要的特征就是土质细，中有极为

细小的孔隙，有水，就可产生很强的毛细作用，如同海绵吸水，毛细作用将土壤深层的无机质带到上层，可为植物的根部所吸收，这就是所谓的黄土的“自行肥效”，是19世纪末西人完成的科研成果。在此基础上，20世纪上半叶，许多有名的中外学者，如丁文江、翁文颢等，对中国的黄土开始加以关注，或进行了高强度的研究，他们的研究指向一个共同的结论，就是黄土的“自行肥效”无可怀疑，且肥效很强。

河谷地带、冲积平原地带，总会遭遇洪水泛滥，而泛滥的洪水带来了肥沃的新土，使得已经耕作的土壤获得更新，这叫土壤的“自行更新”。即使在丘陵地带，因为自然的侵蚀，其土壤也在获得更新。因而，“中国人总是有着，而且显然至今仍然还有着有生命力的、有生产能力的和属于处女地的土壤”[15]。

黄土的“自行肥效”和土壤的“自行更新”两个因素，就构成了中国持久农业的自然基础。中国是一个农业国，这种中国持久农业的自然基础，当然极其重要，于是就回答了这样一个问题：

“何以罗马衰败了，而中国与日本却多少获得了成功。”[15]

关于中国“持久农业”的问题，冀朝鼎先生在其著名的《中国历史上的基本经济区与水利事业的发展》一书中做过很详细的总结，这里只是在冀朝鼎先生的基础上所做的简略总结。

在叙述完中国持久农业的自然基础之后，冀先生就以其经济学家的眼光，以社会的眼光，将问题转移到了水上。

但是，“黄土与冲积土的自然肥效的优越性，如果没有有效的灌溉系统也是不能充分发挥出来的”，这就提出了水的问题。**如果说，黄土自**

**然肥效的优越性只是中国持久农业的一个必要条件，那么，水的存在才是持久农业的充分条件，只有有了水的存在，黄土的自然肥效才能发挥出来，这是中国持久农业与灌溉之间的关系**。灌溉系统既是一个工程措施问题，也是一个社会经济问题，需要政府的支持与重视，正是从水利的角度——公共工程的角度，研究社会经济问题，冀朝鼎先生提出了“基本经济区”这个经济学上非常重要的概念，并给出了各个时代中国基本经济区的分布。

依据这些科学研究得出的结论，我想进一步说，**中国的文明之所以源远流长、灿烂辉煌，表现出顽强的生命力，与这种持久农业有着必然的关系，而水，尤其是农业灌溉，为这种持久农业提供了最为有力的支撑，也就是说，为中国的农耕文明提供了强有力的支撑**。

## （四）

郑国渠既得其利，后世引泾就成为关中地区富民策略的不二之选，汉代有白公渠，唐代有三白渠，宋代有丰利渠，元代有王御史渠，明代有广惠渠和通济渠，清代有龙洞渠，民国有李仪祉先生所主持的泾惠渠。

此次现场参观，基本沿泾惠渠线走，途中，看到了宋代丰利渠的取水口，丰利渠建于宋代熙宁年间，为修此渠，宋神宗曾对王安石说：“纵用内藏钱，亦何惜也。”[16] 丰利渠，溉七县。渠道很深，为石质进水口，壁面粗糙，控水门槽依稀可辨。看到此，感想颇多，心中涌出道道波澜。

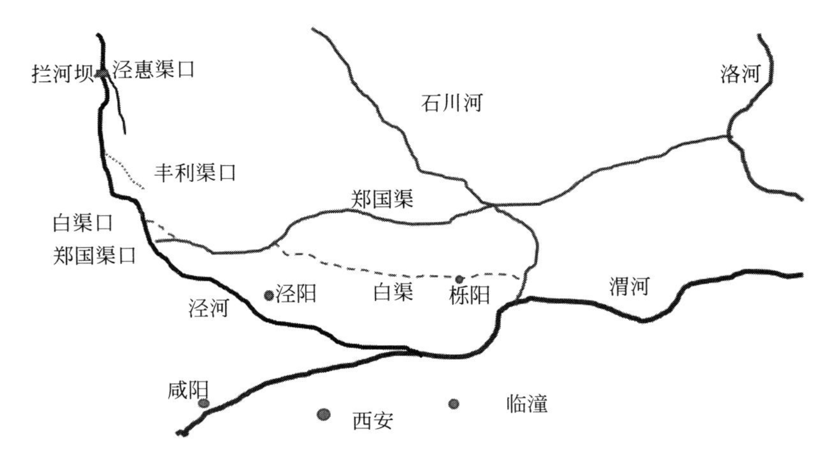


郑国渠、白渠及不同时代进水口示意图

李仪祉先生曰：

“最有趣者，每更改一次，入口必须上移若干，郑渠由山口起，河出谷而入其冲积层……故大半尚属土渠；白渠之口，上移二千三百五十丈，则入石矣……宋丰利渠更上移二百八十丈，元王御史渠更上移五十一丈，明广惠渠更上移一百八十丈，通济渠更上移四十二丈。每上移一次，亦必深入左岸若干，故广惠等渠完全凿石，功倍艰难。”[17]

这里，李先生详细说明了历代进水口上移的过程和尺寸——我已经得到了开篇所关心问题的答案，可又注意到了尾句的描述：“广惠等渠完全凿石，功倍艰难。”

途中，有讲解员一直不停在讲解泾渠，我听得极为仔细：修造石渠，艰难异常，石工由拉夫而来，开山凿石，褴褛筚路，石工只能将银钱寄回，而自己作为拉夫则有家难回，石质坚固，进尺少，工程缓慢，久之，累死在工地，今有石匠坟存焉，通坟崎岖小径亦存……然后，手指此“死亡之径”，小径渐高渐远……

我审视之，似略有痕迹，终是难以辨识，再回头看沿程渠线，细流涓涓，正不舍昼夜滋润着黄土青苗……后检阅专家论文，“广惠渠穿龙山之腹，长一里余，阔四尺，最深者四丈，石坚如铁，炭灸水淬，……积十七年之久始告竣。”我才确信讲解非渲染也[18]。

所谓“门槽依稀可辨”，不是说门槽痕迹浅，难以辨识，而是说其形状的极其不规整。由此推测的是，石质确实太坚硬了。从都江堰创修到北宋，除铁器的使用变得普遍外，技术手段居然没有丝毫的进步，开山裂石，用的还是火烧水淬之法……而世人尽知，火药是中国的四大发明之一，有人说火药是东晋的道士葛洪发明的，有人说是唐朝的药王孙思邈发明的，孙的发明“载于《诸家神品丹方》卷五的‘丹经内伏硫磺法’一节中”[19]。至少，宋初已有了火药用于军事的记载，无奈，却鲜见用于开山裂石，如此重大的技术发明，何以对生产力的改善如此之迟缓呢？

进水口渠道深（据标示，深 3.9 米），说明取水的艰难，要能够顺利进流，尚需要在河中筑堰、抬高水位才行。山中洪流具排山倒海之势，可想而知筑堰会是何等艰难，堰身受水流冲击，岁毁岁修，必为常态，或靡费公帑，或增加百姓负担，总之不易。

低头再看眼前泾河，陡崖壁立如刀劈，河底深不可测——我的意思，不可粗略地进行估计沟深几许，宋渠下出现如此之深的河流，着实令人吃惊，何以有宋至今，千年时间，石质河床下切如此之多，那么，那千万年来的河流又是怎样的变迁？……这属于自然地理方面的事，本人不知晓，还是从民谚的角度谈谈河清河浑吧！

我很小的时候——大约还没有上学，就知道了一句民谚：泾水清清渭水浑。是从什么渠道知晓的，却是难以回忆起来了。尽管那时尚不知道泾水、渭水在哪里，但话表面的意思是明白的。

泾清渭浑，泾水是渭水的支流，二水相交，清浊分明，因而有成语泾渭分明。

泾渭分明一语出自《诗经·邶风·谷风》："泾以渭浊，湜（shí）湜其沚（zhǐ）"，是说泾清渭浊。清代有个大学者叫章学诚，他说：六经皆史。国学大师章太炎先生认为，章学诚的话，真是拨云雾而见青天。《诗经》位列六经，属儒家经典，经过孔子的删减精选。可以说，《诗经》所记录的事实是确实可信的。著名物候学家竺可桢先生在考察近五千年来我国气候变迁的时候，就引用《诗经》中的资料[20]。由此看来，在《诗经》的时代，泾清渭浊是靠得住的。

渭水发源于甘肃。《诗经》的时代，人烟稀少，大自然保持原始状态的程度大，总体上看，渭水上游一带的气候更干燥，因为更偏西，植被不会比渭北泾水流域的主要地区好，相反，渭北高原偏南侧可能植被茂密，渭河流经八百里秦川，路程既长，沿途又不择细流，泾清渭浊就成立了。历史上，为孰清孰浊困惑的人不少，是因为没有用历史的眼光来看待，没有从历史的视角审视大自然，连清朝乾隆皇帝还让地方官通过实测来确认到底哪一条河流清澈呢！当然这是求真的态度，中国人求真的态度是欠缺的，因而乾隆皇帝的做法很值得肯定。

"去马来牛不复辨，浊泾清渭何当分。"这是杜甫的诗，这里出现了"浊泾清渭"的说法，说明盛唐时期，已经是泾水比渭水浑浊了，我确信此事。此诗还说明，盛唐以后，渭北高原已经产生了严重的水土流失，植被状况变差了。初唐时国家仍在战争中，至盛唐，国家已经承平日久；而且，宋元明清，随着历史的进程，水土流失状况必将每况愈下。我的推论建立在前人研究结论的基础上。

著名历史地理学家谭其骧先生有一篇论文，回答何以东汉以后黄河八百年安流的问题[21]，其文章缜密，结论新奇，读得我荡气回肠。谭先生认为，但凡中国兵荒马乱，黄河就显得安流；而一旦承平日久，生齿繁盛，则黄河灾患不断，其原因就在于黄河中游一带土地利用方式的改变。天下大乱，人们无法安居，故而长久固定的农业耕作就无法发生；但国泰民安时期，强力的农业耕作是必然的，由此导致了黄河中游一带严重的水土流失，水土流失最终随水流堆积于黄河河道内，日久淤积严重，导致河患发生。谭先生特别引用了山陕峡谷流域和泾水北洛上游二区的例子——黄河中游的粗泥沙，正是沉积于黄河河道中泥沙的主要来源[22]，并特别指出，武帝之后至西汉末年：

“这二区从此以畜牧射猎为主变为以农耕为主，户口数字大大增加，乍看起来，当然是件好事。但我们若从整个黄河流域来看问题，就可以发现这是件得不偿失的事。因为在当时的社会条件之下，开垦只能是无计划的、盲目的乱垦滥垦，不可能采用什么有计划的水土保持措施，所以这一带地区的大事开垦，结果必然会给下游带来无穷的祸患。”

事实正是如此，西汉前半期，黄河比较安定；武帝至西汉末，黄河决溢频繁，灾患严重。

不止于上述，**隋唐营建长安城，必然从渭北高原砍伐树木，这会导致严重的水土流失，类比的例子是永定河。金元以后永定河的含沙量增**

**高，以至于位居中国含沙河流的第二位，仅次于黄河。后永定河河患不断，原因就在于营建金中都、元大都、明北京城之时，过分地“致西山之利”——伐木、采石、挖煤利于京师之谓也，以及持续不断地为北京城居民提供难以胜计的木柴与木炭[23]。而之前，永定河是清流——有“清泉河”的名字为证，金元之前，永定河没有史载的灾患。显然，过分地“致渭北高原之利”，终于使得泾清渭浑转换为渭清泾浑——有此二例在，今人于河流中上游的山区内开山、采矿、引泉、伐木当须有审慎的态度，要把握好度，过犹不及，其后果及影响，非当时尽可逆料。**

再回到眼前的泾河：宋渠高悬于河岸，泾水在“深不可测”的谷底流淌，水速高，浊流滚滚，这其实是上述研究结论的证明，河渠下切如此严重，只能是水流挟沙，磨蚀河床的结果。磨蚀，当然以粗沙为甚，这明晃晃的事实告诉世人，宋以后泾水流域水土流失果真是严重——与人类活动的关系如此之大，今人能不警醒乎？

泾惠渠渠首枢纽

## （五）

中华民族不忘先贤，以各种形式予以纪念，在各行各业都有，但对近代人而言，能有一个纪念馆，有一墓园，勒石立碑述功绩，其形制之大，却也是不多见，何以对李仪祉先生如此呢？《李仪祉先生纪念碑》[24]中有一段记事，读之，或可知晓一部分答案，特录于此：

"（泾渠）溉田七千余顷。方渠之成也，值大旱之后，沿渠各县，民有菜色，衣不被体，破屋颓垣，触目皆是。见者莫不惴惴然，以为人民元气已伤，虽有此渠亦不易复苏。越二年，则人民熙熙攘攘不绝于途，视其所被衣皆新制，已毁之屋栉比以完。昔之创痕不复可辨。询之，皆曰：我逃落于外者数年，兹有渠成始复率妻帑归耕，于是冬麦夏棉，一岁再稔（rěn），不仅衣食足，宿逋（bū）尽赏矣。时陇海铁路已通，渭南车站附近新厂蔚起，东驰列车累累而载者，皆陕西之棉花也。一渠之功，较然若此，今所治关中八渠，如洛惠、渭惠、梅惠、黑惠等并陕北之织女渠、汉中之汉惠渠之次第成功，其收效之宏，尚可得而计耶？"

简单来说，一渠既成，人民安居乐业，丰足有余，何况有关中八惠、陕北织女、陕南汉惠之次第功成呢！

水利太接近民生。按此碑文，泾惠一渠，浇灌了70万亩的土地，这是多大的规模！由此不难理解，为何周年祭，三原、泾阳、高陵等地民众，不期而聚者达两三万人之多。试问，近世以来，有多少人能获得百姓如此由衷的爱戴？倘没有泾惠渠的浸润，渭北高原还不是望天收？望天收的情况下，若遇干旱年份，即或是今天，未必亩产就能超过"一钟”——我自幼生长在农村，种过庄稼，深切地知道，在无水无肥情况下，种子钱能否换回来，还真可能是个问题，史书记载的绝收年份，绝不鲜见啊！

所以，老百姓心中有杆秤，这就是原因。

《史记·留侯世家》曰：

“夫关中左崤函，右陇蜀，沃野千里，南有巴蜀之饶，北有胡苑之利……河渭漕挽天下，西给京师……此所谓金城千里，天府之国也。”

这主要是说关中的形胜。但换个角度来看，虽则“沃野千里”，但仍需“漕挽天下”，京城需求量大是事实，关键还是缺水或有水不能用，虽有沃野千里，难免仰给于外，**“沃野”的充要条件是水的浸润**。

再看《史记·货殖列传》：

“关中之地，于天下三分之一，而人众不过什三；然量其富，什居其六。”

财富，当然包括了山林渔猎矿山农业等的社会总产值，但我们应当知晓，司马迁时代，当然是以农业为主。司马迁是武帝时代的人，其极言关中之富，时代的下限当统计到当前，而武帝时代，因为有“用事者争言水利”一说，故而农业与水利的开发达到了空前的高度[25]，**水利居功至伟，这正是关中成为西汉基本经济区的重要原因**。

本文从郑国渠出发，谈了水利与农业的关系，以及水利对农业的支撑。**虽然已进入21世纪，但中国是一个大国，吃饭问题永远是第一位的，**

**任何时候都不能等闲视之，“民以食为天”的古训任何时候都不会过时，因而，中国的农业灌溉在水利事业中，仍然居于重要地位。**

初冬，北京下了第一场小雪，天冷了。想起曾有的经历，冬闲之时，农村人开始兴修水利，那时的冬天可真冷啊！凭谁问，今足食矣，忆往昔乎？

且以李仪祉先生《论引泾》一文的导言结束此文，以策后人：

“引泾之事非创于今，乃吾陕历史最古最有荣誉之事。……泾渠之沿革由秦及今凡大变更者七：曰郑渠、曰白渠、曰丰利渠、曰王御史渠、曰广惠渠、曰通济渠、曰龙洞渠。其灌田之效有大者，有小者。今处科学昌明、工业竞进之时代，古人之所未及者，且须图创发之。矧（shěn）古人已有过去之成绩，而不能恢复之，庸非可耻？故吾辈宁至可以郑渠之最大之效自期，不愿以广惠、通济等渠故步自封也。”

“当效古、求实、创新、敬业！”

## 参考文献


[1] 咸阳碑刻：仪师事迹记碑 [M]// 李慧，曹发展 . 咸阳碑刻：下册 . 西安：三秦出版社，2003.

[2] 咸阳碑刻：李仪祉先生之墓碑 [M]// 李慧，曹发展 . 咸阳碑刻：下册 . 西安：三秦出版社，2003.

[3] 史记：秦本纪 [M]// 司马迁 . 史记 . 北京：中华书局，1982.

[4] 史记：李斯列传 [M]// 司马迁 . 史记 . 北京：中华书局，1982.

[5] 史记：河渠书 [M]// 司马迁 . 史记 . 北京：中华书局，1982.

[6] 汉书卷二十九：沟洫志第九 [M]// 班固 . 汉书 . 北京：中华书局，1962.

[7] 姚汉源．黄河水利史研究 [M]. 郑州：黄河水利出版社，2003.
[8] 宋史卷九十五：志第四十八 [M]// 脱脱，等．宋史．北京：中华书局，1985.
[9] 耿戈军．宋代的《农田水利约束》[J]. 治淮，2001（1）：42.
[10] 宋史卷三百二十七：列传第八十六 [M]// 脱脱，等．宋史．北京：中华书局，1985.
[11] 潘季驯．河防一览卷三 [M/OL]// 永瑢，纪昀，等．钦定四库全书．[2020-08-30]. http://skqs.guoxuedashi.com/1287n/924334.html
[12] 郑肇经．中国水利史 [M]. 北京：商务印书馆，1998.
[13] 王灏．畿辅通志 [M]. 北京：商务印书馆，1934.
[14] 罗素．辩证唯物主义 [M]// 张文杰．历史的话语：现代西方历史哲学译文集．桂林：广西师范大学出版社，2002.
[15] 冀朝鼎．中国历史上的基本经济区与水利事业的发展 [M]. 朱诗鳌，译．北京：中国社会出版社，1981.
[16] 续资治通鉴长编卷二百四十 [M]. 李焘．续资治通鉴长编．北京：中华书局，2004.
[17] 秦三民．“论引泾”的启示 [J]. 陕西水利，2005（1）：44-45.
[18] 叶遇春．历代引泾工程初探：从郑国渠到泾惠渠 [J]. 陕西水利，1985（4）：44-49.
[19] 张国顺．火炸药发明简史及其规律性初探 [J]. 自然辩证法通讯，1980（5）：51-55.
[20] 竺可桢．中国近五千年来气候变迁的初步研究 [J]. 中国科学，1973（2）：15-38.
[21] 谭其骧．何以黄河在东汉以后会出现一个长期安流的局面：从历史上论证黄河中游的土地合理利用是消弭下游水害的决定性因素 [J]. 学术月刊，1962（2）：23-35.
[22] 钱宁，王可钦，闫林德，等．黄河中游粗泥沙来源区及其对黄河下游冲淤的影响 [C]. 河流泥沙国际学术讨论会论文集，1980.
[23] 尹钧科．论永定河与北京城的关系 [J]. 北京社会科学，2003（4）：12-18.
[24] 李仪祉先生纪念碑 [M]// 左慧元．黄河金石录．郑州：黄河水利出版社，1999.
[25] 姚汉源．中国水利发展史 [M]. 上海：上海人民出版社，2005.

# 花园口，沉重的话题

下面一段话，挥之不去：

“民国二十七年夏六月，河决于南岸郑县之花园口，维时日寇进窥中原，西趋宛洛，赖洪水泛滥，铁蹄乃为之阻。”

初到花园口，是在20世纪90年代初年，毫无疑问，当时的心情是极其沉重的……

## （一）

花园口位于郑州市北郊。

有机会去郑州的人，可以去看一下花园口，哪怕在那里站一会儿。只要你往那里一站，就会做出许多的思考，牵出你很多的无奈，也会让你生出一些连自己也说不清楚的感慨。

近代，若问黄河灾患有什么让中国人撕心裂肺，让中国人欲说还休，让中国人不忍回首，那就非“河决于南岸郑县之花园口”莫属，因而，花园口这个美丽的名字，居然成了中国人心头难以抚平的巨大伤口。

“花园口”是明以后的名字，据称，附近原有官宦人家的花园，后因河道变迁，这一带演变为渡口，故有“花园口”之称。如此说来，花园口也算是个有历史的老名字了，但比起郑州的历史——郑州城里有好端端的商朝都城城墙存在，花园口实在无资格谈老。

花园口堤防上最重要的地方是将军坝。称将军坝，是因为坝上有位威风凛凛的汉白玉石雕将军——一尊水神。坝始建于清乾隆二十年。中国传统的民俗信仰中处处有神：有土地神，有山神……自然，也有水神。这些名不见经传的神，虽说不处于传统的庙堂之中，却管辖着一方水土，有职有权，也有责任和神力。负责任和有神力，才是受人礼敬的原因。

河防靠什么？当然是靠人；此外，还靠神，神在人们的心理上起作用。

黄河的神称为河伯。“河”，是中国古籍中对黄河的专称，如《水经注》中的《河水》卷；“江”则是对长江的专称，如《水经注》中的《江水》卷。因为黄河的崇高地位，随着语言的发展，“河”取代“水”，成为所有河流的统称。“中国川源以百数，莫著于四渎，而河为宗”[1]，显然，黄河是老大，由此，称其他水系的神为“河伯”是不太妥当的，不但不够恰当，多少还有点僭越。

黄河万里长，河伯显然管不过来。于是，就需别的神帮忙。再说，河伯也不是人委任的，未必肯为人谋福利，西门豹治邺的故事里，就述及河伯为灾。如此看来，还是人委任的神可靠。

黄河将军坝上的神就是人所委任的。这位将军姓陈，既是将军，且有姓，就与怪力乱神有区别。这类神一般都实有其人，生而有功受人爱戴，故而身后被老百姓寄以希望，封他们为神，是让他们继续服务于社会，服务于大众。黄河水神多为将军，这真是个特色，据说，有64位将军之多。封将军为水神，可能在于人们敬畏将军的力量强大。

黄河堤防，除借助将军镇水之外，还借助于神兽——神兽也属于神吧！神兽有镇河铁牛，有镇河铁犀，二者造型不同，功用一致。河南巡抚于谦曾铸造了一尊著名的铁犀，铁犀背上的铭文为：

百炼玄金，溶为真液。
变幻灵犀，雄威赫奕。
填御堤防，波涛永息。
安若泰山，固若磐石。
……

使于谦声名流传的是他的《石灰吟》，实际上他的功业比他的《石灰吟》更应当流传百世：黄河在开封决口后，他临危受命，巡抚河南，救灾民，筑堤防，并铸了一尊镇河铁犀。巡抚河南之时，为维护堤防安全，他推行责任制：

“河南近河处，时有冲决。谦令厚筑堤障，计里置亭，亭有长，责以都率修缮。”[2]

现在沿黄有省、市、县河务局，主要职责为本辖区的修防。二者相比，权、责大体相同，于谦的措施，可称为河务局之雏形——只是，所辖区段太短。

“土木堡之变”后，明英宗被俘，于谦升任兵部尚书，督师守京师，立下不世之功，英宗因以得还。无奈明英宗复辟后，于谦却身首异处，成了“夺门之变”后的刀下之鬼。“粉骨碎身浑不怕，要留清白在人间”，真是一语成谶。虽如此说，于谦真是不怕死的主，读《明史》，你会发现，于谦笑对死亡，连申辩都不做。“辩何益？”于谦如是说。

镇河铁犀是否于谦的原创，已无考，现在黄河沿岸有多处铁犀的复制品。作为人造的神兽，大概只能镇守自然的灾害，而对人为的灾患，神兽上“安若泰山，固若磐石”的铭文却是无能为力的。

于是，花园口就与20世纪黄河的旷世奇灾连在了一起。

## （二）

1938年，蒋介石在郑州花园口扒开了黄河大堤，天下震动。

一时间，河失其道，黄流漫溢，洪水滔天，“造成黄河改道8年9个月之久，豫、皖、苏人口减员89万，受灾面积29 000平方千米，受灾人口达1250万之众，是中国历史上一次空前大浩劫，损失惨重，震惊中外。”[3]

蒋介石扒开黄河花园口大堤的事件，我是少年时代从课本里知道的，印象深刻。所以，当第一眼看到花园口大堤八卦亭上所镌刻的碑文时，心灵产生了极大的震动：

“济国安澜”，蒋中正题；

“安澜有庆”，行政院题。

既是自己扒开口子，怎么会用这样的字句？有些不理解。

续读其他碑文才知道，这是大堤堵口成功、河流顺轨之后立的碑。花园口堵复工程开始于1946年3月1日，1947年4月20日完成，并立碑建亭。[3]

我想，无论是蒋介石，还是当时的行政院，书写这些碑文时，一定很酸楚吧？不写清楚决口的原因，会使不知原委的人感到奇怪；可写明原因，又如何能写得清楚？立石于河畔，这是写给后人看的历史啊！

果然，又发现了这样的记述：

“怀山襄陵，闾殚为鱼，盖四十余县。每当夏秋之间，四渎并流，浩荡滔天之祸，不忍睹，亦不忍述也。”[3]

此乃心灵的真实写照，真的让人不胜唏嘘！

20世纪90年代初，因参加学术会议，我参观了花园口，当时的花园口一带，还是一片荒野，少有人迹。时在早春，河冰初开，衰草未绿，加上河道风大，时有风沙打脸，冷飕飕寒意袭人。

就在这堤上，介绍人粗略介绍了决堤的经过，说最初于中牟挖口，并没有放出水来，后移至花园口。

现场参观，算是对花园口有了粗略的印象。花园既不存在，有的只是苦难的历史和料峭的春寒，参观以后的心情是沉重的。

后来，我逐渐读到一些史料，比如，熊先煜先生临终前，在《我是炸黄河铁桥、扒花园口的执行者》[4]一文中所做的回忆，由此逐渐了解了扒开黄河花园口大堤的原因，对抗战所具有的意义。

熊先生是抗日名将佟麟阁的女婿，当时“他在国民党新八师服役，亲自勘察、指挥了炸黄河大铁桥、花园口决堤等影响抗日战争局势的惊天战事”，熊先生所做的回忆算是第一手资料。据熊先生的回忆，决堤目的在于“放出黄河水造成地障，以阻止和迟滞敌寇的进攻，为我军机动争取时间”，当然也“改变了严重不利于我国的战争态势，粉碎了气焰嚣张的日寇夺取郑州后迅速南取武汉、西袭潼关的企图”。

熊先生曾在日记中写道：

“黄河大铁桥计长一百孔，每孔约四十公尺，为世界伟大工程之一。方今倭寇侵略，在‘焦土抗战’下，决定予以破坏，殊觉可惜！”

黄河铁桥旁曾有一块铭牌，上写：

“大清国铁路总公司建造京汉铁路，由比国公司助工，工成之日，朝廷派太子少保、前工部左侍郎盛宣怀，一品顶戴署理商部左丞唐绍仪行告成典礼。谨镌以志，时在清光绪三十一年十月十六日。”

熊先生生前系重庆市文史馆员、政协委员，因而，研究历史就是熊先生的职责和分内任务。我想，作为抗日名将佟麟阁的女婿，他会因有这样的岳丈而倍感光荣，他也会为自己是抗日的一员而自豪，出于时代的原因，他也会为自己出身旧军队而有心理障碍。这其实都不重要，我想熊先生这一辈子活得不轻松，甚至会倍感煎熬。炸花园口，对还是不对？这不仅仅是一个问题，而是一块巨大的石头，压在他的心头，让他喘不过气来。作为一个历史工作者，作为对历史负责的态度，临终，他终于出了一口气，将事情的原委、经过说了出来，尽管有“改变了严重不利于我国的战争态势，粉碎了气焰嚣张的日寇夺取郑州后迅速南取武汉、西袭潼关的企图”的说法，但作为熊先生本人来讲，是不计毁誉了。

旁证的资料是这样的：

“民国二十七年（1938年）元月，为阻止日本侵略军西犯，新编第八师受命扒开花园口黄河大堤……损失惨重，震惊中外，同时日本沿陇海路西犯计划遭到阻扰，改由山路和沿长江逆流进攻武汉。”[3]

这里可以肯定的是，扒开花园口大堤属于“焦土抗战”类型。类似的“焦土”战法，国际上也不是没有，比如，19世纪初俄国为抵抗拿破仑的入侵，俄国人在莫斯科实施了坚壁清野，毁掉了整个莫斯科城；甚至于“二战”期间，苏联为了保卫莫斯科，虽然没有再效法战胜拿破仑的做法，但也将莫斯科的整个工业设施撤除，运往了远东。

但黄河不一样，黄河“善决、善淤、善徙”，“黄河之水天上来”，黄水出堤，缥缈无际啊！

请看历史：南宋建炎二年（1128年），东京留守杜充决河，结果导致黄河长期夺淮，黄河多年没有固定的河槽，引发黄淮平原自然地理的大变迁[5]；明末，官兵与李自成相继在开封决堤，都企图以水代兵淹没对方，导致整个开封城被淹，“贼决河灌城……汴城之陷也，死者数十万。”[6]“在旷日持久的开封攻守战中，明、李双方为了争得战场主动权，先后扒掘黄河河堤，希图以水代兵，夺取胜利”[7]……当年的世界名都开封，实际上淹没在漫漫黄沙之下。

熊先生是军人，他是执行命令，其爱国、爱民之心，毋庸置疑。我后来在凤凰卫视曾看到郝伯村先生参观花园口的报道，他说：为了抗战，是值得的……

可代价太大了！

当年国民政府河南省社会处辑印的《河南省黄泛区灾况纪实》这样写道：

“泛区居民因事前毫无闻知，猝不及备，堤防骤溃，洪流踵至，一泻千里，席卷而下……悉付流水。当时澎湃动地，呼号震天，其悲骇惨痛之状，实有未忍溯想……以侥幸不死，……因之卖儿鬻女，牵缠号哭，难舍难分，更是司空见惯，而人市之价日跌，求售之数愈伙，於是寂寥泛区，荒凉惨苦，几疑非复人寰矣！”[8]

此段叙述，我是删了又删，减了又减，不忍尽录，总之，“几疑非复人寰矣！”

再回过头来体味八卦亭上的碑文：

“民国二十七年夏六月，河决于南岸郑县之花园口，维时日寇进窥中原，西趋宛洛，赖洪水泛滥，铁蹄乃为之阻。”

无疑，碑上的话是事实，虽述及“河决于南岸郑县之花园口”，但是为什么会决口，毕竟是语焉不详；漂没了多少田庐人家，更是只字未提啊！

八年后，花园口决堤的堵复工程在国共双方的协作下完成，挽河归槽，黄河复归于安澜。

## （三）

花园口的将军坝上，由低到高清晰地标示着三条线，分别是1958年洪水的最高水位线、1996年洪水的最高水位线，而最上面的一条线则是黄河下游的防洪标准。

我们可以简单地对这三条线进行一下叙述。

对于黄河人来说，他们烂熟于心的一句话是：七下八上。意思是，黄河最主要的汛情多发生在7月的下旬到8月上旬之间。

1958年，黄河于三门峡与郑州花园口之间出现了强暴雨，黄河两岸各支流全线暴涨，结果花园口水文站出现了22 300立方米每秒的流量，这是该水文站建站以来所实测到的最大流量。为抗拒这汹涌而来的洪水，黄河大堤上有200万军民日夜抢险，当时黄河下游有近1/3的堤段超过设计洪水位。[9]

或许，1998年的长江洪水，百万军民众志成城于江防大堤上抢险的情形在许多人的记忆中尚存——我也曾于风平浪静之后到过当年的九江大堤决口处细看静静的江流，但那种场面，却不是共和国历史上的第一次——历史上的中国，水旱灾害实在是太常见啊！尽管1998年抢险的场面太过于惊险，但洪水却比1954年的长江大水还要小些，1954年的长江大水，直淹到今日长江水利委员会办公大楼的二楼上下；而1958年的黄河大水，其惊险程度一点也不比长江1998年的洪水弱，须知道，黄河在郑州西的桃花峪之下已经是地上河，这是与长江最大的不同之处，黄河大堤任何一处出险，面对的将是“黄河之水天上来”的“飞流直下”。

作为当时的情况，分分秒秒的水情都决定着下一步的抗洪方向：是启用北金堤滞洪区？还是继续让数百万军民在黄河大堤上严防死守？启用北金堤滞洪区的法律标准是："当花园口上游秦厂发生 20 000 立方米每秒以上的洪水时，即应相机在长垣石头庄溢洪堰予以分洪……"[10]而根据当时的水情资料所做的计算已经表明，花园口的流量有可能超过 22 000 立方米每秒，此时启用滞洪区，作为管理部门，将不会承担法律责任，但若延误"战机"，一旦下游堤防出现不测，黄委会①主要负责同志就有承担不起的责任。

此时的黄委会主任是王化云，并担任黄河防总总参谋长一职[11]，他的意见有着千斤的分量。

可是，北金堤滞洪区内住着 100 万群众，有着 200 多万亩②耕地，运用一次国家补偿损失约 4 亿元。[11]最关键的，启用一次，意味着上百万的人口受灾——洪水已经涨上了天，突然之间去造成这不可预测的人为灾患，对任何的决策者来说，都有着难以承受的心理压力，要知道，那时的通信能力、动员速度、社会的承受能力，是不能以今日的眼光来看待的，一时间，百万的群众往哪里撤？往哪里安置？若他们本不富裕的家园房舍被洪水一扫而光，往后的日子又如何进行下去？

怎么办？

王化云主任到河南省委做了汇报，时在 1958 年 7 月 17 日上午 9 时左右。9 时整，已做出了正式的预报，预报 18 日 2 时的花园口流量为 22 000 立方米每秒。[12]王主任提出的意见是：加强防守和做好分洪两手准备。会后，在预定的分水口门石头庄由解放军工兵埋好了炸药，待命爆破。

多年后，我沿黄河考察学习——考察了黄河下游河南、山东两岸的

---

① 黄委会：黄河水利委员会的简称。

② 1 亩 ≈ 666.67 平方米。

堤防。陪同的黄河河务局同志对我说：这附近就是当年的北金堤分水口门。于是，我站在旁边，想了很长时间，想着当年涨上天的黄河水，想着当年的决策者临危不乱的决心——那真是需要泰山崩于前而神色不变的镇定啊，因此，内心那种钦敬之情油然而生。

最后的决策建议是建立在黄河防总①关于雨情预报和洪水演进精密计算基础上的，是科学的决策。鉴于现场水文情况出现了拐点，在征得河南、山东两省的意见后，王化云主任向国务院、中央防汛总指挥部、水利电力部和河南、山东省委发出了请示电：

“河南、山东党政军民坚决防守，昼夜巡查，注意弱点，防止破坏，勇敢谨慎，苦战一周，不使用分洪区蓄滞洪水，就完全能战胜洪水。希望两省黄河防汛指挥部根据上述情况和精神，结合各地具体情况部署防守，加强指挥，不达完全胜利不收兵。上述意见如有不妥之处，请中央和省委指示。”[12]

于是，日理万机的周恩来总理飞抵了郑州。

周总理就所关心的问题一一问询了王化云，王化云一一作答，最后，批准了不采用北金堤分洪的意见，做出了最终决断。并指示：

“各方面的情况你们都考虑了，两省省委要全力加强防守，党政军民齐动员，战胜洪水，确保安全。”[11]

最终，战胜了洪水，没有一处决口，创造了历史。

这是1933年以来黄河上最大的洪水，而与此同一流量级别的1933

① 黄河防总：黄河防汛抗旱总指挥部简称。

年黄河大水，推算的花园口流量为20 400立方米每秒，当时堤防决口104处，殃及冀、鲁、豫、苏四省，273万人受灾，死亡1.27万人。1958年的黄河大水，受灾仅局限于滩区之内，受灾人口达74.08万人——这是没办法的事，老百姓的家就安在两岸大堤之内，最终死亡4人，冲毁了一座桥墩，垮了两孔铁路桥，京广铁路中断14天。[9]

再来看1996年的洪水。

1996年的洪水只是黄河上的中常洪水，时间在8月上旬，花园口最大流量为7860立方米每秒，但大部分河段出现历史最高水位，滩区大面积受淹。花园口却出现了历史最高水位，比1958年最高水位还高出0.91米。下游滩区几乎全部被淹，连原阳、封丘的高滩也被淹，这是140多年来未有的事，受灾人口达到241.2万人，是新中国成立以来黄河下游遭受到的最严重的水灾。[9]

从前边对1958年洪水和1996年洪水的简述中，我们可以读出这样的意思，**1996年的洪水比1958年小很多，但水位却比1958年高；那么，如果再重现1958年的洪水，最高水位就要比历史上的1958年高多了，**由此造成的损失该有多大呢？

**简单说来是：小洪水，高水位；大洪水，超高水位！**

花园口游览区入门口，悬挂有三口大钟，由这三条线，就知道，应该警钟长鸣！我理解创意者的良苦用心，只是，这三口大钟挂的地方还是偏了一点，不容易为人所注视到。**我甚至想，静静待在那里的警钟，不妨在黄河汛期敲响一次，为了黄河防洪，也不仅仅是为了黄河防洪，尽管现在有了强大的技术手段，但现阶段我国的防洪压力一点也不轻松，**

**将河防教育看成国防教育也未尝不可**。

无疑地，这里的三条线告诉了我们黄河下游不容乐观的防洪形势，那么，为什么会发生这样的情况？

可以说有多种因素，老天的因素就不说了，还有其他的因素，比如，泥沙淤积，河床抬高，河道萎缩……

那就说说河道萎缩吧。

**河流，有它自己的生命，有它自己的领地，人不能一味地与水争地，争地的结果，就会导致河道萎缩，而萎缩后的河道，怎会利于行洪呢？**

以史为鉴，引述一段明代的《黄河图说碑》，此碑现存西安碑林博物馆，其碑阴《古今治河要略》云：

“贾让治河三策，堤防之作，近起战国，齐与赵魏，以河为境。齐地卑下，作堤去河二十五里，赵魏亦为堤去河二十五里。虽非其正，水尚有所游荡，时至而去，则填淤肥美，民耕田之，或久无害。稍筑室宅，排水泽而居之，湛溺固其宜也。今堤防狭者去水数百步，远者数里。此皆前世所排也……且以大汉方制万里，岂其与水争咫尺之地哉。此功一立，河定民安，千载无患，谓之上策……善治水者，不与水争地也！”

“岂其与水争咫尺之地哉？”“善治水者，不与水争地也！”

“黄河图说碑”乃明朝刘天和所立。碑上的论断，虽有的采自于前人，但也是他自己的看法。刘天和曾总理河道，更多的经历是带兵，立功边关，并因功加太子太保，是有明一代的名臣。可刘总河实在也是一个学者，除了宦海生涯外，在诸方面多有发明，“在河道，尝手制乘沙量水等器；在陕西，尝造单轮车及诸火器三眼枪等。后人多遵用之。”这是做过内阁首辅的明代名臣徐阶的评说。

刘总河的意见表述得太清楚了，可见给河道留下生存空间是多么重要。现实的情况是，黄河滩区生产堤的存在，严重导致了与水争地，河道的行洪能力因此会减小，所谓生产堤，就是老百姓为了种庄稼临水筑起的河道堤防。加上来水量的减少，泥沙淤积，河道萎缩在所难免，河道抬升，这又进一步降低了河道的行洪能力……于是，小流量，高水位就出现了。

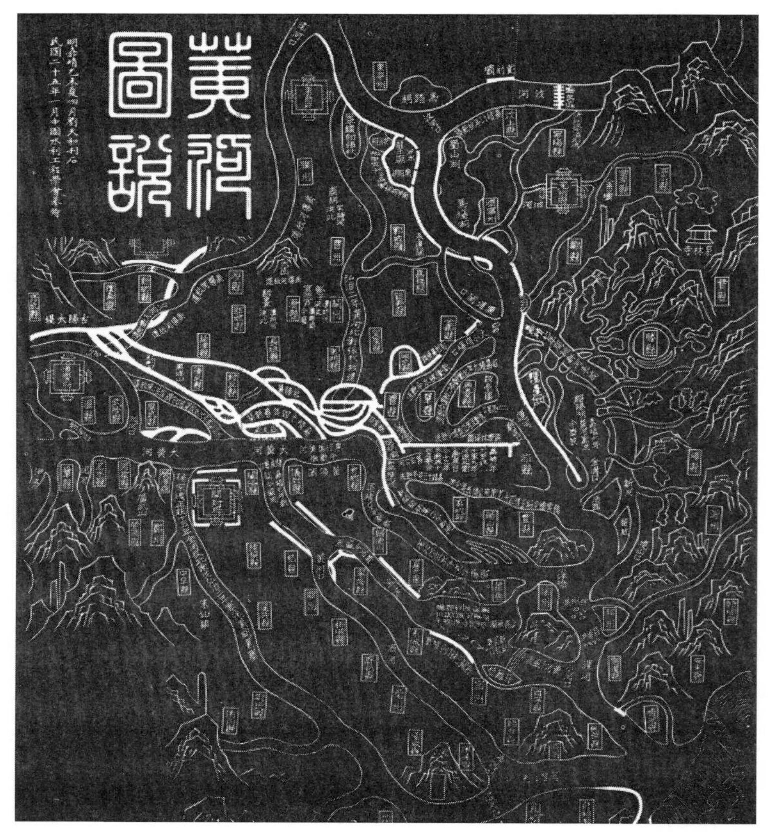


取于（明）刘天和《问水集》[13]

谁能保证将来的黄河永远不发洪水？一旦发生大洪水，度汛压力会很大。而毁掉生产堤，立即会影响到民生；生产堤之外，大堤之内，生活着河南、山东180多万的村民，有地，还有村庄。不与水争地，现实的民生问题又怎么解决？这不是简单的一纸行政命令能够解决的……怎么办？真是个复杂的社会问题。黄河的问题由来已久，复杂性世所罕见，对黄河的问题，似乎谁都可以说上两句，可谁也不敢说能真正吃透了黄河的问题，自然的、社会的、历史的、现实的……

## （四）

说完洪水的问题，该谈一下鲜为人知的花园口水利枢纽——地处花园口，虽不是防洪工程，可实在也是“花园口沉重的话题”，何况该沉重的话题今人多已不知晓了。

先说看到的结果：我见到的花园口水利枢纽建筑物，只是黄河拦河大坝炸除之后残留在南岸的泄水闸和电站厂房。

因工作关系，我到过花园口水利枢纽多次，每经行一次，都会回眸观望，思考再三。初见之，殊是难以理解，黄河流到郑州花园口，两岸地势平旷，黄河本是多泥沙河流，怎么会在这里修水电站？莫非因为“电力是先行”而要尽可能地开发出一点电力？

后读到一些相关的史料，方明白，我之“开发一点电力”的想法实在是过于幼稚了。

花园口水利枢纽是在“大跃进”的热潮中修建的，当时喊出的口号是“叫高山低头，让河水让路”。花园口水利枢纽的功能，绝不是通过残留的建筑物就能看出来的，其规划蓝图可称得上是大手笔，电站只能算是这个蓝图中的附属建筑物，或者说，是渠首工程的一部分。这也难怪，为什么我几次经过，都觉得实在是难以理解。

据当时的资料，花园口水利枢纽的功能包括灌溉、航运、供水和发电，当然，灌溉是最主要的功能。灌溉的受益地区主要是豫东，当然也包括河北和山东，规划灌溉面积有4000万亩[14]之多。现在，中国设计灌溉面积最大的河套灌区，有效灌溉面积861万亩；都江堰灌区灌溉面积约1107万亩；淠史杭灌区有效灌溉面积为1026万亩。这是中国的三个特大型灌区。这三个灌区都有2000年以上的历史了。如此说来，一个花园口灌区比现在中国三个特大灌区的灌溉总面积都要大，不是大手笔吗？花园口水利枢纽工程完成以后，昔日曾受过黄河灾患的黄泛区，将会变成可浇灌的米粮川。

至于航运，则要借助在花园口一带所挖的人工运渠，与贾鲁河等河道结合起来，最终将黄河与淮河连通，从而开展起豫、皖、苏三省间的航运事业，如此，郑州不但是铁路运输中心，也是重要的水运码头。

整个工程在极其大的范围内展开，只是主体工程就有10万大军参与建设。主体工程兼配套工程统称花园口水利枢纽工程（也总称为东风渠）。当年，曾有不少党和国家领导人、社会名流来东风渠参观，我曾在文献上看到过诗人郭沫若赋诗的手迹，今录几句："……随地山山储水土，沿堤处处种桑麻。屹立东风渠闸望，黄龙降伏护我华。"

花园口水利枢纽工程开工在1959年11月，工程进展很快，1960年、1961年即两次试引黄河水，结果发现，渠道淤积严重，两岸及所浇灌的耕地大片盐碱化，黄河拦河坝上游河道发生严重淤积，后者与1962年以后三门峡水库改为"滞洪排沙运用"有绝大的关系，因为大量泥沙经由三门峡水库下泄，下游已建枢纽抬高水位，淤积必然发生。最终的结果是，1963 年 7 月将拦河坝拆除[15]。按当时参与者的总结，花园口水利枢纽工程“是豫东人民企盼利用黄河之水解决农田灌溉的一次实践，也是领导机关缺少科学论证而盲目上马的一项工程”。后来郑州市北侧的东风渠（人们习惯这么称呼）成为郑州的排污泄洪河道，但黄河花园口拦河大坝却已经被人们淡忘了。只是令人遗憾，1969 年郑州市用水发生困难，未能接受当年东风渠淤积的教训，再次通过此河道引黄，时间不长，水工建筑物再次因严重淤积而丧失功能，工程再次被废弃。[16] 接受历史教训怎么就这么难呢?

**黄河花园口枢纽工程是我迄今看到的最短命的水电站之一，当为平原地区多泥沙河流上修建径流式电站或拦河建筑物者戒**。

写到此，我对黄河与淮河的直接沟通想多说几句。南宋后，黄河夺淮，带来那么多灾患，难道无所闻?清人康基田在《河渠纪闻》里总结曹孟德挖渠：淮“不与黄通流，顺轨入于海”;“得汴渠之利，尤在不通黄流，浊水挟泥沙而入，益汴之利少，淤汴之害大，曹孟德深知而远避之……所以为一世雄也”[17]。这么明确的结论，真的是躺在故纸堆里睡大觉了。今人技术手段是多，今人知识水平是高，可这不代表认识水平就必然高，今人的智慧未必一定比古人高，今人在黄河治水上一再犯的错误，就说明了这一点。

说到花园口水利枢纽，就不得不说到位山水利枢纽，花园口水利枢纽下边就是位山水利枢纽，二者均是“根治黄河水害和开发黄河水利综合规划中的 46 个阶梯之一”。如果说花园口水利枢纽是大手笔，那么，更为宏伟的蓝图就是山东位山水利枢纽了，其开发目标是“综合解决山东省内黄河的防洪、防凌、灌溉、航运、发电、渔业及工业用水等问题”。然而，同是一条黄河，两个枢纽同期修建，又与三门峡水库遥相呼应，命运必然大体相同。

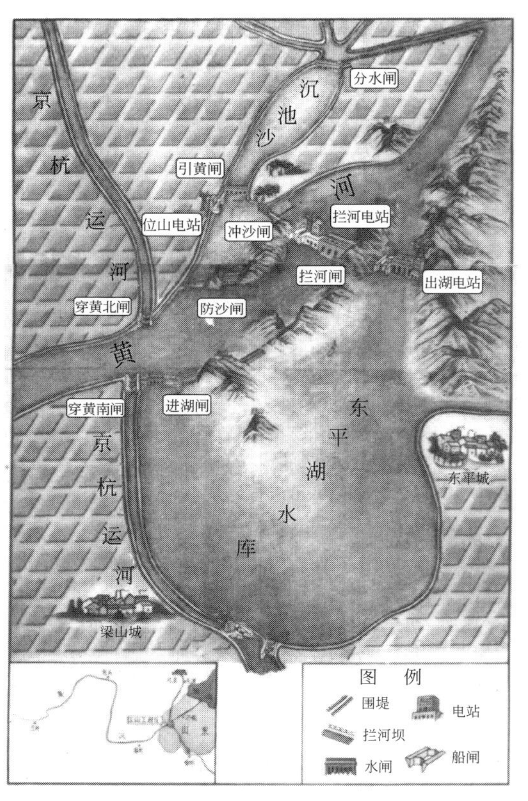


位山枢纽示意图（根据《山东水利的心脏——位山枢纽》[18] 修改）

先说结果：山东位山枢纽的拦河大坝也炸掉了，时间在 1963 年 12 月。

位山水利枢纽在哪里？“枢纽”一词，用在这里真是词不达意，因为与水利工程传统意义上的以坝为中心的“枢纽”之谓完全不同，该枢纽工程地跨济宁、聊城两个专区，是山东水利史上空前的大工程——40多座建筑物分布在800平方千米的范围内，从而组成了四大系统：拦河建筑系统；引黄建筑系统；穿黄建筑系统；东平湖建筑系统。也可这样理解吧，系统庞大，互为一体，以地名称其为枢纽。

本文无力叙述各系统的工程规模，也不是本文的目的，只以对比的方式简言几句，能引起思考即可。《水浒》中“港汊纵横数千条、四方周围八百里”的梁山泊，只属于东平湖建筑系统中的一部分，不止于此，要将“仅有100余平方千米的东平湖扩大为632平方千米”，由此可以知道，该东平湖也具备了“衔远山，吞‘黄河’，浩浩汤汤，横无际涯”之势。拦河建筑物除装设规模宏伟的电站外，“还建筑一座年吞吐量为8000多万吨的顺黄船闸”“运河船闸和穿黄船闸的规模相仿，可以通3000吨到5000吨的船队”——请对比如今的长江三峡船闸，三峡船闸可通行万吨级的船队，长江的通航能力岂是能与黄河放在一起对比的？5000吨的船队，规模这么大，要通过运河船闸和穿黄船闸，船闸的规模该有多大？今天，我们可能会发出这样的疑问，其实，当时黄河航运的规划目标，是从兰州直到入海口。或许你有疑问，那船队怎么通过晋陕大峡谷，怎么越过壶口瀑布？我不知道。

尽管花园口水利枢纽与位山水利枢纽的蓝图宏伟，都是大手笔，可它们毕竟没法与三门峡水利枢纽相比，同期，三门峡水利枢纽正在热火朝天地建设中，而三门峡枢纽后来出现的问题人所共知，此处不赘述了。

只是为了放在一起对比的目的，再提一下我见过的另一个短命的水电站——岷江上的鱼嘴电站，遗址在都江堰景区上游，沿都江堰百丈堤上行不远。

同样是先说结果：该电站还没有修建完毕就被炸掉了。

我曾看到过鱼嘴电站遗弃的厂房及泄水闸（见本书《水旱从人，不知饥馑——回眸都江堰》)。面对废弃的遗址，再思索旁边2000多年来惠及全川的都江堰，两相对比，会有很多的感慨。古人一定比我们高明？那科学技术进步该怎样解释？

**我想，古人比我们敬畏自然。古人没有那么多的技术手段，因而没有那么多的奢望；我们有了移山造海的本领，就忘了大自然所具有的强大威力。**

上边叙述了三个失败的工程，回过头审视，设问一下，我们的认识水平，果真是预料不到上述不利情况的发生吗？恐怕不完全是，可有多少人发表意见呢？有多少人坚持己见呢？能坚持自己的看法，其实不是一件容易的事。还有，那些被炸除的工程，为什么不能成为教科书内容的一部分？否则，为什么要研究历史？

我听说有高校开了门课，叫《工程师的伦理》，若真有，果真好。我不知道此课程讲授的内容，但我想，其应当讲工程师对自然的伦理，应当讲工程师对社会的伦理，更应当讲工程师对历史的伦理，因为要对历史负责。

如果仅仅将上述工程的失败归之为没能做到“群言堂”，恐怕也不符合历史的真实。历史的真实可能还包含这样一个因素：就是人们当时对自己改天换地的信心太过于强烈。**信心太过于强烈，激情就会淹没理性，再加上认识的不到位，那么，可贵的理性成分就会损失殆尽。**

**自然，不是太好改造的，在尊重自然的基础上利用自然，才是合适的态度**。“后人哀之而不鉴之，亦使后人而复哀后人也”，是不应该的。总之，**能够吸取历史的教训，才是历史的价值**。

## （五）

花园口设有黄河上最重要的水文站，黄河下游的防洪标准，就是以花园口的设防能力为依据的。总之是重要吧，国家政要巡查黄河，花园口总会是重要的一站，其足迹也都会记载在治黄大事记中。

自 1946 年“人民治黄”以来，黄河基本上实现了岁岁安澜，这是前无古人的成绩了。所谓“人民治黄”，有个标志，即为应对花园口复堤、黄河回归故道的形势，在山东菏泽成立了冀鲁豫解放区黄河水利委员会[19]，2006 年在机构成立之地立了纪念碑。

治黄悠久，历史上名家辈出，最为有代表性的，就是武陟嘉应观中塑立的十代龙王了（见本书《黄淮诸河龙王庙——嘉应观》），若他们的英灵到此，会为今人所取得的成绩而钦佩之至。

近几十年来，郑州是中国发展最快的城市之一，从人口的增长，从市区面积的扩大，从一幢幢现代高楼的拔地而起……有鉴于此，要在市区找出一块空旷地带用于休闲也难，很自然地，人们会想到花园口——于是，顺应着时代的需要，花园口就真正变成了郑州市的大花园。

这里的河面最宽，视野最开阔，堤防也修得足够漂亮，孟春时节，大堤上花木成畦，鸟语花香，于是，花园口成为人们游春、赏花的理想之所。郑州的夏日无疑是酷热的，但河风会带给你更多的凉爽与惬意，夏天洪流激荡，可顺便在将军坝上感受一下黄河的烟波浩渺和雄浑。日暮晚秋，极目西望，则可看到长河落日，满天云霞。至于冬日雪霁，大河莽原，长堤雪松，又别是一番景象。

初见花园口的鸟语花香，很有点不适应，觉得这里不适合打扮得花枝招展，毕竟这里与日寇进犯中原的大背景相连。

可能正是为了告诉世人真相，所以花园口大堤上才有八卦亭的竖立——八面碑，组合成棱柱状，覆以小亭，名曰八卦亭。但有一次去花园口，见那里机器轰鸣，尘土飞扬，正在进行施工，怎么也找不到八卦亭了，后听说是移到了某博物馆。将文物移到博物馆是应该的，无可厚非，只是不知道，是因为场地施工临时存放文物，还是将八卦亭永久移除了。作为真实的历史教科书，花园口应当有这些碑刻，复刻的也可——无论谁，无论什么时候，只要看到这些碑刻，就会唤起历史的记忆。

历史已经翻过了沉重的一页，一直沉浸于其中似乎也无益。历史上黄河的水患太多，其“善决、善淤、善徙”的特性也不会一日而改变——只要河流挟沙量大，这些特性永远也不会改变，三者间也相互关联着，因而，**河防的任务不可一日而放松警惕。重要的是要做到不忘历史，警钟长鸣，警钟长鸣的内容，既包括对洪水的重视，也包括对自然的尊重。**

## 参考文献

[1] 汉书卷二十九：沟洫志 [M]// 班固 . 汉书 . 北京：中华书局，1962.

[2] 明史卷一百七十：列传第五十八 [M]// 张廷玉 , 等 . 明史 . 北京：中华书局，1974.

[3] 王金虎，常桂莲 . 郑州黄河概览 [M]. 郑州：黄河水利出版社，2003.

[4] 熊先煜，罗学蓬 . 我是炸黄河铁桥、扒花园口的执行者 [J]. 炎黄春秋，2009（4）：35-39.

[5] 韩昭庆 . 黄淮关系及其演变过程研究 [M]. 上海：复旦大学出版社，1999.

[6] 明史卷一百十六：列传第四 [M]// 张廷玉，等 . 明史 . 北京：中华书局，1974.

[7] 孙月娥 . 明崇祯十五年河决开封的史实辨正 [J]. 中州学刊，1986（6）：137-139.

[8] 《花园口变迁》编写组 . 花园口变迁 [M]. 郑州：河南人民出版社，1979.

[9] 赵春明，刘雅明，张金良，等 . 20 世纪中国水旱灾害警示录 [M]. 郑州：黄河水利出版社，2002.

[10] 黄河水文志 [M]// 黄河水利委员会水文局 . 黄河志 . 郑州 ：河南人民出版社，1996.

[11] 张俊峰，刘云杰 . 惊心动魄的十天：军民战胜 1958 年黄河花园口特大洪水追忆 [J]. 中州今古，1999（4）：4-6.

[12] 高峻 . 一九五八年抗御黄河大洪水的决策和组织机制探略 [J]. 中共党史研究，2008（2）：104-110.

[13] 刘天和 . 问水集 [M]. 北京：中国水利工程学会，1936.

[14] 《人民黄河》编辑部 . 黄河花园口枢纽工程破土动工 [J]. 人民黄河，1959（12）：16-17.

[15] 黄河规划志 [M]// 黄河水利委员会勘测规划设计院 . 黄河志 . 郑州：河南人民出版社，1991.

[16] 王均智 . 花园口水利枢纽工程的由来、作用及其他 [J]. 河南文史资料：2016（2）：10-15.

[17] 康基田 . 河渠纪闻：卷四 [M]. 北京：中国水利工程学会，1936.

[18] 山东水利厅 . 山东水利的心脏：位山枢纽 [M]. 济南：山东人民出版社，1959.

[19] 林嵬，姚润丰 . 人民治黄的由来 [EB/OL].（2006-11-07）[2020-07-12]. http://www.china.com.cn/news/txt/2006-11/07/content_7329668.htm.

# 水祭祀大观园——济渎庙

“位尊四渎泽华夏”，四渎者，江、河、淮、济，古文献多记之；济水祭祀，乃是传统，载于祀典，等级最高；济渎庙，为国内现存最大的河源庙和祭水建筑群，位于河南省济源市。

我曾探访济渎庙多次，原有一份感情在，济源是我的家乡。

## （一）

我对济渎庙感兴趣，概括起来原因有二：其一，它是原来河南省济源一中的所在地，早年将庙宇作为校舍，在全国是通例。一中是当地的最高学府，人向往之，能在那里读书有一份荣耀和骄傲，即或在当时、在穷乡僻壤，读书在人们的心里一直都有着很重的分量。其二，它是一个河源庙，河源庙，对我这个从事水利工作多年的人来讲，有着特殊的吸引力，属于心理层面的要求，可称为文化溯源。

上初中时，我的班主任靳春明老师在课堂常提到济源一中，讲到他在一中“小北海”旁边苦读的情形，虽说靳老师的目的在于鼓励我们努力学习，可也看得出，靳老师为其毕业于济源一中而充满了自豪。“小北海”何谓？我当时并不知晓，靳老师也没解释。有鉴于此，就想到一中看看，内心里则对去一中上学充满了期盼。

济渎庙山门

无奈，初中毕业那年，高中是按所在地域分片招生，我所在的公社不在济源一中的招生范围内，于是，一中就成了我一生走不进的梦中校园，去那里上学就成了永远也弥补不回来的遗憾。

没有了去一中读书的机会，还是想去看看。也就是初中毕业那一年的夏天，我怀着遗憾、虔诚加仰视的复杂心理游历了一中。

校门口悬挂着“河南济源第一中学”的牌匾，郭沫若题。可能因为是郭沫若先生题写的原因吧，那种遗憾的心情，无形中又加重了些，于是就在奢望中多看了几眼——那种奢望导致的视觉印象太过强烈，因而直到现在，无论在哪里，郭老的字我一眼就能认得出来——觉得郭老的字，谨严的结构中带着一种古朴，似有些魏碑的味道，笔势变化处带着出人意料的陡峻，但美感就表现在这谨严的结构中与突变之间。

尽管校名为著名书法家所书，但悬挂校名牌匾的门楼，却更加非同一般，门楼高大——当年的视觉感远非今日所可比拟，觉得如同贵族人家的府邸。人说是鲁班修的。鲁班是人，更是神。

我理解，在中国，有名的建筑，无论是木质的殿宇，还是石质的桥梁，只要年代久远、宏伟精巧，多会被认为是鲁班的作品，**正如中国的江河大都有大禹的足迹一样，“芒芒（茫茫）禹迹，画为九州”。这是一种文化追远现象，反映的是我国劳动人民对先贤的长久记忆和长久缅怀，具有文化溯源的意义，以致上升为精神上的慰藉和文化崇拜**。

门楼确实是富有特色，且不说飞翘的脊顶、翠绿的琉璃瓦，单说如此多层的斗拱所带来的视觉冲击力，就让人觉得它不知有多复杂，非是一流的巧思、一流的工匠，难以为之；而那高大的门楼，居然就安放在一堵单薄的墙上，稳稳当当站立了数百年，并未见到两侧有任何多余的支撑，这就是建筑奇迹了。仔细看完门楼才知道，原来一中是建在一座庙里——以庙堂所在地作为学校，在近代，特别是 1949 年之后曾是极为普遍的现象。

多年后，我在报纸上看到过一篇介绍文章，才知道该门楼是河南省规模最大的明代木结构牌楼，称为“清源洞府门”，乍一听这名字，就觉得水淋淋的，原来是祭祀水神的庙宇“济渎庙”的山门，其在我国的木结构建筑史上，占有很高的地位；再后来，在一本中华名胜词典中又见到了相应的词条介绍，我一阵激动——人人都说家乡好，我居然在词典中看到了家乡的名胜，尽管没在济源一中上过学，但还是为之深深地骄傲；再说，我从事的行当是“水”，故而是能同祭祀水神的“济渎庙”联系起来的，这也就与一中发生了关系，尽管这种联系太过牵强。

事实上，济渎庙是我国现存最大的河源庙，是我国历朝历代官方祭祀济水的场所；济水，是中国古籍中浓墨重彩的一条古水系，历史传承久远，文化沉淀厚重。这些，自然是在以后才慢慢知道的。

## （二）

第一次游历一中（济渎庙）至今已经很多年了，初有的印象大多都已模糊，记忆还算清楚的，是垂垂老矣的古柏、已经淤塞的泉池——泉池的名字叫“小北海”（济渎池，龙池），以及“天下第一洞天”的石刻。此后，又去过一中多次，是去拜望老师，我高中时代的一些老师已调往一中。再后来，济源一中另址新建，这里又恢复了济渎河源庙的本来面貌，再对这里游历，就成了文化探源——我已经从事水利行业很多年了。窃以为，**一个人无论干什么工作，干的时间久了，总会自觉不自觉地在“文化源流”上做点思考、追踪，几乎人人都想知道，他所干的行当老祖宗是谁，事业是如何起源的，对人类、对社会有何重要意义，这是心灵的需要，是文化上的回归。比如大禹治水的故事、燧人氏教人取火的故事、有巢氏教人盖房的故事、神农尝百草的故事、鲁班的故事，就是**

**在这样的“原点追踪”中流传下来的。未必是文字的记载，有可能是代代的口传。历代的口传，这才是深播于民众之中不断的文化基因，恰如血脉的传承，有着永久的生命力。**

既是一种文化探源，就先交代一下地理信息。

济渎庙，位于河南省原济源县城西北侧的庙街村，村或因庙而命名，这是我的推测。济源县，今已改称济源市。附近有夏城垣遗址存在，郭沫若先生所主编的《中国史稿地图集》[1]上有夏都城迁徙的路线，其中就包括“原”这一站，“原”为春秋时诸侯国，该图册上标记夏都城第4次迁都时至此。夏城垣遗址的标牌，就竖立在济源火车站路基的西侧，少年时代记忆深刻的东西，不会忘记、不会记错。如今的济源市区已经扩展得很大，这种有意义的标牌还有吗?

《水经注》曰：

“(济水)东源出原城东北，昔晋文公伐原示信，而原降，即此城也。”[2]

晋文公伐原示信的故事，在《左传·僖公二十五年》有简略而明确的记载：

“冬，晋侯围原，命三日之粮。原不降，命去之。谍出，曰：‘原将降矣。’军吏曰：‘请待之。’公曰：‘信，国之宝也，民之所庇也，得原失信，何以庇之？所亡滋多。’退一舍而原降。”

晋侯指晋文公重耳，晋文公有言，三日攻城不下就撤兵，当得到原不再能支撑的消息后，仍然守诺言而退去。这里，晋文公践行了“信”，为史家所重，为文化所重，儒家所谓的“三纲五常”，“信”居其一。孔子曾有言：“攻原得卫者，信也。”[3]

“伐原示信”是历史的说法，按微言大义来衡量，“伐”字之用，也对也不对，所谓对，是确实用兵围原；说不对，是因为周襄王将原、温、阳樊和攒茅四邑赏赐给了晋国，晋文公按命收原，只是原国人不愿归属晋国而已。莫非以记事为主的《左传》也用了春秋笔法？

民国初年的郦学大家杨守敬先生在其鸿篇巨制《水经注疏》[4]中写道：“（原国）在今县西北四里，俗呼为原村，遗迹犹存。”济渎庙紧邻原村——现在已扩进济源市区了，地图上未查到村名，这种带有历史痕迹的村名，或因为城市化的进程，就永远地消失了，只希望遗迹尚存，有近3000年的岁月，哪怕是一段残垣断壁，也值得保存，那是历史的见证啊！

上面简单地钩沉历史，无非是想说明，济渎庙一带，是个文化传承久远、积淀丰厚的地方。

我从来都认为树是有灵性的，因而对古树名木多存畏惧之心——树既古，有生命的古树就会比人有更多的见识，看惯了人间冷暖，看惯了世间兴替。这里先叙述古柏，其他相关内容，次第而述之。

进校，过传达室，一眼看到了一棵古树，是柏树，树干挺而直，植于甬道旁，为汉柏，树下有标识。汉柏树径并不粗壮，枝杈也不算多，为数不多的虬枝，多集中在树冠上部，呈现出不太浓的绿色，随风微微摇动。树看起来实在是太老了，树皮布满了裂纹，裂纹沿树干纵向分布，有一定程度的倾斜；整体上看，树身呈灰白的色调，似乎每一枝杈桠都饱经岁月沧桑，呈干枯状，可那不多的几片绿叶，又分明告诉你这是鲜活的生命，但不免生出一份担心，这绿还能坚持多长时间。几十年过去了，那稀疏的几片绿叶，还是这么绿着，生命之力是如此的顽强，从未畏惧过酷暑严寒、雨雪风霜，初见之为古柏生出的一番恻隐之心，也完全成了多余，因而就为自己的多情产生了一份自嘲。每看到这棵树，都会让我生出一番“念天地之悠悠”、而人生几何的感慨，人说“人生一世，草木一秋”，人岂能与树木相比？岂能与莽原的劲草相比？

校园的偏西侧，还有一株柏树，名为“将军柏”，树瘿突出，枝叶繁茂，树冠硕大，参天蔽日，同为汉柏。人称唐代开国大将军尉迟敬德监修济渎庙时将钢鞭挂于其上，故名“将军柏”。没想到，民间的门神、《说唐》中的“黑炭团”，威风凛凛的大将军，对监修水神庙感兴趣，山西介休洪山源神庙也是尉迟敬德所监修。这棵树实在是太大了，据称树径需7人合围。我曾臆想过，雪霁斜阳之时古树的伟岸苍劲，与周围的环境相匹配，该是一幅极富寓意的画图，会使人坚韧发奋，催人上进，尤其是对树下读书的学子：冬日早起，踏雪诵读，将心事默默告诉古松，必得福报。树既古，树径又大，灵性自然在。君不见，一年四季，总有红绳缠绕其上？愈接近高

将军柏

考，红绳愈多，以祈庥佑是家长、学生的普遍心愿，但愿有求必应！

## （三）

一中搬出济渎庙后，拆除了后盖的教室、食堂以及不相关的建筑，于是，济渎庙的建筑格局就干净而完整地呈现出来，再去，着实给人眼睛一亮的感觉。整体上看，具有恢宏的气势，让人震撼。建筑格局可分为 4 个部分，济渎庙居中，北海祠置后，天庆宫、御香院布于两侧。据研究，能将总体布局以及形制确定到明代之前的现存渎庙，济渎庙是硕果仅存的一个 [5]。济渎庙现存宋、元、明、清建筑 20 余座，说其是古建筑博物馆，名副其实，海内不可多得。

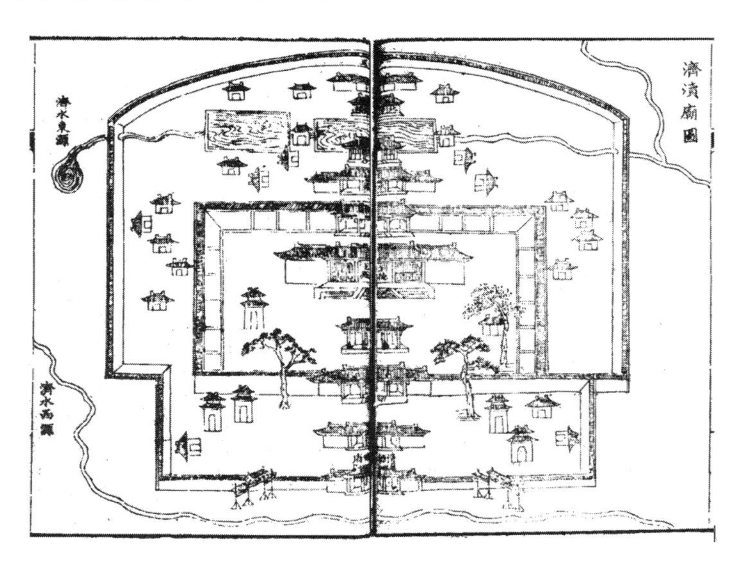


济渎庙平面布置（源于乾隆版县志）

济渎庙建于隋开皇二年（582 年），宋、元间扩建。“隋开皇十六年（596 年），析轵县北置济县，即今县。” [6] 轵县原由秦汉时设置，轵为春秋时古地名，东周畿内地。看来是“先有济渎庙，后有济源城”。

现庙内没有隋唐建筑，但隋代“复道回廊”的遗址尚存。现存最大建筑为“济渎寝宫”，系宋代建筑，也是河南省现存年代最久的木结构建筑。

“小北海”泉池畔，有国内硕果仅存的宋代宝瓶万字透雕石勾栏。此二者，均弥足珍贵。勾栏者，石质栏杆是也。“闲愁最苦，休去倚危栏，斜阳正在，烟柳断肠处。”“栏杆”一经出现，或充满淡淡的忧伤，或充满婉约的柔情，总之，多为孤独心语。只是，此处临漪栏杆低矮，非比高楼上之的“危栏”，不便凭倚远望，也未见细腻之处，但古朴之味尽有，既便了临池观水，也可为静处遐思之所，物古而水清，未必不是佳处。

让人遗憾的是，济渎庙内主体建筑渊德大殿被一把大火焚毁，是太平天国梁王、后又成为捻军首领的张宗禹所干，遗存的建筑座基可使人想象这是一个宏大的建筑，有资料显示，该大殿可能是庑殿[7]，庑殿建筑，在中国等级最高。随着渊德大殿一同化为灰烬的，还有康熙皇帝赐给济渎庙的匾额“沇（音 yǎn）济灵源”，以及乾隆的御赐匾额“流清普惠”，这两块御赐匾额，清楚地记载于乾隆版《济源县志》。火焚“渊德大殿”为咸丰三年事，有石刻记之，言之凿凿。捻军失败后张宗禹不知所终，某年我去河北南大港考察湿地，不想介绍人说此处有张宗禹墓，其人隐没于此地乡间，化作一民间郎中。听着介绍人绘声绘色的讲解，我一时不知该怎么呼应。关于太平天国和捻军举火焚毁古建筑之事，在我的旅行中曾多处看到，对此，殊是难以理解。

沿中轴线，济渎庙从南至北的建筑名称为：清源洞府门（山门）、清源门、渊德门、（济渎）寝宫和临渊门；主体建筑群的后侧则有灵源阁、龙亭等。很显然，这些古建筑的名称都充满了水的味道。

所谓寝宫，当然是休憩之所。我的理解，济渎大神当归属道教系统。个人见识少，于庙内供奉卧榻之上的神灵，除济渎庙外，还见到过的，就是登封中岳庙的中岳寝殿。当然，佛教系统有卧佛，如北京的卧佛寺。区别在于，寝宫之神，真的覆盖锦被。总之，算是比较稀有吧！

作为本段的结束，我想引北宋第一名相文彦博的《题济渎》[8]：

导沇灵源祀典尊，湛然凝碧浸云根。
远朝沧海殊无碍，横贯黄河自不浑。
一派平流滋稼穑，四时精享荐苹蘩①。
未尝轻作波涛险，惟有沾濡及物恩。

康熙帝有“沇济灵源”的匾额，文彦博诗第一句有“导沇灵源”4 字，看来，古时人们称济水为“灵源”。至于“祀典尊”一语，则是指周以后历代对济水的祭祀，有“祀典”作为根据，下文中将渐述之。

## （四）

济渎庙后侧的北海祠，类同于中国古典建筑格局中的后花园。

20 世纪 70 年代的“小北海”泉池一带，还是荒草丛生，数条断石下，有几丛水草，生长于一汪水中，那一汪水，席子大小，真不知何以名曰为“海”，当然，水草却也根深叶茂，生机盎然。所谓根深，是因为根部看起来确实粗壮，说明是多年生的水草，有历史了。我自幼在农村长大，割草喂牛，本是我的专长，对草太过熟悉，一眼望去，便知其根甚

① 苹蘩（píng fán），泛指祭品。

老。看着“小北海”如此情形，不禁感慨，尽管靳老师念念不忘读书旧地，但实在不该是这样的废池荒草啊！

恢复济渎庙的本来面目之后再见“小北海”，却让我大吃一惊，原来荒芜的旧景是泉池淤塞、清流湮废的结果，修整后的小北海，“半亩方塘一鉴开，天光云影共徘徊”，只是，水太清了，连新生的小鱼也呈透明状，“皆若空游无所依”——后读县志《祀典》卷，方知“清”乃济水之特色。今昔对比，完全判若两处啊！由于泉涌不断，于是导泉成渠，泉水徐徐流向院墙外。陪我的朋友曾是当年一中毕业的学生，他说：昔日的泉流，虽不如今日之流平，可一样的清澈透明，于是，常在周末，或故意来早，或有意归迟，就在这清水旁浣洗衣服，有男生、有女生，最好是季春时节，暖风扑面，虽说眼观飞花，欢声笑语，但实在是心不在焉……于是，站在水中，任凭清流无声抚摸着懵懂的青春……听得我如醉如痴……

泉池小景

整个北海祠一带，整洁有序，有序是主要的，这样就给了人整齐的感觉，我用“整齐”二字，是因为今昔有对比。细细体味，不但能了然整个建筑格局的大气，还在于能体会到单体建筑的味道，建筑修旧如旧，斗拱飞檐式的木结构，似乎比旧时更为苍老，给人以很强的历史纵深感；而新立红漆的“济水之源”石碑，则明晃晃地告诉世人，此乃老泉新生。我知道，斗拱上的灰白与石碑上的鲜红，构成的强烈对比，使历史与现代以夸张的视觉形象展现于眼前，而时不时抚摸一下石碑的，是那下垂轻摇的绿柳。

正是初夏，细雨撒过，微风薄云，柳枝是新色，绿草是新色，草叶上还留有微小的水滴，侧门的旁边，有一株石榴，“五月榴花照眼明，枝间时见子初成。”那时，还少有游人，给了人于静中充分观赏的条件，真令人回味无穷。或能找到当年的纸板照片？回忆于我，如今已是一种感情的依托，绿草的新色在脑子中尚未褪去，鬓毛却已稀疏衰白，时光何其太匆忙耶！

“小北海”与“珍珠泉”共同构成了济水“东源”。珍珠泉在济渎庙的围墙外，名曰“珍珠泉”，实在是一眼喷泉，泉涌数尺高，清流用于灌溉，泉周就是麦田。闻名久矣，却未睹真容，来往多少次，未必都是匆忙的行色，往往是人走了才又想起，不免自嘲几番。文彦博有《珍珠泉》[9]诗，今录此：

三环叠涌汛珠流，群水相从落济沟。

一派山光倾翠巘，暮春逐景最堪酬。

暮春时节，珍珠叠涌，群水积聚，山光倾翠，景水交融，更不知何为翠、何为水，“倾”字之妙，使“翠”宛若重物，化而为流，随水而去，真给人以无尽的想象……那时，地下水位高，承压水出露，因而这一带必定泉流丰富，珍珠泉流量必定更大，故而领袖群伦，众泉相从——我广知济水源东边一带，众多村落之名称多与水有关，其实，这就是有生命力的文化传承啊，所谓中华文明五千年不断，就表现在这一点一滴之间。

文彦博还写了《月泉》和《拔剑泉》两首诗，二泉均与济水发生关系，今已不存。《拔剑泉》中一句为“一溪独涌胜群涓”，这说明，拔剑泉的流量也相当的大，否则，何来“独涌”而成溪？

本文主要在谈水，就多说几句拔剑泉，拔剑泉在小北海东北侧，传为仙人王乔练剑处。王乔即王子乔（王子晋，太子晋），为周灵王的太子，善音律，传为王氏始祖。虽王乔之姓名人多陌生，但却是道教系统的闻人，说其修道后成仙。面对洛邑（洛阳）汹涌的大水，“王欲壅之，太子晋谏曰：不可”，极言当效大禹，“疏川导滞，钟水丰物”（《国语·周语下》）。王乔修道之前，曾漫步于伊水、洛水间。按《史记·殷本纪》记载的《汤诰》：

“……东为江，北为济，西为河，南为淮，四渎已修，万民乃有居。”[10]

据此，成汤之际，济水已列入四渎，成为天下名水，周人王乔选择济水畔练剑，或与其对水有特殊的认知有关，水清而境静，符合道家对“清静”的追求，况且，这里离东周京城洛邑不远，属于其足迹易到的范围。

济水还有西源，西源不在济渎庙内，而在距离济渎庙正西不到 1 千米的地方——龙潭寺。

我在少年时代曾去过龙潭寺小学，几株核桃，有着巨大的华盖，核桃叶有些发黄，时在晚秋。未见“龙潭”，却见溪流，溪流淙淙，由北而南，穿过县城，注入县城边的溴水——又是一条古水系，《春秋》载（襄公十六年）：

“公会晋侯、宋公……于溴梁。”

梁为堤防，溴水，今称蟒河，穿城而东。如今的溴水两岸，整修得花簇锦绣，夜景尤为灿烂。

《水经注》时代，济水的一支即注入溴水：

“其一枝津南流，注于溴。”[2]

溴水有较大的堤防，说明当时河水比较大，《尔雅·释地》曰：

“梁莫大于溴梁。”

既然诸侯能够会于溴梁，说明春秋时代，“溴梁”一带已为诸侯所知，很出名。

《汉书·沟洫志》：“堤防之作，近起战国，壅防百川，各以自利。齐与赵魏以河为境，赵魏濒山，齐地卑下，作堤去河二十五里……”“河”在古文献中是黄河的专称，因而这一段引文，描述的是黄河上的堤防，而“溴梁”修于春秋时期，这至少可说明一个问题，溴水上的堤防不会晚于黄河，甚至可能比黄河还要早——那时人少，选择离黄河较远的地方生活，可有效免除黄河水患，毕竟黄河是巨川。

溪流紧靠龙潭寺小学西侧，校后有延庆舍利塔，塔身遍布砖雕佛龛，十分精美，为宋塔，已矗立千年。我曾攀塔二层，出塔外，抚着塔身于塔檐之上环行一周。那时年龄小，胆大而不知高低，但也不免心存恐惧，一人，未再继续攀爬。“延庆塔”碑刻书法价值极高，拓片于 20 世纪 70 年代初年曾赴日展览。塔影龙潭旁，传为四进士读书处，三子一婿，源于县志，于史有征。

“龙潭夜月”为济源旧景。我设想，在遥远的旧时，于这平川的旷野，有一寺院，晨钟暮鼓，梵音阵阵。鼓声消弭，倦鸟归巢，渐渐地，明月东升，或为冰轮，或为银钩，无声地投射到洁净的龙潭中，旁边是那七重宝塔。如若此时，约两三个密友观月，观那苍穹中的月，观那龙潭中的月，必能有所感悟，必能更加感知到梵宫所具有的明心见性之能；更进一层，如若心底有些许的尘埃，因由清流的净尘之能洗刷得一片光明，那就是一种福报了。

几十年过去了，旧景历历在目，西源流长乎？

## （五）

《水经注》卷七、卷八是济水的专卷。据《水经注》曰：

“济水出河东垣县王屋山，为沇水；又东至温县西北，为济水……又南当巩县北，南入于河。”

引此段的目的在于说明，沇水就是济水，济水可溯源至王屋山。著名学者陈桥驿先生认为：

“王屋山的地理位置，古今都很清楚，在今山西垣曲县以东的晋、豫两省界上……所以此济水在黄河以北入河。”[11]

一般认为，济水发源于王屋山太乙池，太乙池在王屋山主峰（海拔1715.7米）西侧之沟壑内，泉水成池。古人认为，太乙池之水伏流于地下，乃济水最初的源头。

事实上，《水经注》对济水的记述上承于《尚书·禹贡》：

“导沇水，东流为济，入于河；溢为荥，东出于陶丘北，又东至于菏，又东北会于汶，又北东入于海。”

用最简单的话说清楚，即源称“沇”，河称“济”，这是孔安国的话，“泉源为沇，流去为济”[11]。

《禹贡》为我国最早的地理文献。我国著名的史学大家顾颉刚先生曾对《禹贡》做过严密的审视，顾先生的研究，引起了很大波澜，这是题外话了。

《禹贡》的记载，引出很有意思的一个话题，即济水三伏于地下，三现于地面。先按最简单地说：伏流的济水，一现于济源的平川地带；再现于郑州西部一带；三现于山东菏泽一带。

这个问题，涉及历史地理的变迁，非常复杂，本文无力钩沉卷帙浩繁的文献，略之。对《禹贡》记载较为明细的解释为[12]：沇水东流，潜行地下，至今济渎庙复现于地面；又东流至今武陟县、温县交界处（地名为武德），再伏于地下，再由黄河南岸的荥泽北溢出（荥泽已经湮废，荥阳地名存焉）；此后东流一段后，三伏于地下，至山东曹州、濮县一带后，再散出地面后合流，南汇汶水入海（1956年濮县被撤销，全部并于范县，1964年随范县由山东省划归河南省)。

中国最早的辞书乃《尔雅》,据《尔雅·释水》:江、河、淮、济为四渎,渎有独立入海的意思(现今的词典解释已无此意)。《禹贡》云:“济河惟兖州”,就是说,济水与黄河之间的地带为中国古代九州之一的兖州。《尔雅》列入儒家十三经,《尚书》更是属于四书五经的范畴,由此可以想见,济水在我国一直是经书中地位很高的水系,因此“位尊四渎泽华夏,福永千秋济众生”也就不是虚言了,当然,“位尊四渎”并不意味着为四渎之首,而是位列于四渎,为官方所认可,声隆而位尊。《汉书》[13]曰:“中国川源以百数,莫著于四渎,而河为宗。”说得非常清楚。

或因此吧,今山东菏泽也有济渎庙。如同荥泽,古菏泽已湮废,但地名犹存。济宁、济阳、济南等也因济水而得名。

或有疑问,济水比之于长江、黄河、淮河,只能算作细流,并非洪流巨谷,那么,为什么济水有如此尊位呢?其实,唐太宗也有此疑问。

## (六)

周灭商,封宋国为“公”,爵位高于很多的同姓之国(姬姓),如晋国、鲁国,以奉祭商朝的宗庙,周认为这是有德的表现;平王东迁,先祭告宗庙说明理由,然后让掌祭祀之职的大宗伯奉七庙之神主先行;史载武则天为传位给李姓儿子还是武家后人而烦恼,宰相狄仁杰说,立子,陛下万岁千秋后,才能够配食太庙,承继无穷。我说这些,是为了引出《左传》中的一句话:

“国之大事,在祀与戎。”

祭祀被历代统治者所重视，周天子郊祭上帝，秦皇汉武封禅泰山，则天武后封禅嵩山……祭祀，属于礼的范畴。什么是礼？按《资治通鉴》的说法，礼，“纲纪是也”，既然是纲纪，对国家、对社会、对家庭、对个人，都很重要。个人理解，礼之于中国，是社会、文化中最具特色的部分，甚至可以说是中国文化区别于西方文化最突出的部分，因而中国的历朝历代，都有官方的祀典。祭祀的内容很丰富，其中就包括对山川的祭祀。我们不必深究于此，且从正史中给出祭祀济水的证据。

《史记·封禅书》[10]，就是古代的祀典，我们说济水祭祀等级最高，就源于此。

“周官曰……天子祭天下名山大川，五岳视三公，四渎视诸侯，诸侯祭其疆内名山大川。四渎者，江、河、淮、济也。”

这里的周，当理解为西周，因为五岳四渎的概念形成很早，是西周时期即已形成的核心地理概念，是构成“华夏天下”“文化中国”的基本元素。[14]

这几句话并不难懂，唯需解释的是“视”字，视，即祭祀时“视用牲器之数”[15]，这是东汉大儒郑玄的解释。也就是说当用什么规格，这当然都有具体的规定，属于“成文法”。

“及秦并天下，令祠官所常奉天地名山大川，鬼神可得而序也。于是自崤以东，名山五，大川祠二……水曰济，曰淮。春以脯酒为岁祠……”

我想，“令”字所用，说明一件事，秦虽焚书，单就祭祀来说，却不废传统，故而古代祭祀文化得以传承。

至此，我们可以明白，“天下名山大川”要由天子来祭祀，“天下名山大川”有专门的定义，特指“五岳四渎”，与今日口语上的意义不同。崤山以东，是黄河中下游的中原地带，是“中国”所具意义的所在地，需要祭祀的大川计有两个：一个是济水，一个是淮水，这都源于周礼。

当然，《史记·封禅书》所记古礼在历史长河中是变化的，否则，孔老夫子也不会抱怨：“八佾舞于庭，是可忍也，孰不可忍也！”变化是正常的，是常态，“周岁旧邦，其命维新”。

以上所述，算是祀典所载济水祭祀的缘起和继承，因此得出结论：祭祀济水其实属于中国祭大川的内容，为祭祀传统。**在中国，所谓文化的源远流长，表现最为突出者，就是祭祀文化了。从邦国到村社，从达官贵人到庶民百姓，概莫能外，都受到过祭祀文化的熏陶和侵染。**

至唐，太宗文皇帝李世民将这个传统继续了下去。《新唐书》中有一大段[16]，写唐太宗东封泰山时与许敬宗、窦德玄之间的对话，其中就写到唐太宗的疑问，他的疑问与今人一般无二：

帝曰：“天下洪流巨谷，不载祀典，济甚细而在四渎，何哉？”

对曰：“渎之言独也。不因余水，独能赴海者也……济潜流屡绝，状虽微细，独而尊也。”

帝曰：“善。”

可见，祭祀济水，重要的是强调济水“屡绝而独尊”、一往无前“独能赴海”的精神，并不以“洪流巨谷”为依据，尤其“独尊”二字，符合皇帝的口味。

唐封济水神为“清源公”之后，历代对济水神又有所加封，宋晋封为“清源忠护王”；元封“清源忠护善济王”；但明封为“北渎大济之神”——此封源于朱元璋。由“王公”而“神”，层次上比世间人所领受的封号更高了一层。

朱元璋为什么要这样做？《大明诏旨》有这么一句：“凡岳镇海渎，并去其前代所封名号，止以山水本名称其神。”

其实，朱皇帝之封大有深意，是为了简政。他认为，高山广水，“英灵之气萃而为神”，皆受命于天，非国家封号所可加者。可以认为，这是祭祀方面的一项改革，更准确地说，是为了简化。因为，此封未失崇天守礼之本分，却有革除繁文缛节之实效。一个布衣出身的皇帝，革故鼎新，不亦可贵乎？

布衣天子朱元璋，对华而不实的东西，确实比较反感。比如：历代改朝换代当皇帝都要假惺惺地三次劝进，三次推让，他是一劝就答应了；皇帝诏书也将繁琐的开头简化为“奉天承运”；[17] 曾当庭之上脱下大臣的裤子打屁股，只为奏章有太长的空话套话；他主张文章应当“明白显易，通道术，达时务，无取浮薄”。[18] 并规定朝廷表章不得用华丽的骈偶文体。由此可以理解，朱皇帝对祭祀的繁文缛节进行改革，也在情理之中。

据《明史》，洪武时四渎之封，变得整齐划一：“四渎称东渎大淮之神，南渎大江之神，西渎大河之神，北渎大济之神。”[19] 需要注意到的是朱元璋的态度：“帝躬署名于祝文，遣官以更定神号告祭。”可以这样来理解，对于神，“帝躬署名”，是一种谦逊，同时，若神对“更定神号”有所不满，则“帝”一人承担责任。

古来勒石，或记事，或纪功，或为铭，或称颂，多为一碑一文，但“大明诏旨”碑却通行于天下“岳镇海渎”，内容、形制完全相同，这样的圣旨碑全国大约有20多通[20]。这一方面可理解为皇权所要求的高度统一性，是一种不容置疑的权威，是一种象征，也可以理解为是革除繁文缛节的一项具体措施。

历朝给济水加封或御赐匾额，都属于祭祀活动的具体内容。前引文彦博《题济渎》诗，原因在于下了一场雪，于是，文彦博奉旨来到济渎庙祭祀水神以答谢，《枋口作》诗前曾详述之，“熙宁癸丑季冬十有三日，某被旨谢雪于济祠”（见本书《家乡的秦渠》）。文彦博此行，游济水、沁水、盘谷等处，多有诗作，《文潞公文集》尽载之。吟雪也有一首，直接写明了“奉祀”和“腊雪”，与前引诗一样，同样用了“灵源”一词，现录相关的两句：“奉祀灵源腊雪余，薄寒风景似初春。”熙宁癸丑，时年文彦博68岁，为国家柱石之臣，已历仕三朝，为了一场雪，专门到济渎庙祭祀，恐怕与宋神宗对济渎神的笃敬和内心的愿望有关，下文将述及。

唐宋元明清历代对济水加封不断，说明济水祭祀一直进行。

## （七）

上段所谈为济水祭祀所相关的一些文献史料，其实，作为国家长期进行水神祭祀的所在地，济渎庙有很多与祭祀相关的实物。

首先让我特别感兴趣的是在清理“小北海”泉池时发现的白色“投龙玉简”，不仅仅是其稀有，还在于它象征的是一种斋醮（做道场）仪式——投龙，是一项具体的活动。

当然，数量众多的是古碑，有四十多通，推测多为祭祀碑，有的具有极高的文物价值与书法价值，如宋徽宗用瘦金体书写的“灵符碑”；赵孟頫书写的“投龙简记”碑。前述“天下第一洞天”石刻也是元代名士所书，原是王屋山的东西，明代移至济渎庙。济水源出王屋山，二者也算有关系吧。

所谓“投龙”，“是将写有祈福愿望的文简，和玉璧、金龙、金纽用青丝捆扎，在举行斋醮科仪之后，投入名山大川、岳渎水府”，属于国家祭祀大典。[21] 在济渎庙举行的最重要的一次投龙活动，当数武则天当皇帝后敕命著名道士马元贞所主持的投龙仪式，相关记载见《金台观主马元贞投龙记》：

“天授二年……金台观主奉敕，大周革命为圣神皇帝五岳四渎投龙，作功德于此济渎，为国章醮。”[21]

此次马元贞的活动留下五通石刻，其中两通在济源。在济渎庙，除了举行投龙活动外，还有造像活动，这可说明对济水祭祀的重视。

投龙始于唐高宗李治时期。或因为是李姓天下的原因，唐朝崇奉道教。武则天是李治的皇后，自然对道教的“投龙”活动笃信虔诚，情有独钟，因而“大周革命”后曾派著名道士到“五岳四渎投龙”，只是，武则天在济渎投龙的实物目前尚未发现，但 20 世纪 80 年代初年在登封却发现了她的“投龙金简”，该金简现存于河南博物院。关于投龙的碑刻、史料很多，如唐杜佑《通典》记载有在四渎投龙之制度，唐玄宗李隆基也曾在王屋山玉阳洞投龙。[21]

在济渎庙发现的玉简是宋简。白璧无瑕，几呈透明状，非常精美，可惜有残破，文字难以补全，但首尾俱在，纪年清楚。玉简上首，清楚镌刻“嗣天子”字样，说明是为庆贺皇帝登基而在济渎庙专门举行的投龙活动，玉简尾部有熙宁元年字样，熙宁元年（1068 年）为宋神宗元年。

济渎投龙宋代玉简照片（源于济源市人民政府网站：文物资源）

玉简中央的“投送金龙玉简”，说明同时投送的不但有玉简，还有金龙，而今只发现了玉简，金龙却没有被发现，不能不说是个遗憾。

往水中投掷“金龙玉简”是代替皇帝祭祀济渎神，有鉴于此，“小北海”也有“龙池”之称，当然，理解为龙司水，更符合文化传统。

前述文彦博“被旨”来济渎庙谢雪，是在熙宁六年。如果说神宗登基后，于熙宁元年来济渎庙祭祀属于固有程式，是依祀典而举行的规定活动，那么，在熙宁六年来济渎庙谢雪，则属于附加项目，这至少说明宋时对济水的祭祀是很兴盛的，也说明了宋神宗对神佑的感怀之情，有一份希望在。当然，我们也可猜度一下神宗的心理：宋朝，从建立起就一直弱小，神宗初继位，当然想大显身手，想有一番作为，无奈的是内忧外患不断。王安石熙宁变法始于熙宁二年，与其说是王安石变法，不如说是宋神宗这个后台老板想变法。于是，王宰相发出了“天变不足畏，祖宗不足法，人言不足恤”的宣言给神宗壮胆，尽管如此，还是招致了庙堂上下汹涌的反对，此时，内忧似比外患更加令神宗焦虑了。且看一下王安石的对立面：文彦博——已仕三朝，韩琦——三朝元老，欧阳修、司马光、苏轼……不是柱石之臣就是天下名士，比较起来，苏轼就算无足轻重的人物了。神宗多么希望老天爷能给他更多的眷顾啊，因而派元老重臣文彦博“被旨”谢雪也就可以理解了。

元朝是少数民族入主中原的王朝，少数民族入主中原，主动汉化的占多数，如北魏、金、清，但元朝的汉化程度很低，可祭祀制度却也被元朝继承了，赵孟頫书写的“投龙简记”碑就是明证，此次“投龙”在延祐元年，本年度也恢复了科举考试。

赵孟頫“投龙简记”碑刻拓片[22]

写此碑时，赵孟頫行年60，著名的胆巴碑是在其63岁时所书。按年龄，此二碑都是赵孟頫炉火纯青时的作品，窃以为，此碑与胆巴碑最大的不同，在于“投龙简记”碑行书的味道或多或少更重一些，个别字属于行草，因而更显得潇洒和得心应手。赵孟頫云：书法以用笔为上，结字亦须用功，既然行书的味道更浓一些，那么，其用笔之可揣摩处必更多些。

此碑极具书法价值，除碑体为赵孟頫所写外，碑首为当时著名篆

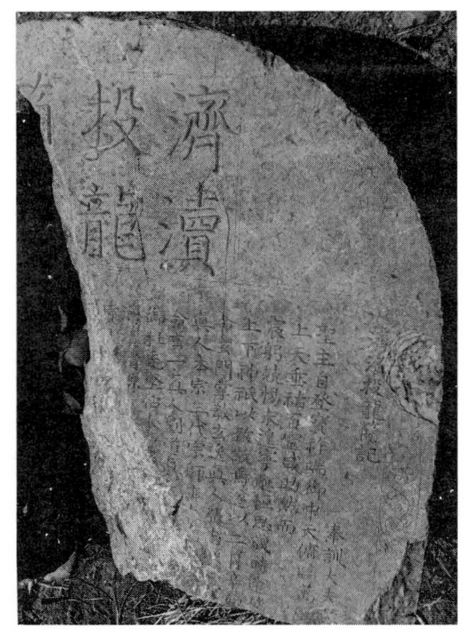
加拿大不列颠哥伦比亚大学图书馆所藏图片

刻家所书，书者官居尚书，“精于篆籀，当世册宝碑额，多出其手云”为《元史》所记。[22]

济渎庙中的“投龙简记”碑不止一个，笔者发现了加拿大不列颠哥伦比亚大学图书馆所藏的另一通碑的图片[23]，该碑纪年缺失，从残文知也是元碑，其中有蒙古人的名字，并有“掌教玄妙真人张志（ ）字样”，详查文献，可以确定是全真教掌教真人张志仙，《元史》明载“遣真人张志仙持香诣东北海岳、济渎致祷”，[24] 时间在至元二十八年（1291 年）。至元是元世祖忽必烈的年号，由此，可以得出结论，元代在立国之初就继承了国家层面对济渎的祭祀。

## （八）

庙内有唐贞元十二年（796 年）的“济渎北海祭品”碑，碑曰：“封兹渎为清源公，建祠于泉之初源也……北海封为广泽王，立坛附于水之滨矣。”[5] 意思是，建祠祭祀济渎神，建坛辅祭北海神。据《唐会要》，天宝六年，“济渎封为清源公”；天宝十年“封东海为广德王，南海为广利王，西海为广润王，北海为广泽王。”北海远在漠北，难以祭祀，只能在中原望祭了。

北海即现今俄罗斯的贝加尔湖，在蒙古国乌兰巴托的正北方。贝加尔湖，在中国历史文献中多称北海，或小海。关于贝加尔湖，1955 年苏联国家地理出版社出版的一本书上这样写：

“俄国人初次知道贝加尔湖的情形，时在 300 多年前，也就是 17 世纪 20 年代”“一件写于公元前 119 年的中国古代文献一直保存到了今天。在这份文献里，正如在中国其他的历史文献里一样，把贝加尔湖叫作北海”。[25]

《汉书 · 苏武传》对北海有如下记载：

“匈奴以为神，乃徙武北海上无人处。”

“王孙长忆使乌桓，因念苏卿牧雪寒”，苏武曾在北海牧羊，中原的统治者没忘记北方的水神。

济水，潜行地下，原是一种自然现象，但人们却据此臆想出来一个神话：说是济水通于北海，猜想，这是济水泉池被封为“小北海”的原因。

这真是一个极富创意的想法，天下的水都是相通的，从静谧的细流，到雄浑的大河，乃至浩瀚的海洋。有鉴于此，在济渎庙就可祭祀北海神了，这比表面的“望祭”更深了一层。

贝加尔湖地带为古代中国北方部族主要活动区域，曾为部族政权或中央政府所控制，在《中国史稿地图册》上标注明显。贝加尔湖为世界最深最大的淡水湖。由此来看，北海祠通神的任务是很重的。

我在想，历代对济水加封，尤其是设北海祠、对北海神祭祀，尽管属于一种眼界——北海足够远，但这种加封或祭祀，恐怕在神性的层次上要多些，希望冥冥之中的神力对自己的政权多加护佑，至于要落实到人间地理的层次，成分恐怕要少些，这不能说不是一种缺憾。

元朝是蒙古人所建的政权，因而对域内北海的祭祀非常重视，鉴于蒙古人对全真教的礼敬，对北海神不但加封，且命全真教掌教去济源北海祠祭祀，如“大元加封北海广泽灵佑王”碑[26]：

“今加封北海广泽灵佑王……北海之神，前代设祠于济渎水府之北而望祭焉。兹乃可循旧制，是举也，岂小哉。非名德大贤，不足以代行以礼，惟玄门掌教大宗师辅元履道玄逸真人张志仙可……”

清朝对济水的祭祀非常密集。乾隆版《济源县志》卷五的内容为祀典，其中详记清顺治、康熙、雍正、乾隆皇帝御祭济水神、北海神的内容，还包括皇太后、太后的祭文。具体内容涉及皇帝册立、亲政、征战、巡游、庆寿、皇后册立、皇后及皇太后加上徽号等。多数情况下是将济渎神、北海神一同祭祀。

祭文中，我特别注意到了康熙荡平漠北、乾隆平定准噶尔后的用语，乾隆的祭文，用了“平定准夷”的词语。

有清一代，“夏夷之辨”当是清朝统治者脑中挥之不去的影子，清代统治者极为尊孔，这对笼络汉族知识分子作用巨大，但毕竟是少数民族入主中原，如何确立满族政权为“夏华正统”的地位，也就是说“奉华夏正朔”，这不是马背上能说了算的，一个可行的办法就是积极拥抱中原文化。就拿祭祀济水来说，比之于祭孔，其影响要小得多，一般老百姓谁能知道呢？但国家大事在“祀与戎”，清朝统治者在获得政权之初，就将中原政权祭祀的传统接了过来，所以在顺治亲政时，也对济水予以祭祀。至乾隆朝，国家已经足够强大，所以，在平定准噶尔之后，乾隆祭祀济水用了“平定准夷”的词语。其实，乾隆不必这么说，当时，国内已经没有反清势力的存在，经过康熙、雍正的经营，汉人已经在内心里承认了这个由关外来的政权，他们也确实干得不坏，或者说，比之于以前汉族的某些昏庸统治者来说，干得还要好些，他们已经完全有理由认为满汉一家。

康熙二十一年，因为疆域荡平（康熙二十年，三藩平定），曾特遣官祭祀济水，分别有祭告济渎文和祭告北海文；康熙三十六年，因荡平漠北，再次特遣官到济渎庙祭祀，引祭文如下：

“荡平漠北祭告济渎文：‘维神秉德洁清，伏流隐见，孕灵王屋，作润岱宗，朕以剿除狡寇，三履遐荒，期扫边尘，乂（yì）安中外，今者，祗（zhī）承神佑，塞外永清，用告功成，专官秩祀，惟神鉴焉。’”

康熙三十六年，康熙三征噶尔丹，取得了彻底的胜利，噶尔丹战败，服毒自杀，康熙班师途中，作《凯旋言怀》述志，“黄舆奠四极，海外皆来臣。眷言漠北地，茕茕皆吾人。六载不止息，三度勤征轮……”康熙凯旋诗言志，颇似魏武帝征乌桓得胜而归，登碣石山吟《观沧海》，只是康熙比魏武帝曹操更为辛苦，三次亲征，不避艰险。回朝后，康熙即遣专官到济水祭祀。只是，很令人费解的是，荡平三藩有祭告北海文，可这次荡平漠北反而只有祭告济渎文，未有祭告北海文。

后读历史发现，《尼布楚条约》签订在康熙二十八年（1689 年），此条约使中国失去了贝加尔湖以东大片的土地[27]，这客观上导致清朝对贝加尔湖地区的控制减弱——

“贝加尔湖地区和黑龙江流域是我国蒙古、达斡尔、鄂伦春、赫哲、费雅喀等各族人民所世居之地。”[28]

雍正六年（1728年）签订《恰克图条约》（包括《尼布楚条约》《布连斯奇条约》等）后，则让中国完全失去了贝加尔湖，那么再在中原祭祀北海神已经没有了实质性的意义。查《济源县志》，除了康熙二十三年因巡幸而曾祭祀过北海神之外——时在《尼布楚条约》签订之前，一直到乾隆朝，再未见到“祭告北海文”，由此看来，清廷有了难以言说的酸楚。

## （九）

济水祭祀长期以来保持尊位，还可能与地理位置有关。

我读济水古碑文，读到这么一句：

“先王祭川，先源后委，古昔人重焉。”[29]

委，指河流的下游。可见，对于河流的祭祀，首重祭河源。济渎庙之所以能保持此规模，除了对传统的继承，可能还在于，济水河源在中原地带，祭祀方便。

祭祀河源，就需要知道河源在哪里，江、河、淮、济古四渎中，长江、黄河发源高远，如博望侯张骞有“河出昆仑”之说，实在是太远，为朝廷祭祀河源带来了困难，所以有“望祭”之说。“望祭”，遥望而祭之的意思，最早载于《尚书·舜典》，这是一种符合实际的做法：

“九州名山、大川、五岳、四渎之属，皆一时望祭之。”[30]

大禹谓之神人，也只是“导河积石”，未从源头起（积石在甘肃，1981年设积石山县）。

历史上，我国对查河源已经相当重视，或为版图，或为治水，或为祭祀，总之，意义重大，引述两条史料：

二十四史中，《宋史》首先记载了元代对黄河源的考察（《宋史》系元人所写，所以有元人的事迹）：“大元至元二十七年，我世祖皇帝命学士普察笃实西穷河源，始得其详。”[31]后《清史稿》[32]记载了清代对黄河源的考察：“中国河患，历代详矣。有清首重治河，探河源以穷水患……自古穷河源，无如是之祥且确者。”

崤函之东的济水、淮水二川，都建有河源庙，特别是济水，与天下之中（洛阳、嵩山）比邻，这样，在济源祭祀济水，可连带将天下大川一并礼敬。唐以后，政权中心在中原地区，地域上的方便性是不言而喻的。虽然这是我的臆想，但有类比做依据，雍正皇帝就敕建了一个具有代表性的“黄淮诸河龙王庙”嘉应观，嘉应观，在今河南武陟县。

再考虑到北海祠的存在，祭川、祭大湖的任务，在中原地区的济渎庙就一并完成了。

我在这里，谈到了望祭的合理性，也谈了查河源的重要意义，但又感觉到有些欠缺，比如，博望侯张骞的河源之说，由“盐泽”（罗布泊）潜行地下，“南出于积石，为中国河云”（《汉书·西域传》），或长期为世人所信，这当然是错误的，**望祭虽然合理，但无疑也助长了安逸的思**

**想，若能穷源祭祀，则带来的会是对未知的探索，而探索，是极可贵的一种精神**。

济水祭祀是历史形成的，有祀典，有继承，有庙宇，有实物，有生命之树常青的古柏，有澄明见性的清流。**对水的祭祀，往小处说，是对水存在的一种敬畏；往大处说，是中华祭祀文化的重要组成部分**。确实，济水在中国文化上的影响，实在太过深远而宽泛，从经书祀典，到礼拜信仰；从史地传说，到经络比拟；从诗词曲赋，到命相杂说。这些，即使行文匆匆，也不能尽涉及，总之，在经、史、子、集中，都能找到济水的影子。

水祭祀文化源远流长，愿青山不老，江河长流，溥博渊泉，惠泽后人。

## 参考文献

[1] 郭沫若．中国史稿地图集：上册 [M]. 2 版．北京：中国地图出版社，1996.

[2] 水经注校释卷七：济水 [M]// 陈桥驿．水经注校释．杭州：杭州大学出版社，1999.

[3] 杨德春．孔子整理修订《春秋》的三种方式与《春秋谷梁传》《春秋公羊传》的性质 [J]. 燕山大学学报（哲学社会科学版），2011（4）：24-29.

[4] 杨守敬，熊会贞．水经注疏 [M]. 苏州：江苏古籍出版社，1989.

[5] 李震，姜利勇．济渎庙建筑研究 [M]. 重庆：重庆大学出版社，2017.

[6] 肖应植．济源县志 [M]. 中国国家图书馆藏，1761.

[7] 李磊．济渎庙之渊德殿北宋庑殿顶建筑考 [EB/OL]. [2020-08-01]. https://www.docin.com/p-437513226.html.

[8] 文潞公集卷五 [M]// 文彦博．文潞公集．太原：山西人民出版社，2008.

[9] 申利．《全宋诗·文彦博诗》辑补 [J]. 古籍整理研究学刊，2009（3）：56-59.

[10] 司马迁．史记 [M]. 北京：中华书局，1982.

[11] 水经注校释卷八：济水 [M]// 陈桥驿 . 水经注校释 . 杭州：杭州大学出版社，1999.
[12] 岑仲勉 . 黄河变迁史 [M]. 北京：中华书局，2004.
[13] 班固 . 汉书 [M]. 北京：中华书局，1962.
[14] 唐晓峰 . 从混沌到秩序：中国上古地理思想史述论 [M]. 北京：中华书局，2010.
[15] 礼记集解卷十三：王制 [M]// 孙希旦 . 礼记集解 . 北京：中华书局，1989.
[16] 欧阳修，宋祁 . 新唐书 [M]. 北京：中华书局，1975.
[17] 吴晗 . 朱元璋传 [M]. 海口：海南出版社，1993.
[18] 明史卷一百三十六：列传第二十四 [M]// 张廷玉，等 . 明史 . 北京：中华书局，1974.
[19] 明史卷四十九：志第二十五，礼三 [M]// 张廷玉，等 . 明史 . 北京：中华书局，1974.
[20] 冯军 . 大明诏旨碑 [N/OL].（2014-05-14）[2020-07-15]. 济源文物网 . http://wwj.jiyuan.gov.cn/yjyd/201405/t20140504_149921.html.
[21] 张泽洪 . 唐代道教的投龙仪式 [J]. 陕西师范大学学报（哲学社会科学版），2007，36（1）：27-32.
[22] 冯军 . 元赵孟頫书《投龙简记》碑考释 [J]. 中原文物，2013（5）：71-74.
[23] BRUCE R. Jidu tou longjian ji（济渎投龙简记）[M]. University of British Columbia Library, 1972.
[24] 元史卷十六：本纪第十六，世祖十三 [M]// 宋濂，等 . 元史 . 北京：中华书局，1976.
[25] 萨尔基襄 . 贝加尔湖 [M]. 田锡申，译 . 青岛：新知识出版社，1957.
[26] 刘江 . 元代全真教的岳渎代祀 [J]. 湖南科技学院学报，2012，33（1）：77-79.
[27] 复旦大学历史系沙俄侵华编写组 . 沙俄侵华史 [M]. 上海：上海人民出版社，1986.
[28] 吕光天，古清尧 . 俄国（苏联）及中俄（苏）关系研究：中俄《尼布楚条约》和《布连斯奇条约》签订的历史真相与其对贝加尔湖地区和黑龙江上游的蒙古、鄂温克等族的影响 [J]. 黑河学刊：地方历史版，1987（4）：33-45.
[29] 重浚济水千仓渠碑 [M]// 左慧元 . 黄河金石录 . 郑州：黄河水利出版社，1999.
[30] 尚书孔传参正卷二：虞书 [M]// 王先谦 . 尚书孔传参正 . 北京：中华书局，2011.
[31] 宋史卷九十一：志第四十四 [M]// 脱脱，等 . 宋史 . 北京：中华书局，1985.
[32] 清史稿卷一百二十六：志一百一 [M]// 赵尔巽，等 . 清史稿 . 北京：中华书局，1977.

# 家乡的秦渠

秦渠，当然为秦人所创；然继修者众，“一时多少豪杰。”时光跨过2000余年，“沁口秋风”，吹散多少人间事，唯见的，是那出山的清流，仍在不疾不徐、不舍昼夜地滋润着“河内郡”那片广袤的土地，造福着一方百姓……

## （一）

我的家乡在河南济源市。

少年时代在乡间劳动，或耕耘撒种，或浇灌收获，一个令人难忘的情景，是站在岭上，极目远眺太行山——至今回乡，还会这样做，那是一幅远山狂野图，无际的绿色衔接远山，其间有村镇点缀，时有白云飘荡，让人感叹，真的是江山如画。

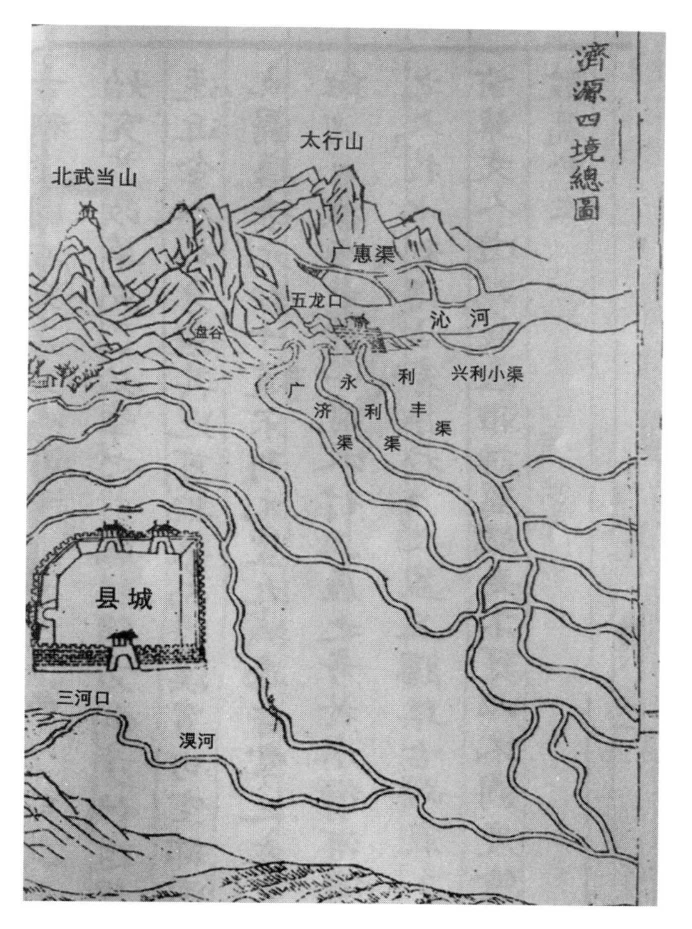


太行山、沁河、五龙口、引水灌渠、溴河（蟒河）、盘谷示意图[1]（根据县志修改）

山在村北，约15公里外。青黛色的山，巍峨耸立，横亘北方，由西及东，呈奔涌之势。“太行、王屋二山，方七百，高万仞。”这是《列子·汤问》篇中对太行所做的描绘。

尽管经常这样远眺，却因为听说了一个故事，就慢慢地注意到了山势连绵中有一个豁口，似觉得，这个豁口多少削弱了山势奔涌的动感，似乎是连绵长卷上的一点瑕疵。

故事说，“冀州之南，河阳之北”的山前一带，是一片极为富庶的大平原，自古“物华天宝，人杰地灵”。南行数十公里，越过横亘的一道南岭，就是黄河。按照古代地理的说法，此处为山之南、河之北，为风水绝佳之地，故古文献中称之为“南阳”。但不知哪位神仙举起神斧，将山劈开了一个口子，风水因之而稍有改变。于是一条河从山口流出，这条河就是黄河下游北岸最大的一条支流，名曰沁河。

这个故事是我在乡间劳动时听说的，讲故事的是修渠人，他们曾在太行山里边修建新的“秦渠”——引沁济蟒工程（蟒指蟒河，古名为湨（jú）水，见前页示意图）。

沁河出山处，风景绝佳，尤在秋来之时，古人谓之“沁口秋风”。其地曰“五龙口”，有两千余年历史的秦渠渠首，就修建在那里，县志上所标记的地理坐标为：

“秦渠在县东三十里。”[1]

现在的资料一般会讲五龙口名称的由来：因为秦渠有“五龙分水之势”故而得名。这种说法听起来简洁，但个人不太理解“五龙分水”的意思。我情愿按自己的想法来理解：渠首附近的村庄名曰“五龙头”，村名，历代传承，不会有错，不会意思含混不清。五条渠道，状如五条龙横卧在大地上，取水口所在的区域，如同龙首之所在，故有“五龙头”村之谓；而取水口，就相当于龙口，这样来理解“五龙口”，当更为清晰。

## （二）

秦渠灌区初创于秦朝开国之年，即秦嬴政二十六年(公元前221年)，公元前210年建成[2]。秦渠在不同的年代有不同的叫法，始称利丰渠，引沁河水灌溉山前平原。后经逾千年断断续续的开凿、挖掘，灌区规模逐渐扩大，至明朝，已先后形成广济、利丰、永利、广惠、甘霖（今称新利渠）、大利、小利等大小七条渠道[3]。现今称为广利灌区。

广利灌区右岸取水口

就我自己生长的村庄来说，处于半丘陵地区，地势高，没有灌溉渠道。家乡济源有两条比较大的河流，一曰沁河，偏北；一曰蟒河，偏南。两条河流都是黄河北岸的支流。偶然一次的足迹，越过了蟒河北岸，发现有纵横交错的水网，大感稀奇。现在当然知道，那是属于广利灌区的渠网。我年龄稍长后，曾随大人去县城拉煤，看到更多的灌溉渠道，稀奇之外又多了一层羡慕——自己的村虽与平原直接相接——不足三公里，但却没有灌渠条件，只能望渠兴叹，这也成了偏于贫困的直接原因。

记得有一次与水利史专家徐海亮先生谈家乡，谈到五龙口秦渠，他说，那是“中原技术出口转内销”的结果。其意思是，战国末年，韩国的水利工程师郑国，以“疲秦之计”帮助秦国修建了引泾水灌溉的郑国渠，秦统一六国后，得渠之利的秦人，又在韩国故地（济源在战国时曾一度属韩）修建了新的灌溉渠道秦渠。看来，家乡的秦渠在全国未必多有名，但在水利专家那里，却是如数家珍，颇令人自豪!

秦渠渠首古称“枋口堰”,“枋”是古书记载的一种树。因为“枋木为门，以备蓄泄”[1]，始名枋口堰，所谓门，就是控制水流的闸门。与都江堰一样，枋口堰属无坝引水工程（河道中没有横扼水流的堰坝）。枋口堰处于凹岸一侧，曾见有技术文献“利用弯道取水”的描述，却未进行更明确的说明，会使读者理解起来有困难。其意思是：将取水口设置于河道的凹岸，就可以取到清水，避免浑水导致的泥沙淤积，淤积处于凸岸一侧，这就是“利用弯道取水”的原理。沁河北来，出山后东去，河流刚好在此处转了一个弯，将进水口设置于此处，就满足了现代水力学所要求的“凹岸取水”的基本条件，让人叹服——这与都江堰的宝瓶口取水是一样的，宝瓶口处于河流弯道的末端。二者都是秦所创修，说明了技术的传承性。都江堰创修于战国，早于秦渠。

沁河发源于山西，沿程一直奔流在太行山的峡谷之中，至五龙口，突兀的山体骤然消失了，眼前呈现一片大平原，因而山高地阔的巨大差别所给人的感觉尤为突出，对此，明人碑记这样描述：

“枋口四围皆山，其突然巍然，无如南峰。沁水自北而来，直抵其下，转而东约百步，峰尽地平，其支而南者为广济民河。云其河浚发于济源，尽绕于河内，波及于温、孟、武陟，浸润二百里，浇灌数百顷。汉云河内殷富，其在是乎？”[4]

这段古碑文，先述枋口渠首的地形、河流，次及灌溉渠道及受惠区域，言简而意赅。河内，指汉河内郡，现今的豫西北一带，治所在今武陟县西。

“汉云河内殷富，其在是乎？”这一句感叹，含有很深远的意义，需慢慢解读。

首先，这是一句带有自豪口吻的设问，肯定了所谓的“河内殷富”地区，就是秦渠的浸润范围；其次，是语有所宗，与东汉开国皇帝、汉光武帝刘秀有关，是刘秀的话。

原来，刘秀在与王莽争天下时，以政治家的远见盯上了富庶的河内郡并夺取之，然后，将河内郡委托给了他的心腹大将寇恂。下面引述他对寇恂所做的指示：

“河内完富，吾将因是而起。昔高祖留萧何镇关中，吾今委公以河内，坚守转运，给足军粮，率励士马，防遏它兵，勿令北渡而已。”[5]

萧何镇关中，成为建立大汉的第一功臣，“委公以河内”，即让寇恂担任萧何的角色，保证后勤供给。也就是说，刘秀将河内类比于关中，将河内看成了他谋取天下的稳定的后勤基地。后东汉建立，寇恂以镇守河内的功劳，位列云台二十八将第五位。

记得《汉书》这句话吧？“益州险塞，天府之土，高祖因之而成帝业。”句意明显，是诸葛亮对刘备所说的话，说高祖刘邦以益州为根据地打下了天下，刘备自己也应当效法先祖，占领益州。时至东汉，斗转星移，光武因“河内完富”而成就了帝业。我们知道，益州的富庶与都江堰有关，关中的富庶与郑国渠有关——萧何镇关中，就可以将益州的出产与三秦的出产一并送往前线；类似地，东汉政权的取得，也与一个水利工程——秦渠，扯上了关系，秦渠的浇灌范围，正是河内郡最为富庶的地方。

做如是考虑，着眼点在于经济因素，而经济因素与更为基础的水利行业关系密切，英国大哲学家罗素说：“在探索历史因果关系时，基本的研究乃是水文地理。”[6] 这是罗素以层层追踪方式得到的结论，也就是说，水文、地理因素，是最基本的因素。

事实上，中国历史上雄才大略的皇帝都非常重视农业与水利。汉武帝曾说：“农，天下之本也。泉流灌浸，所以育五谷也。”[7] 按照著名经济学家冀朝鼎的观点，河内是东汉的基本经济区，是赖以统治全国其他地区的根据地，**中国历史上基本经济区的形成，与水利事业有重大关系**。

刘秀在夺取政权以后，将都城设在了洛阳，这与他先期即对河内所给予的重视不无关系。隔黄河，对岸就是河内郡（黄河由南而东大拐弯所包裹的地带，包括今济源市、焦作市以及新乡、安阳的部分地区），地域广阔，河患较少，土地肥沃，是京师仰给最方便的地方，且在畿辅视野之内，便于控制。

枋口引水，占尽地利，全部自流灌溉；依赖于便利的沁水，肥腴的土地成就了天赐的粮仓。古人的眼光真令人惊叹！

## （三）

鉴于枋口堰对沁水下游平原农业的重要作用，秦汉以降，历代对其多有修缮、扩建，择其要者，略述之。

据记载，魏典农中郎将司马孚曾易木为石，易名石门。他在上魏帝表中称：

“臣以为累方石为门，若天亢旱，增堰进水；若天霖雨，陂泽充溢，则闭防断水，空渠衍涝，足以成河。云雨由人，经国之谋，暂劳永逸，圣王所许。”[8]

魏典农中郎将是曹操为屯田而所设置的官职[9]。采用石门，毫无疑问，其结构强度与耐久性要好于木门，是一项技术进步。

司马孚何许人也？他是《三国演义》中足智多谋的司马懿的弟弟。早年读《三国演义》，对司马孚有印象，一种不坏的印象。

当年魏王曹操告诫曹氏后人，司马懿“鹰视狼顾，不可付与兵权”，无奈生子不如孙仲谋，曹魏天下，最终还是被逼禅让给了司马氏。不过司马孚似是一个忠义之人，对着刚走下禅让台，被勒令立马走人，“当时启程，非宣诏不许入京的”的魏废主曹奂，司马孚哭拜于奂前：“臣身为魏臣，终不背魏也。”听到这句话，已受禅位的晋主司马炎，为了安抚官至太傅的本家爷爷，立封司马孚为安平王，然司马孚不受而去。

后查《晋书》,《安平献王孚》下载:“臣死之日，固大魏之纯臣也！”“其立身行道，始终如一”，殊是难得，“纯”字之用，殊是感人！

司马孚是现在的温县人。温县，正在秦渠的浇灌范围之内。可得浸润之利，司马孚修秦渠枋口堰，也是为家乡服务了。

司马孚的官职是典农中郎将，因而是军人，军人管农业、水利，正是三国时代屯田的需要，魏国对屯田的重视远远高于西蜀与东吴。边疆地区搞军事屯田容易理解，为什么要在河内——中原地带搞军事屯田？三国时代，是中国历史上因战争导致人口锐减的时代，曹孟德所谓的“白骨露于野，千里无鸡鸣”是事实的描述，因此，钱穆先生说：“在那时，则几乎只有军队，没有农民了。”有邓艾等替曹魏划策，让军队集体耕田，此即谓之屯田。[10] **屯田是魏晋时代的军备大事，分军屯和民屯，民屯也是军事性质的，但却便于收留、安置流民，实乃一项有益于百姓且富于远见的策略**。所以王夫之说：“此魏、晋平定天下之本图也！”（见本书《魏武挥鞭背后的运渠及屯田水利》）

隋唐不同阶段，枋口堰灌区均得到了重视，因而成为黄河以北地区较大的灌区。先是怀州刺史卢贲修复旧堰，引水东流，时在隋开皇十年（590 年）左右；唐贞元五年（789 年）刺史李元淳、宝历元年（825 年）河阳节度使崔弘礼均进一步扩大了灌区；而灌区规模最大的时期则是大和七年（833 年），河阳（今孟州）节度观察使温造对灌区进行了全面的整修与扩展。这很令人感兴趣，唐代后期，由于藩镇割据，水利设施破坏很严重，而怀、孟这一带灌区却得到了大发展，枋口堰灌区之东边，就是丹水灌区，二灌区相连。丹水灌区是唐广德二年（764 年）由刺史杨承先所开。[11] 钱穆先生在《国史大纲》中将安史之乱后北方水利事业的衰落归结为经济文化向南方转移的重要因素，因而杨、温等为后人所纪念就很容易理解了，从此也可以知道，这一区域当时具有和平安宁的社会环境。

大和七年，河阳节度观察使温造“以河内膏腴，民户凋瘵（zhài，凋瘵，穷困状），奏开浚怀州古秦渠枋口堰，役工四万，溉济源、河内（今沁阳）、温县、武陟四县田五千余顷。”[12] 这里说怀州枋口堰，是因为济源当时归怀州所管辖。“开浚”既开又浚，因而灌区面积有了很大的提高。50多万亩的灌溉面积，这在当时该是很大的规模了，河内之地，望天收与水浇地的差别，判若云泥。

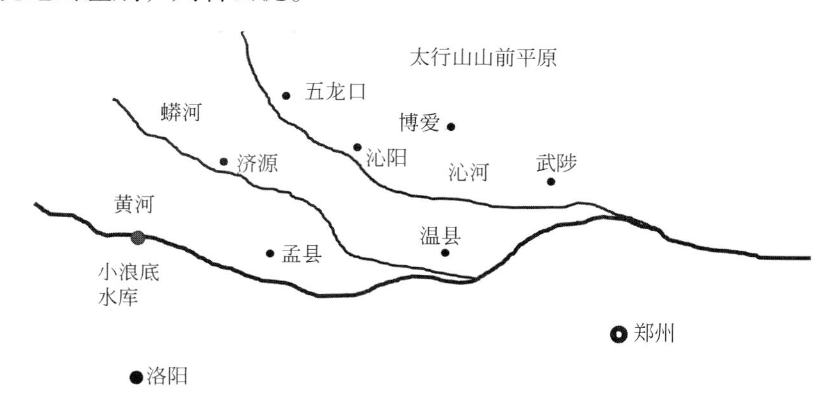


广利灌区溉济源、沁阳、温县，武陟60余万亩耕地，50余万人口受益

据旧唐书，温造，河内人也，世家出身，自负才高，“不喜试吏”，在未发达之前曾隐居王屋山，“隐居王屋，以渔钓逍遥为事”[11]。怀州治所在沁阳，沁阳与济源地理上相连，温造开怀州古秦渠，那是深晓五谷之需，深得地理之妙，深知家乡之要，故能有大成。整个怀州一带，土地肥沃，唯需水，所以，温造开渠修堰，成就了流芳百世的大事，后官至尚书，开怀州古秦渠是重要的政绩基础。

温造与韩愈二人为友，韩对温的才能十分赞赏，温造隐居洛阳时，被镇守河阳的乌公招为幕僚，韩愈因此为文《送温处士赴河阳军序》。“伯乐一过冀北之野，而马群遂空。”“大夫乌公一镇河阳，而东都处士之庐无人焉。”《序》文起笔有突兀之感，此后以平实的语言慢慢进行论证，大意是说，温造乃千里马，被镇守河阳的乌公罗致到帐下后，东都洛阳的茅庐中就没大贤了。文以抱怨口吻结尾：有权的乌公将我的老朋友夺走了，我怎么能不耿耿于怀呢？我将来回乡就失去了可依靠的人，可老朋友出茅庐是为天下老百姓，是值得称贺的事。不难看出，开篇千里马之谓是褒扬，抱怨之结尾更是赞赏与揄扬，并寄寓感叹和深情于其中。

既谈到韩愈，就顺便做点补充。韩愈是今孟州人，我生活的村庄即与孟州在地理上相连。韩、温二人为友，当与二人都为名士有关系。虽说韩愈以“文起八代之衰”（苏轼语）而闻名天下，为唐宋八大家之首，但与温造一样，韩愈也在水利上干出了一番流芳百世的事业。我曾在孟州数谒韩园，并为文《谒韩园》。韩愈的水利事业在广东潮州，是“一封朝奏九重天，夕贬潮阳路八千”的结果。阴差阳错，韩愈贬潮阳，在那里传播了中原文化与先进技术，大兴教育，启迪蒙昧，在水利方面也多有实绩，真是成就了一生事业的辉煌。今日潮州有“韩江”之谓，“不虚南谪八千里，赢得江山都姓韩”，赵朴初先生这两句诗，读得人一阵感动，心潮澎湃，实实在在地说明了千百年来潮州人对韩文公的缅怀之情。

从秦至明，枋口取水方式有了不少进步，如从无坝引水到有坝引水（可增加进流量）；从敞开式进水口到隧洞式进水口、涵洞式进水口（洪水期淹没于水中）[3]。明代万历年间，河内知县袁应泰，将枋口开凿成隧洞式无坝取水口，解决了原引水口“易决难浚”的难题。这一点，从工程上讲，与都江堰的明渠进水口——宝瓶口，有了很大不同。隧洞开凿可以减少不少工程量，这在肢体手段尚不高的明代是很有意义的，要知道，这可是在石头中开凿呀！

尽管工程艰难，但因是造福民众的工程，深得民众拥护，从上到下都竭力为之：“石工因之而忘其劳，督工因之而竭其力，秋毫皆所鼓舞焉。”至于袁知县，“工费不足，继以俸余，曾不追乎民间，六年之内，布衣菜食，未闻崇肉累帛之奉”[4]，不但是“布衣菜食”，还拿出工资以补不足，真是忠其事克己奉公，将勤政爱民做到了极致。

一个艰难的工程，因缜密的筹划带来了极大的效益：“其役甚重，其虑始甚周，其落成甚难，而其永济乃甚溥。”[13]溥字之用，让我想起中庸的一句话：“溥博渊泉。”此为渠也，源远流长，更胜于泉，真是泽被后代、造福一方了。

渠成，袁知县政绩斐然于一时，官声甚佳，官民咸颂之。为使广济渠能长期发挥效益，袁知县在广济渠运用两年后，勒石立下了“广济渠申详条款碑”，此碑就河基占地、配套的水工设施、泄除余水、上下用水制度等，均进行了详细规定[14]，这是结合实际而定出的官方约法和实用条文，为后人一直所遵守，不唯有明一代。碑文涉及水权、用水等，内容丰富，按现在的话说，是既重视工程，又重视管理了，而管理也有了法理的依据。**碑文就是“成文法”，立于通衢，百姓尽知，便于监督，减少了水事纠纷，于今也有可取之处**。类似的做法在过去的时代具有普遍性，这让我想到山西介休的洪山泉和洪洞的霍泉（见本书《泉流津溉越千年——二泉行》），那里的碑刻“成文法”更多。

袁应泰是陕西凤翔人，由于勤政爱民，政绩突出，一路升迁。明至末世，内忧外患，满人崛起，努尔哈赤在东北与明军打得正酣。袁应泰受命于危难之中，任兵部右侍郎兼都察院右副都御史，奉旨经略辽东。无奈努尔哈赤的兵力强大，辽阳战事艰难，城破后，袁公自缢、妻弟自杀、仆人扶尸自焚。其壮烈也，感天地而泣鬼神，让人不胜唏嘘！

“人生自古谁无死，留取丹心照汗青。”

我写到此处，脑子里不自觉地蹦出这两句人人皆知的话，唯其人人皆知，才显得袁侍郎、袁都御史永垂不朽。

大司马袁应泰名垂竹帛，百世流芳，被追赠兵部尚书。至乾隆，国家承平已久，虽说是改朝换代了，清廷未忘旧事，追谥袁应泰等“忠节”,“通谥忠节者明辽东经略兵部侍郎袁应泰等 108 人”，要“崇奖忠贞 ，风励臣节”[15]。昔日关外的敌人，如今已成中原的统治者，满汉已经成一家，褒奖袁应泰，虽说是满人为了自己的统治，但这样做，却符合中国传统文化的价值观，老百姓乐于接受。

## （四）

那年，我在地方河务、水利部门同行的帮助下，从沁河入黄口白马泉开始，溯沁河上行，进行业务考察。

沁河下游，河道宽浅，看到的水几乎是散乱的“涓涓细流”，沁河作为黄河下游北岸最大的支流，本不该是这样的状态，尤其是入黄口一带——我的意思是，**一个河流要保持健康，必须要在下游的最末端规定最小的安全流量，这是保持河流生命力的基本保证**，此一条应为行规。

尽管沁河看起来是涓涓细流，但其实其发洪水时一样的浊浪排空，历史上沁、黄并溢流的灾患多有发生，故而沁河堤与黄河堤相交之处，二者等级一样高。

再次来到五龙口，自然要驻足停留。多年来，不知到过这里多少次。总觉得既熟悉又陌生。熟悉的是这里的山川地貌，以及工程布置的原理；

陌生的是不知在久远的历史长河中，有多少一时的英杰，“尽力乎沟洫”，其心血随清流流向了脚下这片富饶的土地，转而化为农桑的繁茂，粮仓的丰足，农人的喜悦。“稻田足水慰农心”一语，本是镌刻于都江堰石壁上的一句话，移放到这里，不也很贴切吗？

渠首旁有一个水文站，几条粗大的钢索横跨于河上，用于工作人员收集基本的水文数据——这些基本的水文数据，是一切水利尤其是河务工作的基础，不可一日而有缺，因而在如今的时代，从长江到黄河，从巨川到小河，但凡流量有一定规模的河流，国家都设有大大小小的水文站，尽管如今科技发达了，总体上还是离不了人，越是月黑浪高、洪流激荡、暴风骤雨，越需要人来量测水文数据，这是防洪的需要，是下游安全的需要，当然也是工程建设的基础资料。我想，国家有多少的大小河川，该有多少的水文工作者，默默无闻地在荒僻山野中工作啊！尤其是 20 世纪 80 年代之前。他们的汗水、泪水，也随清流一起流向了远方，滋润着共和国的土地，着实地令人敬佩啊！

时在晚秋，让我想起了载于县志的著名秋景“沁口秋风”！

风从山中来，倍感凉意。眼前，草叶渐落，草茎发白，已是萧瑟的气象了，全不见美的图景。极目环视，却完全不一样，附近山上，新修庙宇雕梁画栋；起伏的山峦，或绿或红，树叶呈现出斑斓的色调，又以红色为多，只是，植被略显稀疏，或可认为是太行秋色图吧。收回目光，关注点回到水上，近看袁公祠石窟，破落不堪，抚今追昔，竟使人难以名状，何以求神拜佛香烟缭绕，而先贤的石窟——本来也不大，竟变得如此萧索而令人漠视？这不应是今人该有的态度啊，“吃水不忘挖井人”，不常这样说吗？

回来，寻了几首描写沁口的诗，于诗中找风景，尤爱文彦博的《枋口作》[16]：

下马入枋口，漾舟缘碧溪。

雪消山骨瘦，风定浪头低。

数里复登岸，群贤俱杖藜。

徘徊岩石畔，寻觅退之题。

我在寻游山西介休源神庙时，知道了四朝元老文潞公文彦博有宰相治水的佳话（见本书《泉流津溉越千年——二泉行》），源神庙中，配祀尧舜禹三王的，就有文彦博，故而多写几句。

文彦博曾两游枋口，都留下了五言诗作。独爱文彦博，不仅因为这首诗写得清新，更有爱屋及乌之意，因为是家乡，一草一木都可爱啊！此诗前有较长的背景说明：

“熙宁癸丑季冬十有三日，某被旨谢雪于济祠。已事，与秘书监刘几、光禄卿直史馆张靖、太常少卿冯章、李洁已、屯田郎中陈安期、秘书丞张端同游枋口，泛舟沁水，至岘石而登岸，历观岩谷间前贤之题名，翌日游化成寺以车渡沁，回入盘谷，穷览山水之嘉处，由燕川而归。”

简单来说，就是老天爷下了一场瑞雪，文彦博奉皇帝的御旨到济源济渎庙祭祀济渎神，即“被旨谢雪于济祠”之谓，事毕，游览了枋口、盘谷寺等处，然后归程。

时年，文彦博 68 岁，当时已历仕仁宗、英宗、神宗三朝，经历了人生的大风大浪、起伏跌宕。当时王安石正在进行熙宁变法，声言“天命不足畏，祖宗不足法，人言不足恤”，力度颇大，遭到文彦博的反对。

其实仁宗年间文彦博为相，对王安石有举荐之恩，曾作《荐张瑰、王安石、韩维状》。鉴于神宗决计改革，因而在熙宁癸丑（熙宁六年）罢去了文彦博的枢密使职务[17]，当年文彦博“拜司空、河东节度使，判河阳”[18]，也就是被贬出了京城。既然出判河阳，则与济源毗邻，所以神宗皇帝才让其作为老臣，“被旨谢雪”，从中可以看出，神宗对文彦博这位主过政、主过兵的老臣内心里还是看重的——祭祀，当郑重其事。

钦命已毕，游历一番山水，可以舒缓一下心情，同行者，或有朝内旧相识，本合情理。但若深究一层，何以不畏道路艰难，而要冒朔风、踏积雪、进深山游盘谷？《枋口作》最后一句“寻觅退之题”，当是实在的答案。

“退之题”，乃是指韩愈的《送李愿归盘谷序》，盘谷距沁口很近（见插图），“盘谷烟晴”属于济源胜景之一，同样载于县志。韩文曰：

“太行之阳有盘谷。盘谷之间，泉甘而土肥，草木丛茂，居民鲜少……是谷也，宅幽而势阻，隐者之所盘旋。”

游盘谷后，文潞公有五言长诗，题曰《盘谷》，正应韩文，今录几句：

“巉（chán）岩太行高，其下有幽谷……甘泉注肥畴，茂草映修木……昔人有李愿，筑地一居独。白鸟依芦塘，菰花映茅屋。心怡适所安，忧大反忘慾（同“欲”）。掉头不肯应，谓我此乐足……”[19]

所谓“醉翁之意不在酒”，莫非，饱经仕宦风云，年近七旬的老臣，有归隐之意？

## （五）

沿河谷而行，逐渐草木丛茂，有“霜叶红于二月花”之感。所见胜迹众多，不能尽述，唯所见几方石碑，需简述一下。碑为明人所立，记述晋人出山之艰难与修路事略，字迹依稀可辨，多为某人捐银若干。由此可知，沁河谷地，乃是晋人南出中原的大路，晋豫分界，大山阻隔，因而有《愚公移山》的故事。由此多想一层，春秋时晋文公“伐原示信”，当也可能沿河而行，出五龙口，推测就属原国地界了——沁口至原城，三十华里。杨守敬《水经注疏》曰：“在今县西北四里，俗呼为原村，（原国）遗迹犹存。”再多加一条硬证据，沁河栓驴泉电站修建时，在站址附近的崖壁上发现了三国时代的摩崖石刻[20]，记述修栈道凿石门之事[21]（晋人南出太行入济源亦可走轵关陉）。

三国时代的摩崖石刻（源于赵杰，赵瑞民[20]）

我也亲眼见到了石崖上为数众多的栈道孔，或有疑问，何以栈道孔都高高悬于河面之上？虽然是在栈道上行走，难道非要悬在半空不可？不唯这里如是，多处均然，其道理是，长久历史进程中的河床下切，显得栈道位置高了；还有一层意思是栈道高程当高于洪水位，避免被山洪冲毁。

看来，河谷地带在古时作为交通道路，当是通例，恰如关中至汉中的褒斜道，褒、斜二水均发源于秦岭太白山，褒水南流入汉水，斜水北流入渭水，古时两河谷就成了沟通秦岭南北的交通要道，《三国演义》中有《诸葛亮智取汉中，曹阿瞒兵退斜谷》一章，所言斜谷，即指斜水谷地。

此次上行到山西栓驴泉水电站，电站的河对岸，就是引沁济蟒工程的总干渠了。

## （六）

引沁济蟒工程，我称之为新修的秦渠。

这是一个可与林县人工天河——红旗渠比肩的工程，据相关报道，“穿太行南麓，环王屋东峰，贯北邙岭脊，总长2000余公里，润泽40万亩农田”[22]。

此刻，我就站在引沁济蟒工程总干渠的河岸上，渠道虽没有我想象的宽，失却了心中预想的壮观景象，但却是悬在山半腰的渠道，类似于在电影中看到的“红旗渠”。四方瞭望，山风吹过，思绪万千。脚下，沁河水在充满鹅卵石的宽阔河道中静谧流淌，水浅，石头多露出水面；渠内，流水滔滔……因为有记忆，所以思绪就如止不住的泉流，不断涌现。遥想当年，济源、孟县两县的人民，“金戈铁马”，气吞山河，逢山开路，遇沟架桥，花了整整 10 年时间，硬生生“将山河重安排”，让从来都是干涸的处于岭上的土地得到了灌溉，这不是人间壮举吗？

追忆历史，今昔对比，已经从业 30 多年的我，对水利这个极为贴近民生的行业有了更多认识、更多的感想，因之感悟也更加清晰，**虽然社会已经进步到高度发达的信息时代，但水利的重要性仍然需要强调，不为别的，水利是基础性的行业部门，是工农业的基础，也是生态的基础**。

随之，耳畔响起村里水利技术员曾说的话：别看村里的农业这么好，可离不开水渠。遇到天旱，水井不够两天抽。

我承认，他的话让我大吃一惊，家乡富庶的农业原来这么脆弱！于是我想，什么是大事？事关老百姓吃饭的事，那就是天大的事。**水利，不是有多少闪光点的先进行业，只是一个古老的、听起来有点土的传统行业，但却业务领域宽泛，影响范围广大，单就农业水利来讲，就与老百姓的饭碗贴得相当近，事关五谷丰登，社会稳定**。客观地说，新中国成立之后中国的农业水利取得了相当大的成就，无奈现在却呈现出一些颓势。比如，工程的老化与年久失修等，不能不说，这是一件令人遗憾的事，会让人产生忧患。

**我分层次写出几点忧患：第一层，上游河道水资源的过度开发会对下游带来较大的影响，比如，历史上有影响的农业灌区多在河流下游，上游的过分拦截导致下游灌区无水可引，河流下游通常更为富庶，如此，更需要统筹兼顾；第二层，水利灌溉渠道、渡槽等水利设施的老化失修会影响农业灌溉，因而持续性的修缮就显得非常重要；第三层，机井、**

**深井的增多，使得农业抽取地下水更为方便，可地下水的补给非常慢，数年后即可导致地下水位大幅下降，因此，要有开源节流的思想，不只是对水管人员，更重要的是对用水户；第四层，下降的地下水进一步会影响到居民的饮用水、影响到生产、影响到生态，宜未雨而绸缪**——所有这些忧患，都通过一手的调研得来。

我脑中浮现出一系列的镜头，摘出三个典型画面。

第一个画面，是关于引沁济蟒的第一个记忆，同院的二爷爷似乎很久不在家里了，临近春节，才见到二爷爷回来，他的鞋子已经露了脚趾，原来去山里修水利了，整个冬天没回过一次家。那时，我还是个孩童。其实，几乎队里的每个劳力都去过引沁济蟒工地，比我长几岁的姑娘们也去过，半年、一年，甚至数年。修渠人未必是壮劳力，男女老少都有，花季的姑娘手握钢钎、打大锤——电影《红旗渠》里的镜头，在引沁济蟒工地，没一个是新鲜的。

第二个画面，是在村北的高岭上，我随大人在庄稼地里拔草，一个工程师——他姓梁，背着一个经纬仪，在村西测量地形，听说是要修渡槽，渡槽，一个新鲜的名字。那时，我稍长，但还没上学。一个农村孩子，不可能见到过什么仪器，所以，连仪器的名字也充满了神秘感，听说这种仪器能看得很远，如同望远镜，这就更增加了那份稀奇感。村里的传说不是虚言，修渡槽的事果真付诸实践——就是下面的第三个镜头了。

在这里先插写几句，鉴于个人对该工程的感动，在工作 30 余年后，我曾专门到省城找到了那位梁姓工程师——他已调任省水利厅，我村修渡槽时他是最高技术负责人。因年长的关系，他的反应明显迟钝，但当谈起引沁济蟒，谈起村里的支书，他眼睛放射出异样的光彩，一时滔滔不绝……除了谈工程，梁工程师又提到，老乡们待他好，他是右派，但老乡们给他做面叶（一种面食）、油馍（葱油饼）……于是，我拨通了村支书的电话，电话的两头，响起两人充满感情的对话……

第三个画面，是周围村庄的乡民，集中于我村，开始修建渡槽，那真叫热火朝天，真叫“人民战争”……晚上，民工们拉弦、吹笛子、清唱，我学吹笛子由此开始。当然也看足了施工中的某些有趣的过程，如冷拉钢筋（其中包含力学原理）、织铁丝网、立模、浇混凝土、振捣、挖方、填方、人工拉碾压实土方、起重……所有这些工作都由乡民完成。黎明，太阳未升起红色的彩霞，起床号就在村里响起，这是指挥部的号声，统一指挥各村施工队上工；收工，当然也是听号声偃旗息鼓、收工回营。

需补充一点，各村出的都是义务工。所谓“义务工”就是没有报酬（国家不给报酬），其实，引沁济蟒就是靠农民的义务工修建起来的。当然农民个人是有工分的——本生产队自己给农民报酬；更进一层，并不是出义务工的村镇就一定是受益地区，不一定。引沁济蟒的队伍就是这样组织起来的，国家的支持表现在对工程进行规划、设计，配备技术人员，组织施工，提供建筑材料。

村里的渡槽在20世纪70年代初修好，这是引沁济蟒工程中最长的渡槽，一个U形薄壳渡槽，长达1000多米，修成当年通水，曾有国际影响，引来外国人参观，我五年级时曾是列队欢迎人群中的一个。50年过去了，工程至今仍在发挥效益。

引沁济蟒总干渠一期工程建成通水（源自：济源网[22]）

我村离蟒河的直线距离只有 4 公里左右，蟒河在村的正北。而真正用到河水，却是来自于引沁济蟒工程，如开始所述，沁河水经太行、过王屋、越南岭（以本村为参考原点，村南之高岭），由北而南、由南转向东、再由东折向北，穿山洞、过沟壑，不知道经过了多少艰难才浇灌到村里的岭地，这不是几辈人的梦想，是从未想过的事。渠道终于通水了，于是，有了此后粮食产量翻天覆地的变化。

我是农家出身，有的事情印象极为深刻，怎么叙述呢？说个数字吧：小麦亩产量由 200 ~ 300 斤，一下子蹦到 500 ~ 700 斤（根据土地贫瘠状况与浇灌条件发生变化，施少许化肥）。数字比任何的感叹都来得有力，我有了更多吃白面的机会——写到此，眼角居然有些湿润，真的是“多情应笑我早生华发”，今人或难以理解吧！但我是过来人，吃纯白面，实在是太奢侈了，谁没有口腹之欲，况为饱腹乎？今人语境中将吃大白馒头就榨菜看作清苦，那是没挨过饿，不知道一个大白馒头在农民、农

村里由南而北的渡槽，长达 1000 余米

家子弟心中曾经有过的分量，就我们那个小地方而言——当年新乡地区最好的地方（新乡地区的农业自然条件全省最好），1973 年之前，谁家春节见过 100% 的纯白面馒头？我 1978 年高中毕业，当年同学们都还是带着一星期的干粮上学，有谁的干粮是纯白面？（干粮作为正常饭食的补充，食堂的伙食吃不饱，也不舍得吃饱）

做过漕督的清人慕天颜有言：兴水利，而后有农工；有农工，而后裕国。话语层次分明。诚哉，斯言！

## （七）

令人感佩的，是秦渠事业的再进一步，而这一步，跨得太大，直接上升到国家级，与黄河上最大的工程——小浪底水利枢纽工程结合了起来。

为学工程，我曾在小浪底工地工作一年。我知道，小浪底为左、右

岸留下了灌溉取水口，对此，不再予以展开。依托小浪底水库，家乡一带将迎来新的机缘。

确切的消息是，从小浪底引水，建设国家级灌溉区，灌溉济源、孟州、沁阳、温县、武陟，并向广利灌区补水。如今工程第一期已经通水。其授水的行政区域与古老的秦渠一样。这不是又一条新的秦渠吗？水利事业承前启后，继往开来，源远流长。

引沁济蟒，沟通了沁水与蟒河；小浪底灌区形成后，就使沁河灌区、引沁济蟒灌区、黄河小浪底北岸灌区完全连成了一片，真的是清流普惠。

在本文的结尾，有几句话想强调一下，一是有关与学生间的问答，即中国古代水利工程有哪些方面比现在的先进？这不好回答，也有仁者见仁智者见智的问题，单就技术手段来讲，任何古代工程均不好与现代相比，否则科学技术的进步又体现在哪里呢？比如，材料的进步与肢体手段的延长，与古代放在相同的高程上来评判，有失偏颇；但也要看到，**中国古代水利工程的初创，确实充满了极大的智慧，有许多工程，动辄发挥了持续千年、甚至两千多年的效益，足令今人叹服**。我们今天创修的工程，是否能有如此远、如此长的效益，真的很难说。所以，我以为，**创修的智慧要高于技术的进步，前者，包含着“道”，后者，更多的成分是“器”，因而古人的智慧是值得我们学习的**。**毫无疑问，我们现在的知识水平、技术手段要比古人多得多，但今人的智慧并不比古人的智慧有多大的进步，因而在科学技术取得长足进步的今天，也应当有观今鉴古的态度，事业的可持续性，是值得追求的高目标**。二是关于中国雨水农业走向成熟灌溉农业的标志，这里着重强调了“成熟”两个字，那就是数个大型水利工程或灌区的确立，包括芍陂、智伯渠、都江堰、郑国渠、秦渠（枋口），这几个工程的创修都在春秋战国时期。

总之，家乡的秦渠，在农业水利灌溉史上占有一席之地；沁河灌区、蟒河灌区、黄河灌区完全连成一片后，这块历史上富庶的地带将更为富裕。

“河内完富，其在是也！”

我盼望着家乡的人民有着更为美好的生活。

补记：除了红旗渠、引沁济蟒工程外，当时，辉县也在太行山里兴修了很伟大的水利工程，曾有电影《辉县人民干得好》记录此事。个人认为，林县红旗渠、济源引沁济蟒工程以及辉县的水利工程，是当年豫西北创修的三大水利工程，应当载入史册。

## 参考文献


[1] 水利 [M]// 肖应植 . 济源县志 . 中国国家图书馆藏，1761.

[2] 陈良军，李保红 . 济源五龙口水利设施的调查与分析 [J]. 华北水利水电学院学报（社会科学版），2012，28（5）：24-27.

[3] 张汝翼 . 沁河广利渠古代水工建筑物初探 [J]. 水利学报，1984（12）：65-71.

[4] 袁邑侯凿山创河记碑 [M]// 左慧元 . 黄河金石录 . 郑州：黄河水利出版社，1999.

[5] 后汉书卷十六：邓寇列传第六 [M]// 范晔 . 后汉书 . 北京：中华书局，1965.

[6] 罗素 . 辩证唯物主义 [M]// 张文杰 . 历史的话语：现代西方历史哲学译文集 . 桂林：广西师范大学出版社，2002.

[7] 汉书卷二十九：沟洫志第九 [M]// 班固 . 汉书 . 北京：中华书局，1962.

[8] 郦道元 . 水经注疏 [M]. 南京：江苏古籍出版社，1989.

[9] 洪卫中 . 典农校尉非曹操所置 [J]. 中华文史论丛，2015（1）：198.

[10] 钱穆 . 中国历史精神 [M]. 北京：九州出版社，2011.

[11] 姚汉源 . 中国水利发展史 [M]. 上海：上海人民出版社，2005.
[12] 旧唐书卷一百六十五：列传一百一十五 [M]// 旧唐书 . 北京：中华书局，1975.
[13] 重修广济利丰河碑 [M]// 左慧元 . 黄河金石录 . 郑州：黄河水利出版社，1999.
[14] 广济渠申详条款碑 [M]// 左慧元 . 黄河金石录 . 郑州：黄河水利出版社，1999.
[15] 潘洪钢 . 论清代谥法 [J]. 文史哲，2007（2）：69-77.
[16] 文潞公集卷六 [M]// 文彦博 . 文潞公集 . 太原：山西人民出版社，2008.
[17] 侯小宝 . 文彦博年谱稿 [J]. 晋中学院学报，2007，24（1）：68-74.
[18] 宋史卷三百一十三：列传第七十二 [M]// 脱脱，等 . 宋史 . 北京：中华书局，1985.
[19] 申利 .《全宋诗 · 文彦博诗》辑补 [J]. 古籍整理研究学刊，2009（3）：56-59.
[20] 赵杰，赵瑞民 . 晋城拴驴泉石门铭的勘查与研究 [J]. 文物，2015（2）：65-70.
[21] 张恒 . 山西晋城曹魏时期拴驴泉摩崖石刻新释 [J]. 晋城职业技术学院学报，2018，11（3）：1-4.
[22] 济源网编辑部 . “弘扬愚公移山精神　再访引沁济蟒工程”大型系列报道之一：引沁济蟒：长河飞架天地间 [N/OL]. 济源网 .（2014-04-22）[2020-07-13]. http：//www.jyrb.cn/content/201404/22/c_1980.html.

# 晋水长流，泽洽桐封

晋祠，实乃三晋第一胜景。周柏的葱郁，隋槐的虬曲，唐碑的斑驳，宋殿的苍老，布局的恢宏，虽展示出晋祠源远流长的文化沉淀，但这些，只是晋祠的表面构架，晋祠之胜，尤在于水，当你站在圣母殿前，看到那一排排久经岁月的牌匾，无须任何人赘言，你会得出一个自然的结论：水是晋祠的灵魂。

## （一）

欲了解三晋文化，一个必去的地方就是太原晋祠。初去太原晋祠在20世纪90年代初年，再去晋祠已到了2012年，幸于当时留下了记述和照片，让我现在着手梳理本篇时有“记”可循，有再临之感——对晋祠的印象太深刻了。

以个人的看法，既称晋祠，就该是三晋人的家庙，事实上也是如此，晋祠初名唐叔虞祠，是祭祀晋国始封之君唐叔虞的专祠，也称晋王庙。

从地理位置上讲，晋祠处于悬瓮山下，晋水发源之处，《山海经》曰："悬瓮之山，晋水出焉。"作为祭祀专祠，晋祠未建在初封君之地，而建于晋源，这不禁使人联想，封君与水，必定有着非常重要的关系！

叔虞的始封之地在唐，唐在今天的翼城与曲沃交界处。虽如此说，也有叔虞封于晋水的说法，但文献多可征者乃在于唐。现在，考古界已经给出了实实在在的证据：

"曲沃与翼城交界处的'曲村天马遗址'，面积达10余平方公里……出土文物上万件。从而确认了西周时期从燮父至文侯的9代晋侯，结束了2000余年关于晋国始封地的争论，证实这里即文献记载'河汾之东，方百里'的古唐地，晋国早期都城所在（山西博物馆陈列文物展示铭牌）。"

翼城所在的汾东之地，有浍水流过，浍水属汾河支流，此处黄土深厚，汲水方便，属小流域，可远避水害，最适于人类生活。其实，这是黄河文明的显著特征，灿烂的黄河文明，其集中之处，并不是干流两岸，而是处于支流高地。在农业社会的早期阶段，汲水之利为民生之最，得水之利，黄土即为沃壤，迟至春秋，晋国伯（霸）天下，其核心地带就是浍水流过的区域，盖缘于耕稼便利，舟楫通畅。

唐，可认为是晋国的初名，西周成王剪桐叶为珪，戏封其弟叔虞。珪即圭，是一种玉质长板，上尖下方，为古代帝王或诸侯举行礼仪时所执，也是一种信义的象征。周公言于成王曰：君子无戏言。于是，成王封叔虞于唐，因此，“桐封”也就成了晋国的代称。叔虞子燮父继位后，迁治所于晋水，因更国号为晋。叔虞本是一位重视水利、重视耕稼的贤君，于是后代臣民把叔虞的祭祀专祠设在了具有灌溉之利的晋源，既是祭祀追远，更多的是祈盼，祈盼叔虞的神灵保佑后人、泽被后人。

其实，“唐”的称号，是一种文化遗产，本为陶唐氏尧的后代封国，古唐国为西周成王所灭。史载“尧都平阳”（临汾），事实上，在尧都平阳之前，尧都在唐，所以尧又称陶唐氏，据钱穆《国史大纲》，陶、唐、尧皆指烧窑事业[1]，陶器在中国的文化分层中占据着极为重要的地位。有研究指出，唐尧氏的传说和龙山文化二者是契合的[2]，而所谓的龙山文化，就是以黑陶为标志的文化，山西襄汾陶寺有规模庞大的龙山文化遗址。襄汾今为临汾下辖县，如此看来，尧之名号、尧之都城的传说与考古学发现，三者完全吻合在了一起。而尧时的“唐”就在晋阳：

“郑康成诗谱云：唐者，帝尧旧都，今曰太原晋阳。是尧始居此，后乃迁河东平阳。”[3]

晋阳，正是晋水浇灌的丰腴之地。“唐”的称谓后又惠及李渊，李渊曾被封为唐国公、唐王，唐朝因之而立国号。直至今天，南洋华侨自称为唐山人（即中国人），这虽然是扯得太远的话题，但不能不承认，这是源远流长的文化脉络。

## （二）

来到晋祠，你首先感受到的就是水的分量。

晋祠门首建有一亭，名曰“晋水亭”，亭旁，玉石栏杆，临渠而立。

门首一联，说尽了晋祠的好处，自然离不开水：山绕水环无双地，神乐人欢第一区。及至进得大门，方见得水是晋祠之魂：建筑因水而建，亭台因水而名，泉涌不舍昼夜，渠水静谧无声，无壮阔之波澜，有净心之清流，或映周柏隋槐，或映悬瓮秋色——时在晚秋，霜重色愈浓，真是色彩斑斓，可谓灵源胜景。

显然，我是在以全景的视角在述说，而非单体的描绘。这是由晋祠的总体布局所决定的。晋祠的总体布局是一处规模庞大的园林，而不是分成数进的院落，如一般的庙宇，因而其视野就显得开阔。总体上讲，晋祠可分为三部分，中间部分，以古殿取胜，如圣母殿，献殿，充分依靠山势，显出庄严；偏北一侧，以专祠为特征，按地形错落布置，如唐叔虞祠、东岳祠、文昌宫，显出严谨；偏南一侧，以亭榭谐趣，可听涛观水，有江南园林的风韵。

晋祠建筑既多，进行单个描绘也就不可能，只能以自己的视角，撷取几处精彩处述说，虽也是点到为止，却不离灵魂——水。

晋祠有三泉，即难老泉、善利泉、圣母泉，三泉形成晋源，其中难老泉流量最大，名满天下，也为智伯渠的主要水源。

晋祠内最宏大的建筑乃是圣母殿，这是建于宋天圣年间的完好建筑[4]。圣母，叔虞之母邑姜是也，周武王之妻，太公望之女。圣母殿前，立柱盘龙，威猛如生；殿上方挂许多牌匾，多与晋水有关，如“泽洽桐封”“惠普桐封”“惠流三晋”等。大殿前有一楹联，意义深远：“悬瓮山高，碧玉一湾分晋水；剪桐泽远，慈云千古荫唐村”。此联由清代同治年间大学士祈隽藻所撰，现代书法家费新我重书。费新我是左笔书法家，书法颇具特色。

晋祠圣母殿匾额

圣母殿别具特色的斗拱与殿前岁月长久的一溜牌匾

圣母殿匾额

圣母殿周围尚有20余通石碑，多系礼敬晋源水神的颂词，或与善男信女将邑姜圣母作为水神看待有关。这也难怪，据说，在此祈风得风，祈雨得雨，风调雨顺。圣母殿前有一池碧水，水上形成“立体交通”，谓之“鱼沼飞梁”。鱼沼为长方形的水池，上面布置“十”字形的建筑结构，称飞梁。与圣母殿一样，“鱼沼飞梁”为宋代建筑。池水之静，宛若通体一块玉，水虽静，却是有源活水，水出大殿下，让人难以觉察——水从屋子底下流出，这就显出稀奇；飞梁为桥的承重结构，是由立柱与横梁共同组成的石质框架，以榫卯方式相联结，其精当丝丝入扣，匠心独具，不细察，以为是木结构，在国内是孤品，洵属可贵。

圣母殿前的鱼沼飞梁

虽说现存“鱼沼飞梁”为宋代建筑，可“沼”之为胜景，却要早得多，《水经注》[5]曰：

“昔智伯之遏晋水以灌晋阳，其川上溯，后人踵其遗迹，蓄以为沼，沼西际山枕水，有唐叔虞祠。水侧有凉堂，结飞梁于水上，左右杂树交荫，希见曦景，至有淫朋密友，羁游宦子，莫不寻梁契集，用相娱慰，于晋川之中，最为胜处。”

细读此文，查晋祠地貌，逆水溯源，沼西际山枕水，可不就是现在的“鱼沼飞梁”处所嘛！古人早就说过了，晋川胜景，此处为最。

大殿南侧是台骀庙，为明嘉靖年间建筑，台骀被颛顼帝封在汾川后，障大泽，治洮汾，功绩卓著，泽被后代，因此被尊为汾水之神。《左传·昭公元年》[6]载：

“台骀能业其官，宣汾、洮，障大泽，以处大原。帝用嘉之，封诸汾川……由是观之，则台骀，汾神也。”

从谱系上来说，台骀与大禹都是黄帝的苗裔，且辈分相同，从黄帝至台骀、大禹，历经5世（黄帝—少昊—挥—昧—台骀；黄帝—昌意—颛顼—鲧—禹）。虽然大禹、台骀都是传说时期的人物，但他们的事迹却是记入正史的，由此看来，大禹、台骀该是同时代的人物。

《尚书·禹贡》这样记述大禹在壶口一带的治水活动：

“冀州：既载壶口，治梁及岐。”

冀州就是以山西为核心的帝王州。虽说“九州之名始于战国”，但冀州的概念却特别古老，远早于九州[7]。这里记载的是大禹治理黄河的活动，所引《禹贡》的这句话，古今探讨的很多，包括宋儒朱熹，意见各不统一，总的意思是说大禹治水，始于壶口，将壶口“卡脖子”的地方导通之后，再去治理别的地方，此役之功最大。禹之父障洪水，治水失败，就在于没有找到壶口这个关键位置而将其劈开。[3]

《左传》记载的台骀治水活动则限于汾水及其支流，汾河是黄河的一级支流，而大禹治水是“导河积石……入于海”。这样就可以合理地推测：**有关他们治水的历史传说和文献记载，正反映了当时大洪水对不同地域的影响，因而治水就是当时社会中最重要的事，大禹与台骀的治水关系就是干流与支流的关系，洪水时代，治水是众多部落或不同的流域共同进行的伟大工作，需要团结、需要协作，大禹正是团结协调各部落、各流域有治水能力的人，因而治水的成功，就使得大禹成为部落共主，这是社会意义**。

晋祠虽是晋源，但山西大部属于汾水流域，晋水注入汾水，故而晋祠中有台骀庙就很好理解了，与礼敬晋国开国之君一样，为台骀立庙，是对先贤的祭祀追远。在山西境内，沿汾河还有数处台骀庙：宁武县台骀庙，在源头区；晋祠东南王郭村台骀庙，属于中游区；侯马台骀庙，属于下游。此处所述的4座台骀庙，数侯马台骀庙建筑规模最大，为明清建筑，据研究，侯马台骀庙初创于春秋时期，台骀祭祀文化久远[8]，这事实上已经形成具有地域特色的台骀信仰，特别是明清以后在水资源竞争日趋激烈的情况下，更具有实际意义。[9]

## （三）

晋祠创修年代久远，确切的时期已不可考，至少，在《水经注》里已经有关于晋祠的记载。正因为历史悠久，所以晋祠积淀了丰厚的文化遗产，比如有关晋祠的吟诵题刻。

有关晋祠的诗词可称蔚为大观，从唐宋始直至今人，其中不乏妇孺皆知的大家诗人，如李白、王昌龄、白居易、梅尧臣、欧阳修、司马光、元好问、傅山、郭沫若等。这些吟诵，多会涉及晋水，比如宋范仲淹的《咏晋祠水》[10]：

神哉叔虞庙，胜地出嘉泉。
一源甚澄澈，数步忽潺湲。
此意谁可穷，观者增恭虔。
锦鳞无敢钓，长生同水仙。
千家溉禾稻，满目江乡田。
我来动所思，致主愧前贤。
大道果能行，时雨宜不愆。
皆如晋祠下，生民无旱年。

细读此诗，会有一种心灵按摩的禅意，地涌嘉泉，澄明映心灵，不数步，渐而成溪，溪流淙淙，由静变动，由近及远，其意无穷，只能虔诚地驻足观看。及至抬眼望去，见一片江南水乡的景色，千家引水浸润，禾稻茁壮，这更引发诗人的悲天悯人情怀："皆如晋祠下，生民无旱年。"这不正是诗人"先天下之忧而忧，后天下之乐而乐"的写照吗？

再引一首于谦的诗《忆晋祠风景且以致望雨之意》[10]：

悬瓮山前景趣幽，邑人云是小瀛洲。
群峰环耸青螺髻，合涧中分碧玉流。

出洞神龙和雾起，凌波仙女弄珠游。

愿将一掬灵祠水，散作甘霖遍九州。

于谦因为土木堡之变保卫北京而青史留名，他的“要留清白在人间”的《石灰吟》更是流传天下。于谦曾经担任过河南、山西巡抚，任职期间在治理黄河方面颇有建树。他曾经铸过一尊镇河铁犀立于黄河边，并撰《镇河铁犀铭》铸于犀上。于谦的这首《忆晋祠风景且以致望雨之意》属于印象诗，因为题目为“忆”。在回忆了如仙境般幽静、如美人发髻般美好的悬瓮景致之后，接着过渡到水，神龙出洞，雾起水生，仙子凌波，畅游弄珠，最后点题“望雨”，“愿将一掬灵祠水，散作甘霖遍九州”，真与前贤“皆如晋祠下，生民无旱年”的情怀毫无二致，还是为天下忧之意，表达出士大夫该有的情怀。

晋祠内有一通名震天下的唐碑——唐太宗《晋祠之铭并序》[11]。碑阴刻有长孙无忌、马周等诸大臣的官衔及名单。此碑不但是晋祠的看家之宝，也是我国的国宝，上书御制、御书，意思是李世民撰并书，除碑头为隶书外，全文为行书，书体直承二王，在我国书法史上占得一席之地，后人誉之者良多。说是铭并序，其实序为主体，铭是序后的颂词。全文用骈体写成，文辞极尽华美之能事，议论抒情并举，写景状物兼具。铭序通过对唐叔虞“经仁纬义”“承文继武”的颂扬，体现出唐太宗希望通过以德治国，建立起民望，从而使他的大唐江山，也像晋国那样国祚久远：“德乃民宗，望惟国范。故能协隆鼎祚，赞七百之洪基。”

我只是纳闷，李世民是马背上的皇帝，其生活轨迹主要在北方，何以文辞受南朝影响如此之重？看来，南朝的文辞之美不仅仅局限于南朝，北方的上层一样受其影响，至于后人对骈四俪六的诟病，也只是因为太使人受限制而已——这当然是存在的，至于像唐太宗这样的顶级高手，大约会因得心应手而如含甘饴般喜爱之，读其铭即让人产生这样的感觉。

需要注意的是，在这篇铭序中，有关德的论述颇多，而唐太宗赋水以德：

“加以飞泉涌砌，激石分湍。萦氛雾而终清，有英俊之贞操；住方圆以成像，体圣贤之屈伸。日注不穷，类芳猷之无绝；年倾不溢，同上德之诚盈。”

这可看作是对老子“上善若水”的诠释。

在后边的铭文中，唐太宗进一步写道：“惟德是辅，惟贤是顺，不罚而威，不言而信。”而这种理想，都以水为载体，从而体现出神恩的源远流长：“玄化潜流，洪恩遐振。”至于他治下的大唐江山，将如清泉一般，是个清平世界，他的臣民则对大唐江山一片忠贞，心底可鉴：

“泉涌湍萦，泻砌分庭。非搅可浊，非澄自清。地斜文直，涧曲流平。翻霞散锦，倒日澄明。冰开一镜，风激千声。既瞻清洁，载想忠贞。濯兹尘秽，莹此心灵。”

总之，虽是铭文，但不忘说教，既对上，也对下，这是其目的。

对唐太宗《晋祠之铭并序》，今人从书法的角度欣赏的为多，其实，其涵盖的治国思想更具意义，窃以为，在华丽的辞藻下面，这是一篇深沉之作，华丽是表象，深沉是苦心。

贞观十八年（644 年），应新罗国王的请求，唐太宗李世民率兵东征高句丽，可惜无功。“上以辽左早寒，草枯水冻，士马难久留，且粮食将尽，癸未，敕班师。”[12] 太宗班师，归途得病，养病于太原，再游晋祠。想大业十三年（617 年）建议乃父在晋阳起事至今，南征北战，转眼已近 30 年，故地重游，山水依旧，然物是人非，怎能不百感交集？他虽有了大唐的“贞观之治”，但他知道创业难、守业更难；他与父兄一起倾覆了隋家天下，因而就更知道“水能载舟、亦能覆舟”的道理，何以能够“万代千龄，芳猷永嗣”？这是太宗最为关心的问题，于是，就在这龙兴之地，在做了深思之后，他写下了流传后世的《晋祠之铭并序》。

《晋祠之铭并序》总体包括三层意思：过去、当下、将来，即对周室功业的追溯，对当下为政理念的认识，以及对大唐未来的希望。这是完全表现唐太宗治国理念的一篇政论文，属于“记言”的历史文献，有很深的思想性和哲理深度[13]。唐太宗其实是很欣赏分封制的，曾一度对有大功的重臣有分封的打算——当然并不意味着要封君建国，而是“令诸功臣世袭刺史”，但在以长孙无忌为首的诸大臣的反对下最终而作罢。[1]

## （四）

前边已提起晋祠内的智伯渠。既来到晋祠，就不能不仔细谈谈智伯渠，智伯渠的影响太大，其历史太久远，其带来的效益太长久，可其命运也太悲惨。

春秋末年，“挟天子以令诸侯”的霸政衰微，封国之君大权旁落，大夫执政，势压封君已成普遍现象，在晋国，执政的大夫为赵、韩、魏、智 4 家，其中智氏最强，智伯为正卿。智伯胁迫韩、魏两家攻打赵氏，地点在今太原附近的晋阳，战争发展到后期，出现了史称的“水灌晋阳”，这是一次极其残酷的战争。《资治通鉴》这样记载：

“三家以国人围而灌之，城不津者三版。沈灶产鼃（蛙），民无叛意。”[14]

当时的墙是版筑而成的，高二尺为一版。版筑即以木板为模，填土夯实而成墙，我小时候这种施工方法还通行于豫西北的乡下。何以中国的生产技术发展得如此之慢！差三块“版”的高度城就要被淹没，说明水大，如果晋水没有一定的规模，决水灌城就无所谈起；沈灶产蛙，说明围困的时间长。当然，这里的记述存在一定的文学性。

关于水灌晋阳这一段，《资治通鉴》记述得是比较详细的，智伯对韩、魏二氏曰：“吾乃今知水可以亡人国也。”

只此一句话，吓坏了韩、魏两家，韩忧绛水可以灌平阳，魏忧汾水可以灌安邑，那是他们的封邑。其实，春秋年间以水代兵早已不是稀罕之事，水灌晋阳也只是一例而已。后赵氏派出智谋之士策反韩、魏：

“臣闻唇亡则齿寒，今智伯帅韩、魏以攻赵，赵亡则韩魏为之次矣。”

韩、魏终于被策反，后在智氏兵营方向破开堤防，三家联攻，智伯灭。

水灌晋阳，发生在公元前455年，战争的结果走向三家分晋，威烈王二十三年（公元前403年），周天子册封韩、赵、魏三家为诸侯，算是完成了三家正式成为诸侯的“法律”手续，可这是一个大变局，意味着春秋完结，战国开始。有鉴于此，司马光的《资治通鉴》由此开篇。司马光对三家分晋颇持看法，故而“臣光曰：臣闻天子之职莫大于礼，礼莫大于分，分莫大于名”。其实司马温公这几句话，已经把卷帙浩繁的《资治通鉴》所谓的“资治”道理说清楚了。

水灌晋阳之后，原来截断泉流、储蓄泉水的渠道并未毁弃，引以为灌溉渠道，长久发挥效益，谓之智伯渠。智伯渠是中国有坝引水的开端，比名闻天下的都江堰早了200年左右，有溢流的手段，在水利科技史上占有一席之地[15]，其名字也一直沿用到现在。

## （五）

在众多晋祠的吟诵题刻中，有许多有关稻花香的描述，如“一条瓜蔓水，十里稻花香”的楹联，如“晋水源流汾水曲，荷花世界稻花香”的楹联，前述范仲淹诗中“千家溉禾稻，满目江乡田”的水乡泽国景象。

在一般人的印象中，山西是我国典型的半干旱黄土地区，农业种植以谷子和莜麦等耐旱作物为主，难道晋祠下真有“十里稻花香”的盛况吗？

不但有，而且晋祠大米自古迄今都名满天下，事实上，晋祠东部一带是山西最大的水稻种植基地，这完全得益于晋水的浇灌！

晋水灌溉历史悠久，至少在东汉年间已初具规模，如《后汉书》这样记载：

“元初三年春正月甲戌，修理太原旧沟渠，通利水道，以溉公私田畴。”[16]

《水经注》对此条的解释为：

"'昔智伯之遏晋水灌晋阳，后人踵其遗迹，蓄以为沼，分为二派，北渎即智氏故渠也。其渎乘高，东北注入晋阳城，以灌溉，东南出城，流注汾水。'今所修沟渠即谓此。"

这条注解，将东汉年间"修理太原旧沟渠"追溯到了水灌晋阳，明说所修沟渠就是北渎——智伯故渠。

至隋开皇年间，晋水灌溉稻田面积已成蔚为大观之势。随着灌溉面积的增大和用水量的增加，人们不断疏浚旧有沟洫，开挖新的灌溉渠道，并形成分水规章。至北宋嘉祐年间，已有晋祠外八景之一的"四水青畴"，所谓四水，即为由难老泉分出的四条灌溉渠道，由此而形成了田畴风光，这形象地传递出人们的欣慰之情。《水经注》成书于北魏，由此推知，至少从北魏起，经隋、唐、五代至宋，灌溉规模能够逐渐扩大，晋水流量必然具有一定规模，另外，李白有泛舟晋水的诗句"浮舟弄水萧鼓鸣，微波龙鳞莎草绿"，由此可知，晋水之大足可载舟。

晋水的泉流津溉是源远而流长的，圣母殿前的一溜牌匾就是编年史，而那难以尽数的楹联就是颂词风格的诠释。故不再赘述。

从晋祠出来已是半下午时分，晚秋的晋阳已是一片寒意，小风吹来，黄叶飘落道旁，许多树冠看起来已经稀疏了，唯有最普通的老榆树仍是枝叶稠密。公共汽车站太远，恰有老乡私家车揽活拉客，就随手叫了一辆，前往太原城。司机看起来约有 50 多岁，态度和善，几句对话，觉得他是个见多识广的人。车上，我以悬瓮山的方位和书上对古晋阳城的记载辨别方向，问司机是否对。不想司机十分健谈，就此拉开话题。

他问我赵国都城在哪里，我说就在这里啊，后迁河北邯郸。司机对我的回答大感满意，他说他常问客人这个问题，然后开始给我讲有关赵家或赵国的故事。他给我讲了豫让藏在桥下欲行刺赵襄子为智伯报仇的故事，并告诉我豫让桥附近有一座豫让庙。我说能否带我去看看智伯渠、渠上的豫让桥和豫让庙，天色未晚，还有时间。他说：

“早过了，折返回去车不好掉头。再说有什么好看的？智伯渠、渠上的豫让桥早没了，智伯渠没水了，都填埋了。”

我说有水啊，晋祠内的难老泉有水，祠内的智伯渠有水啊？

他说：“哎呀，那是水泵打的水，让人看的，不是泉水。”

他的话让我大感诧异，我继续问他什么时候没水的，为什么没水了？他迟疑了一下，说：“（20 世纪）90 年代初吧，化学公司给弄没的。”

何以流淌了 2000 多年造福人类的晋水，到 90 年代、到了我们手里就给弄没水了？我甚感不快，不再说话。

## （六）

我不满足于老乡所说的，是化学公司取水导致晋祠泉断流了，后来，读了些资料，确如老乡所说，祠泉断流与化学公司的取水有关 [17]，可见老乡所说是第一手资料。但晋祠渊泉断流不是一件简单的事，真正要在水文地理上完全清楚地找出原因，或许不那么容易，但大体说来，与下述因素有关：与采煤有关，采煤需要排水；与对岩溶水的直接开采有关，这就包括任何直接的取水，甚至相邻泉域的取水；与河流对地下水的补给有关；也与大气降水量减少有关 [18]。

1933 年为晋祠泉实测水流量 2.4 立方米每秒 [18]，这个流量当然相当大；20 世纪 50 年代，流量平均约为 2.0 立方米每秒 [17]，也比较稳定；但

70年代以后，晋源水量锐减[19]。越往后流量越小，直到1994年彻底断流。

研究结论已经证实，直接的开采是导致晋祠泉断流的最主要原因，如此，就完全可以说，人的过度索取是主因，是今人对晋水造成了伤害，所以，智伯渠才在流淌了近2500年之后，因干涸而堙废，因堙废而掩埋没了。

诚然，智伯渠只是一条“瓜蔓水”，但没了这条“瓜蔓水”，何来十里稻花香？豫让桥只是智伯渠上的一座交通桥，我没见过，但能想象得出，这只是一条不起眼的小桥，但问题是，**一条小沟、一座小桥，乃至沟旁桥边的一草一木，承载着一份历史，当它们消失了，人们可说道的东西就少了**。全国有多少这样的水沟小桥行将堙废或已经堙废？悲乎？

**大自然可视为由无机的大自然和有机的大自然组成，无机的大自然是山水、阳光、空气，有机的大自然是人类、草木、鱼虫。无机的大自然是生命的载体，有机的大自然是生命的体现，二者之间，互为依存，才成就了色彩斑斓的大世界，才成就了地球——茫茫宇宙中这个蓝色星球的美丽，而这种色彩斑斓、这种美丽，会因人类的欲望伴随着肢体的延长而受到损害。**

诚然，肢体的延长是生产力提高的体现，生产力水平的提高是人类追求的目标，关键是，人类该怎么使用自己创造发明的工具来满足自身的欲望。

这就有个度。**中国哲学讲究过犹不及，我们不能因为技术的进步而反伤自身，甚至延及子孙。**

还是回到晋水。

晋祠泉域的干涸，其中一个原因是与河流对地下水的补给有关，而河道中流水的减少又与上游修建水库以后泄放流量减小有关，这恐怕是修建水库的当初人们没想到的——修坝以后对下游的影响考虑不足，当不是孤例，我想说的是，有些事，我们搞不清楚。大自然环环相扣，我们怎么能够弄清楚每个环节？怎么能够弄清楚每个环节带来的影响？

**大自然是简单的，简单到各个环节之间的和谐依存，因此我们需要尊重它；大自然又是复杂的，复杂到人类无论怎么聪明，都不可能完全理解大自然、超越大自然，因此我们更要敬畏它**。

好在当前认识到了对晋水的伤害，说得更一般些，好在当前人们普遍意识到了人类社会对大自然的伤害，这说明了社会的进步，说明了人们普遍意识的提高。既如此，使晋水恢复到泉涌状态，就成为了太原或山西人的责任，使全国更多的泉流涌吐不断就成了全社会的责任。

“难老”灵源,“善利”三晋，晋水长流，泽洽桐封。

晋祠小景

最后，用唐太宗的话来祝

福晋水、祝福祖国的山山水水：

“万代千龄，芳猷永嗣。”

## 参考文献


[1] 钱穆 . 国史大纲：上册 [M]. 北京：商务印书馆，2013.

[2] 周长富 . 浅谈唐尧氏 [J]. 河北大学学报（哲学社会科学版），1982（1）：147-155.

[3] 胡渭，著 . 邹逸麟，整理 . 禹贡锥指 [M]. 上海：上海古籍出版社，2013.

[4] 梁思成 . 图像中国建筑史 [M]. 天津：百花文艺出版社，2013.

[5] 水经注校证卷六 [M]// 郦道元，著 . 陈桥驿，校证 . 水经注校证 . 北京：中华书局，2007.

[6] 春秋左传诂卷十五：传昭公一 [M]// 洪亮吉 . 春秋左传诂 . 北京：中华书局，1987.

[7] 姚汉源 . 黄河水利史研究 [M]. 郑州：黄河水利出版社，2003.

[8] 文新春 . 山川奠禹先：汾神台骀庙纵览 [J]. 文物世界，2017（4）：24-26.

[9] 张俊峰 . 神明与祖先：台骀信仰与明清以来汾河流域的宗族建构 [J]. 上海师范大学学报（哲学社会科学版），2015，44（1）：132-142.

[10] 杨连锁，张德一 . 晋祠诗词 [M]. 2 版 . 太原：山西古籍出版社，2004.

[11] 杨连锁，杨彦 . 晋祠题咏墨迹选 [M]. 太原：山西古籍出版社，2001.

[12] 资治通鉴卷一百九十八：唐纪十四 [M]// 司马光 . 资治通鉴 . 北京：中华书局，1956.

[13] 郭永安 . 唐太宗李世民和他的《晋祠铭》[J]. 中国书法：2015（4）：34-37.

[14] 资治通鉴卷一：周纪一 [M]// 司马光 . 资治通鉴 . 北京：中华书局，1956.

[15] 郭涛 . 中国古代水利科学技术史 [M]. 北京：中国建筑工业出版社，2013.

[16] 后汉书卷五：孝安帝纪第五 [M]// 范晔 . 后汉书 . 北京：中华书局，1965.

[17] 薛晓峰，曹召丹，周芳成，等 . 晋祠泉域断流成因分析及保护措施 [J]. 科技博览，2013（7）：146.

[18] 晋华，杨锁林，郑秀清，等 . 晋祠岩溶泉流量衰竭分析 [J]. 太原理工大学学报，2005（4）：488-490.

[19] 张德一，杨连锁 . 晋祠览胜 [M]. 2 版 . 太原：山西古籍出版社，2004.

# 魏武挥鞭背后的运渠及屯田水利

“往事越千年，魏武挥鞭，东临碣石有遗篇，萧瑟秋风今又是，换了人间。”诗人举重若轻的潇洒，表现的是“一唱雄鸡天下白”“换了人间”后的欣慰。而同时，神武的魏武帝形象也跃然而出，鞭梢所指，所向披靡，一时间，静了烟尘。奏凯而还，“东临碣石”，吟出雄浑的《观沧海》。而这背后，却有着魏武挖运渠与屯田的故事，“运渠”与屯田，是那个时代的战争武器……而“开屯之要，首在水利”，1800年后，左宗棠如是说。

## （一）

先说此文的缘起。

那还是若干年前，我在秦皇岛讲课，间隙，来到那茫茫的大海边，看到远处归来的渔船，不由自主地想起毛主席的诗《浪淘沙·北戴河》："大雨落幽燕，白浪滔天，秦皇岛外打鱼船。一片汪洋都不见，知向谁边？……"我吟诵着，可当"往事越千年，魏武挥鞭"一句吟出之后，却突然意识到，"东临碣石"不就发生在这里吗？于是，脑子转向了《观沧海》的背景。

《观沧海》一诗，是当年曹操北征乌桓（乌丸），得胜而归，登临碣石山后所作。碣石山，曾经是秦始皇、汉武帝巡幸东方登临的地方。中国人从来都钟情怀古，无论是伟人、骚人，还是平民。千里用兵，奏凯而归，登高仿秦皇汉武，吟下雄浑之曲，吐露胸襟，对曹孟德而言，是既符合人物性格，也符合时代特征。一言而蔽之，即"幸甚至哉，歌以咏志"。

晚上翻阅资料，手边是一本冀朝鼎先生的经济学著作《中国历史上的基本经济区与水利事业的发展》，这是一本以水利为视点，研究古代中国经济问题的开山之作，恰巧，就看到了这样一句与曹操有关的话：

"曹操之所以能战胜北方的乌丸人，在很大程度上是由于开凿了这两条作为战备计划之一的运河。"

这两条运河，指平虏渠与泉州渠，这里，冀先生把取胜的功劳，很大程度上算到了开挖的渠道上，只看平虏渠的名字，就知道是用于征伐的水道。雄才大略的曹操喜欢挖渠我本是知道的，但并没有像冀先生那样，将运渠的作用提到那样的高度来认识。

曹操在中国是个闻人，但人们津津乐道的话题，却并不包括他在沟洫方面的成绩。实际上，他在这方面的实绩良多。明末清初的杰出思想家王夫之，对当时的屯田事曾做过这样的评价：

“曹孟德始屯田许昌，而北制袁绍，南折刘表；邓艾再屯田陈、项、寿春，而终以吞吴；此魏、晋平定天下之本图也。”[1]

如此看来，三国时代，最重要的军备竞赛乃是挖渠及屯田，而屯田，又直接与水利发生关系，从西汉孝武首开屯田迄今，无不如此。

有关曹魏挖渠与屯田水利之事，清人康基田在《河渠纪闻》[2] 中有过较为详细的总结，后边将会逐层、逐渐涉及。

按魏志烏桓侵擾幽州略漢民十餘萬戶袁紹皆<br>立其酋豪爲單于尚兄弟歸之數入塞爲患助尚<br>謀復故地曹操將北征鑿渠自滹沱入泒水名其<br>渠曰平虜又從泃河口鑿入潞河名其渠曰泉州<br>蓋以疏通運道一引滹沱接泒水一從泃河歸潞<br>河也泒水起雁門葰人戍夫山鑿渠通滹沱至泉<br>州與清河合東入海清河者泒河尾也白溝水濫<br>廣宗爲清河濬渠由滹沱入泒由泒入清即通入<br>白溝也曹操因餞河故瀆決令北注迄於泒河之<br>河渠紀聞 卷之四<br>尾又鑿三河之洵由洵入潞以通運糧儲充裕由<br>是塹山堙谷經白檀歷平岡東指柳城糧不缺於<br>供所向無不克得平虜泉州二渠之力爲多也唐<br>時姜師度巡察河北兼支度營田使猶循魏武故<br>迹並海鑿平虜渠以通餉道由是罷海運力省功<br>多明時開直沽東西新河餉薊州東路亦仿此意<br>順地之高下以殺水勢爲安流軍糈安枕而至水<br>之爲利大矣<br>漢獻帝建安十三年曹操開芍陂屯田陂在壽州安

康基田，《河渠纪闻》相关论述截图（一）

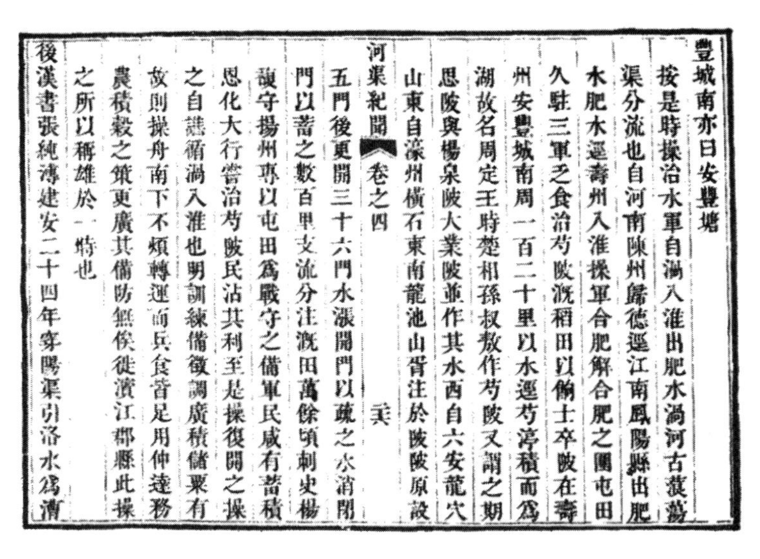

豐城南亦曰安豐塘
按是時操治水軍自渦入淮出肥水渦河古蒗蕩
渠分流也自河南陳州歸德逕江南鳳陽縣出肥
水肥水逕壽州入淮操軍合肥解合肥之圍屯田
久駐三軍之食治芍陂溉稻田以偷士卒陂在壽
州安豐城南周一百二十里以水逕芍渟積而爲
湖故名周定王時楚相孫叔敖作芍陂又謂之期
思陂與楊泉陂大業陂並作其水西自六安龍穴
山東自濠州横石東南龍池山背注於陂陂原設
河渠紀聞 卷之四 美
五門後更開三十六門水漲開門以疏之水消閉
門以蓄之數百里支流分注溉田萬餘頃刺史楊
馥守揚州專以屯田爲戰守之備軍民咸有蓄積
恩化大行嘗治芍陂民沾其利至是操復開之操
之自譙循渦入淮也明訓練備徵調廣積儲聚有
故則操舟南下不煩轉運而兵食皆足用伸逹務
農積穀之策更廣其備防無俟徙濱江郡縣此操
之所以稱雄於一特也
後漢書張純溥建安二十四年穿陽渠引洛水爲漕

康基田，《河渠纪闻》相关论述截图（二）

## （二）

康基田是清朝有声望的治河人，累迁河道总督，职业经历使他编纂了《河渠纪闻》一书，该书“体现了渊博的学识、实践的知识与历史的洞察力。它实际上论述了各个朝代的全部主要治水活动。这本书是这一学科中最好的著作之一”[3]。无奈的是，**今人做事只为稻粱谋，这些积聚了古人智慧和历代知识沉淀的书，如今成了故纸堆，从事水利工作的人鲜有问及，也不愿闻及，至于内心的不屑，只怕也是存在的，既带不来当下的利益，也与现代科技无关。问题是，现代科技的长足进步，恰恰弥补不了历史缺位带来的遗憾**。古人虽没有今人知识多，但智慧当不比今人低，举例来说，宗教先贤的思想深度、古希腊先哲的思想深度、孔孟老庄的思想深度，难道弱于今人吗？而古人、今人都要面对同样的问题。比如水旱灾害，缘于此，不涉及社会史、文化史、思想史、技术专史，古人的智慧与认识就很难为后人所知所用，如此，古人泉下有知，当有徒劳之悲，感慨其虽有呕心沥血之所，也只是枉然——还未开篇，先来了个感叹，之所以感叹，也缘由职业经历和感悟吧！

《河渠纪闻》中，不但记述了挖平虏渠与泉州渠之事，而且让我们知道，曹操有着“军屯、集谷与发展水路交通的庞大计划”[3]，这些都依赖基础产业——水利工程。就今日来讲，基础产业乃是一个国家崛起的重要根本，在曹孟德时代，更是这样。

如今平虏渠与泉州渠已是旧迹难考，但晚至唐、明，仍有循其旧迹以兴利的记载。后人愿循前人旧迹，原因在于，中国古代水利工程的初创智慧是非常可贵的，其在工程上可能是最容易实现的，因为，古代的技术手段低下，经济基础薄弱，人们没有移山填海的能力，因而所建工程之可行性必然最高，包括地形高下、渠线选择、泄洪补水等，否则难以成功。

曹操开渠的原委是这样的：

建安五年（200 年），曹操在官渡之战中，击败了占据河北的袁绍，后曹操势力延至河北，绍子袁尚兄弟却率残部投靠了乌桓，但却依然入塞侵扰，数度为害：

“辽西单于蹋顿尤强，为绍所厚，故尚兄弟归之，数入塞为害。公将征之，凿渠，自呼沱入泒（gū）水，名平虏渠；又从沟（jū）河口凿入潞河，名泉州渠，以通海。”[4]

此次用兵，曹军“从卢龙口越白檀之险，出空虚之地，路近而便，掩其不备"(《三国志》),出奇而制胜。这就是军事史上有名的白狼山之战。

卢龙口,即卢龙塞,今名喜峰口,是一个出名的军事关隘。春秋时代,齐桓公为燕北击山戎走的就是卢龙塞。北击山戎,有了"老马识途"的故事;抗日战争时期,国民革命军第二十九军与日军浴血奋战就发生在这里,血战喜峰口,唱出了复仇的最强音《大刀进行曲》。勇士的怒吼,于山谷间震荡、回响、叠加,最终汇聚成四万万同胞共同的复仇怒火,燃烧于前线后方,燃烧于平原山冈,燃烧于天地间,这就是中国人民的民族之怒。

我曾于潘家口大坝逆水而上,抵达喜峰口,看到那一段破碎的土色长城,从山头慢慢走向水底,坍塌于水下,心里不禁浮想联翩,既有怀古之想,也有难以叙述明白的味道。远处,似有一个小岛,上有村落,影影绰绰,时近黄昏,斜阳残照,难以看清,或是遗弃的村落,或有孤零的炊烟,让我想起儿童诗:"一去二三里,烟村四五家。"长城关隘,古时白马秋风,衰草连天,大漠孤烟,而今高峡平湖,山水相接,缥缈无际,感叹人力伟大之时,止不住自问:秦时明月,汉时雄关,而今"水何澹澹",烟波浩渺,是同一个地方吗?当年解放军战士肩背水泥、湿了半截的衣衫、修筑大坝的情形还清晰地印在脑子里,如今眼前已是"秋风萧瑟,洪波涌起",今人,真的有移山填海的能力啊!

征乌桓时在建安十二年(207年)。至此,曹操已基本上统一了北中国,吕布、袁绍、袁术、张绣等俱被剿灭,曹操已在马背上成就了他的雄才大略,于沧海横流之中,尽显了他的英雄本色。一年之后,曹操鞭梢所指,兵船相继,攻下荆州——南下水路早已疏通,还是沟洫之利。无奈赤壁鏖兵,曹孟德败走华容道,形成了三国鼎立的局面。[5]

上边引文提到了“通海”，在曹操那个时代，中国的海运已经非常重要，姚汉源先生在《中国水利发展史》中称：“汉代东部沿海，北至辽东，南至交广，都畅行无阻，还有东通日本，南至南洋一带的记载。”[6]原来中国的海运在古代开发很早。时至明永乐，郑和下西洋的事世人皆知，中国的航海事业遥遥领先于世界，只是在1500年之后才落后于西方。**而1500年前后，是世界地理大发现的时代[7]，当年世界地理之大发现，为现今世界的形成立下了基本框架。回溯历史，明代停止远洋航行，真是走了一步错棋。**

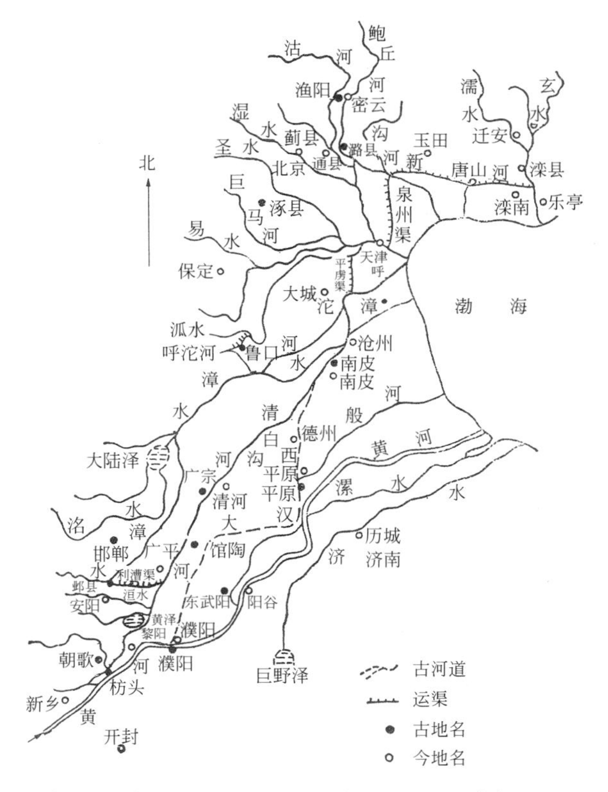

白沟渠、平虏渠、泉州渠示意图（源自：姚汉源《中国水利发展史》）

## （三）

除了为征乌桓挖过平虏渠、泉州渠之外，曹操在黄河北岸，还多有作为，时间有先后，都是围绕邺城展开，使得邺城“漕运四通”。曹操征乌桓回来后甚至在漳河畔挖了一个很大的人工湖泊，称为戽武池，也就是《三国演义》里称的玄武池，演练水军：“乃引漳河之水作一池，名玄武池，于内教练水军，准备南征。”

**后曹封魏公、魏王，邺成了魏的都城，如果眼光再放远一点来审视曹操在黄河南北两岸的挖渠行为，则恰如数百年后隋炀帝修南北大运河的行为，只是，一个以邺城为中心，一个以洛阳为中心；一个规模小，一个规模大**。

官渡之战后，曹操的战略眼光是先统一北中国。为了集中军粮，将山东的粮草调运到他所占领的中心区域河南一带向北用兵，曹操引淇水入白沟，增加白沟的水量，以便通漕，“九年春正月，济河，遏淇水入白沟以通粮道”[4]。

淇水原南流入黄河，春正月曹操渡过黄河之后，即在淇水入黄口作堰，壅水入白沟，从此，淇水改为东北流，成为今卫河的支流。

“瞻彼淇奥（奥 yù，弯曲），绿竹猗猗（猗 yī，美貌状）。”

这是《诗经》时代对淇水的吟诵。想当年的淇水畔一定很美丽，借用一句话，即此地有“茂林修竹，又有清流激湍，映带左右”。古人解《诗经》，曰该诗美武公之德，既是比兴手法，“六经皆史”，淇水美丽，那一定是当时的生态现状。

一条入黄的河道，硬生生要逼其改道，谈何容易？究其原因是用了大枋木作堰，《水经注·淇水》曰：

“魏武王于水口下大枋木以成堰……时人号其处为枋头。”

“大枋木”三字，让我深感兴趣，我的家乡有枋口堰（见本书《家乡的秦渠》），是以“枋木为门，以备蓄泄”。枋木是古书记载的一种木头，该枋木是今日的何种木头呢？难以找出答案。为什么水利工程爱用枋木？一种合理的解释是，枋木当是通指尺寸大的木头建材，并非指某一树种。

枋头因处水路要道，后逐渐演变成出名的一处军事要地，称枋头城。枋头城后发生过多次有影响的大战，直接影响了两晋、南北朝时的军事态势。今河南浚县有枋城村存焉。

白沟之谓，听起来似是一段沟壕，其实白沟是黄河南徙后的故道，河徙后，故道具有排洪和灌溉的功能，2000年的自然历史变迁，今称卫河或说为卫河的一部分（卫河本身有源，发源于太行山脉）。卫河长期有通航、灌溉之利，如今再难行船，水少，难以负舟。曹操遏淇水入白沟，为攻占邺城开辟了一条通道，这条战争线路，作用远大，不只是一时攻邺城之用也。

邺在战国时已经名闻天下，西门豹曾发民凿十二渠，引漳水溉斥卤之地，谓之西门豹治邺，这个故事人所共知。

“夏四月，留曹洪攻邺城……九月，邺定。”[4]

正月渡过黄河，然后阻遏淇水，使其东北向流入白沟，沟洫先行，战争继之，九月邺定，效率真是高，是舟楫承载的战争效率。

邺成为魏的都城后，才有漳水旁的铜雀台之所建。

“……临漳水之长流兮，望园果之滋荣……愿斯台之永固兮，乐终古而未央。”

曹植曾为《铜雀台赋》，文辞华美，为汉赋中的名篇。

不止于此，曹操攻下邺城之后，为将其经营成根据地，循西门豹旧迹，重修漳水十二渠，发展周边农业，并将漳水引入邺城，供城市用水，开城市水利之先河；此引水称“利漕渠”，通白沟[8]。此时引水通白沟，是在遏淇水入白沟的基础上进一步增加水量，显然是为了增加航运能力。“利漕渠”并通今安阳一带的洹水，有交通、灌溉、城市供水之利。[6]这不就是“漕运四通”吗？

多说一句吧，邺城不只是“漕运四通”，还处于太行山前南北陆路交通之要道之上——此路自古迄今，同时扼守入晋要道釜口陉，釜口陉为“太行八陉”之第四陉。地理位置实在重要，这也可解释，为什么曹操在经营许都的同时，还在精心地经营着邺城。

“邺则邺城水漳水，定有异人从此起。”曹孟德真异人也，所异者，除“雄谋韵事与文心”之外，对沟洫之利，居然是如此的热衷。

引淇水入白沟在建安九年（204 年）。白沟北接呼沱河（滹沱河），呼沱河下接平虏渠，一路畅流。平虏渠开凿于建安十一年，征乌桓在建安十二年，白沟比平虏渠长得多，故而白沟、平虏渠在征乌桓中均起到了巨大的作用，冀朝鼎先生之所以强调平虏渠而未言及白沟，盖因白沟为天然河道之故。

如此看来，曹操为战争开渠，虑始甚详，筹划甚密，行动甚快，步步为营。即以选线方案来讲，以今天眼光视之，也令人叹服。我想，曹营中必有驭水有术的高手，其中一人，即是董昭。

“凿平虏、泉州二渠入海通运，昭所建也。”

即董昭开凿了这两条渠道。

后来，我检阅史料发现，这个董昭，实在是个有大眼光的牛人，就是他建议让汉帝驾幸许都，从此，曹操有了挟天子以令不臣的资本。他说出了这样两句令人印象深刻的话:“夫行非常之事，乃有非常之功。”“后太祖遂受魏公、魏王之号，皆昭所创。”[9]

虽说白沟、平虏渠今日难觅旧迹，但据相关研究，隋炀帝开永济渠以通涿郡时，实际还是利用了白沟、平虏渠故道[10]，“曹操开白沟后400年，隋炀帝大业四年（608年）改白沟为永济渠”[8]。这种说法是成立的。古时候，生产力水平没那么高，无论是先期的曹操，还是后期的隋炀帝，若不利用天然河道，很难短时间内完成长达数千里的运河，工程量是一个问题，水源也是一个问题。**简言之，曹操当年的行为，为隋炀帝修大运河做了铺垫。**

**能够巧妙地利用自然，因势利导修建水利工程，任何时候都是值得追求的目标，而今天，人的力量太强大了，在不经意之间就会忽略这一点，这是不可取的。**

## （四）

在黄河北挖渠的同期，曹操在黄河以南也在紧锣密鼓地进行着水系沟通的工作，所挖渠道甚多，难以尽述，从主线看，乃是解决从洛阳、许都到淮河的交通问题，通淮后，大军可顺淮而下。

建安九年，曹操疏浚了汴渠，挖了濉渠，“汴濉合流入淮”，以连接汴渠与淮河——“汴水通淮利最多”，唐人如是说。不唯如是，其军事意义是主要的，近便了由黄入淮、由淮达江。这是一条从洛阳直达长江的军事水道——必须强调这一句话，开凿的原始目的就在于此，而平时，则有民生之利，便利了商旅往来，便利了物资交流。于是，**文化的繁荣，便于交流中产生**。还有一层治水、治河方面的意义，请看清人康基田的总结：

“不与黄通流，顺轨入于海。”

——近几百年以来，淮河为害不浅，唯在不能“顺轨”入海。

“得汴渠之利，尤在不通黄流，浊水挟泥沙而入，益汴之利少，淤汴之害大，曹孟德深知而远避之……所以为一世雄也。”

——欲得汴水之利，须保证黄河与汴河不能直接沟通，否则得不偿失。

“操惟治运而不治河，然使河无旁泄，许下亦获安，利即所以治河也。”

——曹操把精力放在了治理运渠上，而不是直接治理黄河，不让黄河水泄进运河，许都也获得了安全，相当于获得了治河之利。

这里，康基田直把曹孟德看成了深知河性的水利专家，曹孟德在诸多“帽子”的基础上又层叠了一重“技术帽子”，看到此，不禁使人哑然失笑。事实是，做过河道总督的清人康基田，将自己的感受、心得加进来，回头来评述历史了。纵曹孟德一时之雄杰，善趋避水之利害，也未必有如此深刻的认识。

**南宋后，黄河夺淮，黄淮合流，淮失其道，鸠占鹊巢，造成了说不尽的河患，说不尽的自然地理大变迁，以至于元明清三代，特别是明清两代，国家将很大的财力、物力都用在了治河、保运、通漕之上，其影响直至今天——盖因淮河失却入海通道之故也（见本书《黄河夺淮——从清口到三门峡》）**。当然，我们也需要知道，曹操，东汉末之人也；“荥阳下引河东南为鸿沟，以通宋、郑、陈、蔡、曹、卫，与济、汝、淮、泗会”[11]，西汉之文也，记述战国事。曹操手下武将如云，谋士如雨，必知魏惠王开鸿沟之利及其后的河道变迁——时既近于古，必然对“荥阳下引河”的利害比后人知道得更清楚，因而在进行水系大沟通形成军事水道的过程中，独留一关隘，使得汴水不直接导通黄流——20 世纪在郑州花园口一带修东风渠，就没有吸收此教训，并一再犯错（见本书《花园口，沉重的话题》）。

写到这里，再回到曹操畅通的黄河之南的水道，不由得使我想起了刘禹锡的诗《西塞山怀古》：

王濬楼船下益州，金陵王气黯然收。
千寻铁锁沉江底，一片降幡出石头。
人世几回伤往事，山形依旧枕寒流。
今逢四海为家日，故垒萧萧芦荻秋。

这首诗的历史背景，是西晋大将王濬从益州出发，率军顺江而下吞灭东吴的故事。王濬名义上的军事首长是杜预，杜预曾建议王濬在攻克建业灭吴后，率大军循水路还京洛阳（见本书《吴城邗，千里赖通波》），“自江入淮，逾于泗汴，溯河而上，振旅还都，亦旷世一事也。”自江入淮，再通过泗水、汴渠，溯黄河抵洛阳，走的主要路线不就是“汴濉合流入淮”之路吗？

杜预的话，对王濬实在是一种激励，对王濬充满了诱惑力，王濬也实在为之而激奋，实在是心念之而按捺不住，于是，向朝廷“打了请示报告”，“濬大悦，表呈预书。”[12]至司马炎，曹魏天下为西晋所有，因而也就成了西晋时期的重要水运交通线。

除了修运渠通水道外，曹魏着力最多的，乃是军屯，而军屯的重点又在于军屯水利。水利对于农业的重要性是毋庸赘言的，按时人的用语，“白田”望天收亩产量“十余斛”，但“水田”则可“收数十斛”[13]，相差太大。

## （五）

在曹操与袁绍对阵之初，曹操任命了一个重要的官员——扬州刺史刘馥。“太祖方有袁绍之难，谓馥可任东南之事，随表为扬州刺史。”[4]

对阵在官渡（今郑州中牟），距许都只一步之遥。广大的河北是袁绍的势力范围，曹操的势力主要在淮水流域。在都门打仗，东南不能有事，得找一个靠得住、有能力的人保护好这块赖以生存的大后方、根据地。曹操是沛国谯人，于是，他选中了自己的老乡沛国相人刘馥。刘馥果然不负厚望，“聚诸生，立学校，广屯田，兴治芍陂（què bēi）及茹陂、七门、吴塘诸堨（è，堰）以溉稻田，官民有畜”[4]，成绩斐然。

芍陂今称安丰塘，位于今安徽寿县。芍陂，水塘是也，只是此塘缥缈无际，实在是广大。《水经注》曰：

“淝水流经白芍亭，积水成湖，故名芍陂。陂周百二十里许里。”[14]

芍陂原由楚令尹孙叔敖所创修，是中国最早的大型蓄水灌溉工程，比名闻遐迩的都江堰、郑国渠要早三百多年，楚庄王后来称霸天下，与芍陂灌区的修筑不无关系。公元前 241 年，楚国干脆将都城由今河南的淮阳迁到了寿春（寿县），迁都的原因当然不止一个，但芍陂的存在，使寿春一带有了发达的农业经济，是确定的一个原因。一千多年之后，宋相王安石为了功追先贤，这样称赞芍陂的恩赐：“鲂鱼鲅鲅（bō，摆动）归城市，粳稻纷纷载酒船。”

自孙叔敖创修芍陂之后，历代对其多有修缮，清人有《芍陂纪事》详述之。如今，安丰塘属于中国最大的三个灌区之一——淠史杭灌区，这座具有 2600 岁高龄的江淮明珠，如今仍是清波荡漾，一碧万顷，仍在发挥着灌溉效益，可灌溉约 67 万亩良田，淮南因之而为中国著名的产粮之乡。

多补充一句话，芍陂南接山间溪流，西纳东流之水，水量有保证，灌溉能自流，其位置选择充满了智慧。芍陂能实现两千多年生命力常青，其根本原因就在于此。其实，**充满天才之思的位置选择，是如今还在兴利的中国古代水利工程所共有的特征**，如都江堰灌区、引泾灌区、广利灌区。同都江堰一样，芍陂有完备的岁修制度，其岁修条例由时任庐江太守的王景所创设。王景为东汉水利专家，因治河而名垂青史。**将法律**

**条例勒石立于水边，为官民所共同遵守，成为中国古代水利管理的成例。**

康基田在《河渠纪闻》中这样记叙与评述芍陂灌区：

“（曹军）屯田久驻，三军乏食，治芍陂溉稻田，以饷士卒……刺史刘馥守扬州，专以屯田为战守之备，军民咸有蓄积，恩化大行……则操舟南下不烦转运而兵食皆足……此操之所以称雄于一时也。”

常言“兵马未动，粮草先行”，既然曹操能做到南下用兵而兵食皆足，则称雄于一时也就顺理成章，而沟洫之利，又当首功，原因就在于设官员“专以屯田为战守之备”。

之所以要以“屯田为战守之备”，原因在于，“在那时，则几乎只有军队，没有农民了。”[15]这是钱穆先生的观点。当然，农民是不可能没有的，只是天灾和战争导致人口锐减，流民背井，居无定所，何来安定的社会条件来发展农业？曹孟德《蒿里行》诗曰：“白骨露于野，千里无鸡鸣，生民百遗一，念之断人肠。”在这种社会条件下，军队不足以从农民手中筹集到足够的军粮，只得自己种粮食——东汉末年，真是中国历史上悲惨的一页啊，曹孟德之诗让人不忍卒读。

此时的屯田有军屯与民屯之分。军屯，现役军人屯垦；民屯，预备役人员屯垦，可以收留流民，真是大功一件。虽曰民屯，却同样是军事的性质，通过官方给予种子、农具等鼓励流民种地，然后收租税。这样做，既有利于社会复苏，又可以强兵，实在是乱世之良策。因为屯田水利，建成了灌区，军民都有了积蓄，所以“恩化大行”。

此处的刘馥何许人也？熟悉《三国演义》的人当记得曹操于赤壁之战前，酒后在长江上横槊吟唱《短歌行》的情景。《三国演义》这样写：

“时操已醉，乃取槊立于船头上，以酒奠于江中，满饮三爵，横槊谓诸将曰：‘吾持此槊，破黄巾，擒吕布，灭袁术，收袁绍，深入塞北，直抵辽东，纵横天下，颇不负大丈夫之志也。今对此景，甚有慷慨。吾当作歌，汝等和之。’”

歌罢，刘馥言“月明星稀，乌鹊南飞，绕树三匝，无枝可依”不吉利，曹操大怒，手起一槊，刺死刘馥。

看到此，不禁使人大吃一惊！

本人喜读《三国演义》，但却觉得此处的用笔颇为突兀，纵是“演义”也没有必要。

《三国演义》中对刘馥政绩的描写与《三国志》中对刘馥的记载大体相同，这样一个对曹操有大功的人，怎会轻易杀掉呢?

我详查了《三国志》，未见曹操杀人的记载。赤壁鏖兵，地点在湖北，扬州刺史的治所在寿春，两地相隔甚远。曹操于长江上横槊饮酒抒怀，怎么也轮不到千里之远“专管修水利、种庄稼”的人来和而歌之。《三国志》中对刘馥的记载，全属正面形象，并记其子靖及后人。靖之文数倍于馥。刘靖在“镇北将军、假节都督河北诸军事”任上，“又修广戾陵渠大堰，水灌溉蓟南北，三更种稻，边民利之。”[4] 这是指曹魏嘉平年间永定河上的引水灌溉工程，也是永定河上最早的引水工程。看来刘靖得乃父真传，镇守边关之时大搞军屯水利，军民咸利之。孙刘弘又继之，使事业进一步传承、扩大。北京一带引永定河水灌溉，一样巧妙地利用了天然河道，灌溉面积达百万亩[6]，北京种稻，这大概是最早的记载了。如今北京因河而建湖，因湖而建了莲石湖公园，并于园内立了刘靖、刘弘父子雕像，以志纪念开渠引水人。

建安四年，也就是官渡之战前一年，曹操还任命了另一位官员，广陵太守陈登。陈登的形象在《三国演义》里着墨较多，想必读者熟悉。没有着墨的是他在水利上的贡献。公元 198 年，即早于官渡之战两年，陈登造了一个陂塘，“这一陂塘由寿县以东一系列堰坝进行调节，萦纡 90 里，汇集了西北山区的 36 条水道的水流。它可以灌溉一万余倾田地。”[3] 民感其利，名之陈公塘。陈公塘为利甚溥。类似这种规模的灌区，是蜀吴两国所没有的，这必将导致经济上的不平衡。

补充一点，如今的洪泽湖大堤，称高家堰，原称高加堰，“三国时广陵太守所筑”[16]，也说是陈登所筑。二者是不是同一工程？陈公塘用以灌溉，高家堰用以捍淮，按说功用二者不同，当不会是一回事，但这只是以今日眼光视之，当时的淮河少有灾患。《河渠纪闻》所采史料也有陈公塘即高家堰之说。《尚书·大禹谟》：“罪疑惟轻，功疑惟重。”既后人蒙受高家堰之利是事实，说陈公开其端也可吧，寸寸堤防，即是人间丰碑，以纪念每一位有贡献的治水人。本人曾驱车数十里于洪泽湖大堤，堤外波光粼粼，堤内沃土无际，人民安居，炊烟袅袅，感触颇深。

## （六）

三国时代，魏蜀吴都在进行屯田，“各守封域，备战守必以屯田为务”[2]，故屯田为数也多，不可尽述。因为，“屯之于战争之时，压敌境而营疆场，以守为本，以战为心，而以耕为余力，则释耒耜、援戈矛，两不相妨以相废。”[1] 王夫之将其必要性、优越性论述得非常明白。

以恢复汉室为名，诸葛亮热衷于北伐。为解决“蜀道难”带来的粮草给养问题，诸葛亮也曾实行屯田的办法。不但在汉中屯田，还在渭水南岸屯田。“武侯分兵屯田，耕者杂于渭滨之间。”[2]《蜀书·诸葛亮传》载：“亮每患粮不继，使己志不申，是以分兵屯田，为久驻之计。”所以王夫之言：“诸葛公之于祁山也，亦是道也。姜维不能踵之，是以亡焉。”[1]虽然这里有称赞诸葛亮屯田之味道，事实是，三国之中，蜀汉屯田最晚，规模最小，故而败亡最快。[17]也因此，本人对诸葛亮的不断北伐，实在是不解，更不用说将其他方面也拿来一起对比。王夫之详述屯田的六大好处后，感叹说，“屯田之利溥矣哉！”

诸葛亮的老对手是司马懿，当时都督雍梁二州兵马。司马懿曾常年跟随魏武帝曹操南征北战，对曹操的屯田之策略自是十分了解。他不但继承了曹操的衣钵，还进一步拓展了其应用，他“宁愿用锄头、犁、灌溉渠道和陂塘来指导战争，也不愿轻动干戈”[3]——于是，魏蜀两国间的战争成了屯田之争。

时在建兴十二年（234 年），诸葛亮兵出斜谷，所走路线为褒斜道，这里引用了韩茂莉老师的一幅图[18]。

褒斜道是经过汉中、褒城，抵达眉县的一条道路，是沿河流而行的，秦岭南为褒水，北为斜水。西汉时期，为向首都长安漕运粮食，主要走的是黄河水道，但漕船过三门峡砥柱山太艰难，因而有人建议开新航路走褒斜道，在秦岭南，利用褒水行船，入汉水、通江；在秦岭北，走斜水。水陆联运。这条线路流程短、设想好，但山间河流水速太高，功用不成，无法行船[6]。可以推测，诸葛亮虽是沿河而行，却是走栈道，不具有曹孟德北伐乌桓所具有的便宜水路，这就艰难多了，转运粮草，将耗费掉极大的精力。

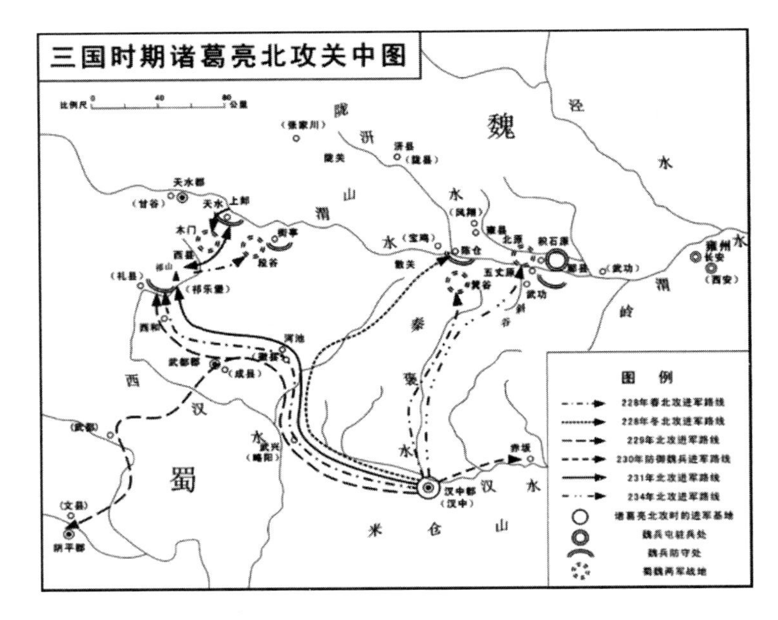


诸葛亮北伐路线图（源自：韩茂莉《中国历史地理十五讲》）

熟悉《三国演义》的人知道，这次北伐，诸葛亮为诱使司马懿出战，对其极尽羞辱之能事——又不是小孩子斗气，未见得孔明此种做法高明，徒告诉敌人自己求战之心是多么的迫切。诸葛亮为什么要这么做？长途跋涉，远距离用兵，粮草没有魏国丰足，当然愿意速战速决，这是诸葛亮“知己”；但司马懿不为所动，韧性十足，坚持打持久的经济战，准备耗死诸葛亮——司马懿有资本，这是司马懿“知彼”。

青龙元年（233 年），司马懿“开成国渠自陈仓（宝鸡）至槐里（兴平）；筑临晋陂，引汧（qiān）洛溉舄卤之地三千余倾，国以充实焉。”[19] 这里，司马懿是在魏国的势力范围内、在前敌区域大规模搞屯田水利，既得地利，也有人望，经之营之，大军无乏食之虞，可以逸待劳，岂是诸葛亮越过秦岭，在敌人的家门口搞屯田所能比的？且老谋深算的司马懿比诸葛亮出兵提前一年挖渠道、筑陂塘，未雨绸缪在先。以经济力量来衡量，诸葛亮出祁山与魏国开战，完全是自不量力，所以陈寿在《三国志》中谓其“然连年动众，未能成功，盖应变将略，非其所长”，恐怕是有相当道理的，岂有粮草不继而能决胜千里之理？司马懿的目的达到了，最终的结果就是诸葛亮“星落秋风五丈原”。

耗死了诸葛亮，司马懿的目光又转向了淮水流域——黄河下游黄、淮间平原。淮水流域正处于中国的中心地带，具有“战争祭坛”的地位，因而，逐鹿中原争天下者，必然要掌控之。“为广田积谷”，正始四年（243年），“将中魁元”司马懿派邓艾对今淮阳、沈丘、至寿县一带进行勘测，这是一次让邓艾充分展示其战略眼光的机会。《三国演义》中，邓艾率偏师偷渡阴平，穿插迂回进军七百里，绕过剑阁，直抵成都，迫使蜀汉投降的故事给人们深刻印象，但其实，整个一生中，邓艾的韧性、功力，更多地表现在水利与屯田上，故陈寿于《三国志》中评价邓艾说：“艾所在，荒野开辟，军民并丰”。

经过勘测，邓艾提交了淮水流域军屯水利勘测报告《济河论》，报告认为，所勘测的地方，土质好但缺水，因此，“不足以尽地利，宜开河渠，可以大积军粮，又通漕运之道”[19]。既然有积谷、漕运两利，于是邓艾建议，将当时集谷的中心区域由西边的许都一带向东转移到陈（淮阳）、蔡（沈丘）之间，置换出在许都一带种稻的用水，西水东调，用于陈、蔡之间，这一带地势低于许昌，便于灌溉——这里不仅仅是调水的概念，而且包含了置换的概念，是水权的转换。

早年，曹操接受羽林监颍川枣祗（zhī）的建议，于许昌周围屯田，“于是以任峻为典农中郎将，募百姓屯田许下，得谷百万斛。郡国列置田官，数年之中，所在积粟，仓廪皆满。”[19]这就是开篇王夫之所说的“曹孟德始屯田许昌”。官渡之战，幸有任峻源源不断将军粮运往前线，而袁绍的大军粮草却被曹操烧了。大军无粮，安得不败?

“军国之饶，起于枣祗而成于峻。”[4]于是“而北制袁绍，南折刘表”，河北、荆襄一带都成了曹操的势力范围。既如此，为什么要转移屯田的场所呢?因为群雄并灭，“积谷许都，以制四方”的任务完成了，“今三隅已定，事在淮南”[19]，需要转移战场，目标是东吴，这显然是走向统一的步伐。邓艾为司马懿算了一笔账，约需六七年时间的“广积粮”，足以支撑伐吴——这是为战争服务、目标明确的战略规划。

于是，司马懿接受了邓艾的建议，上引黄河，下济颍、淮，西水东调，广开陂塘，并在颍水两岸开渠300余里。场面实在是宏大、壮观，“淮南、淮北皆相连。自寿春到京师，农官兵田，鸡犬之声，阡陌相属。每东南有事，大军出征，汎舟而下，达于江淮，资食有储，而无水害”。[19]不但是军备、农桑得益于屯田水利，连水害也一并治理了。

这本是司马懿安排的事，那时曹丕已经代汉。记得有句话叫作“秦吞六合汉登基”，没想到曹家的基业，后来却成了司马氏统一中国的物质条件[5]，司马懿在淮水流域的“买卖”不是赚得钵满盆满，而是赚了个天下。

清人康基田总结曰：“平吴平蜀俱以屯田制胜，得邓艾之力为多也。”他将屯田之大功总结得一清二楚，同时将这主要的功劳放在了邓艾的头上。看来，将军声名不一定纯粹靠在战场上得之，修水利种庄稼也一样可以建立功名。

此次邓艾军屯水利的建设，共可灌溉两万顷左右的田地[6]，比陈登所开发的灌区整整扩大了一倍。因为有了水，就为“广田积谷”提供了最为丰厚的条件。

据不完全统计，曹操之后，曹魏在黄河之南、淮河之北继修了贾侯渠、讨虏渠、广济渠、淮阳渠、百尺渠等，这些渠道既有舟楫之效，又有灌溉之利，完全由渠道将黄河、淮河两大河流联系了起来。[20]

当我写下上述史实时，翻开地图，查看从洛阳至淮阴一线的河流流向，眼前似乎看到千里兵船，接连不断，直达淮阴（淮安）；再由淮阴至吴都建业（南京），就近在咫尺了。我也似乎看到了曹魏的百万雄兵，亦兵亦农，既忙在练兵场，也忙在田地间，于是，黄淮间这块变丰饶的土地，使得曹魏变得“资食有储”，于是，东吴感受到了来自北方的强大压力，感受到了阵阵寒意。

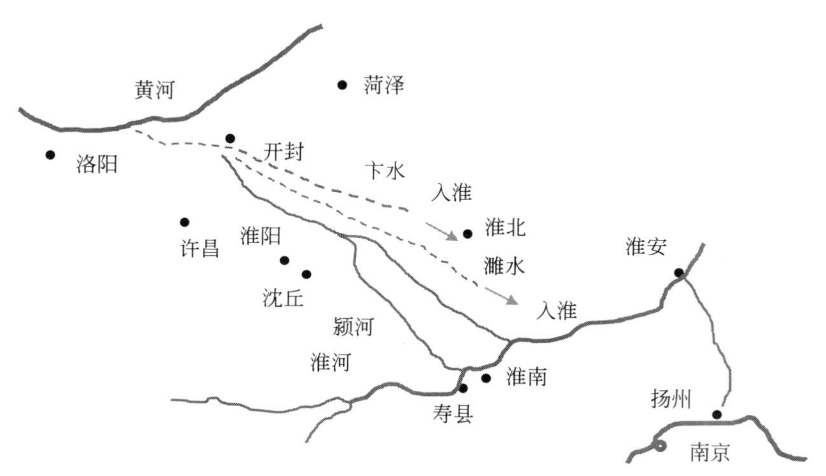


黄河、颍水、淮河及相关地理位置示意图

司马懿的弟弟司马孚对水利屯田也有贡献，其曾为典农中郎将，专管民屯，他在河南济源复修了如今还在流淌的秦渠——沁河上的枋口堰，今称广利灌区。魏国管民屯的军职人员有典农中郎将、典农都尉、典农校尉。“无论军屯、兵屯，其组织都依军事编制”[5]，颇似现在的新疆生产建设兵团。

在吴，有张子布之娄湖、吕子明之吴陂溉田兴利[2]；有名的大将陆逊曾为海昌屯田都尉，以屯田水利为务。他取荆州之后不忘老本行，即行筑坝引水事。陆逊对屯田的期望很明确，各领兵将领应当垦田自给[6]。这个后起的白面书生，最终火烧连营七百里，让刘备托孤于白帝城。

尽管东吴、西蜀两国也在搞屯田水利，但无论是规模还是成效，皆远远不能与曹魏相比。

## （七）

清人有总结，所谓的魏晋能臣，“无不以通渠、积谷为武备之道”[2]，若要高效率地“积谷”，必得水之滋润，所以，至清，左宗棠说了一句特别明白的话：“开屯之要，首在水利。”[21] 收复新疆的左文襄曾大力屯垦新疆。窃以为，新疆生产建设兵团就是踵迹左文襄的办法。

曹操修陂塘，实际上是效法汉武帝，只是将边疆屯垦转移到了内地，曹操本人说：“夫定国之术，在于强兵足食。秦人以急农兼天下，孝武以屯田定西域，此先代之良式也。”[4] 所谓“急农”，就是把农业放在首要位置。曹操认为“急农”“屯田”都是前代实行过的好方法。前人确实这样总结过：

“禹贡雍州之域……且沃野千里，谷稼殷积……因渠以溉，水舂河漕。用功省少，而军粮饶足。故孝武皇帝及光武筑朔方，开西河，置上郡，皆为此也。”[22]

因有这样的认识，所以曹魏的屯田面积大，范围广，从渭水流域、汾河谷地、中原地区、到淮水流域，结果是“部分农村地区的经济得以恢复，奠定了曹操军事上政治上的经济基础”[5]。还有就是曹魏重视水上交通，水运的优势在那个时代是别的交通形式所不可比拟的，便捷的水上交通覆盖了黄淮海地区。

**魏蜀吴三国由沟洫之利导致的经济基础的变化，颇似都江堰和郑国渠带来的结果，前者，使得“秦益强富厚，轻诸侯”[23]；后者使得“秦以富强，卒并诸侯”[24]，统一了六国。即是说，三国纷乱之后，晋的再次统一，与沟洫之利有着绝大的关系。**且看冀朝鼎先生的结论：“魏变得如此强盛，以致三国间的均势就此一破不返，中国又再次统一于一个王朝之下了。”[3]后司马炎以禅让方式代魏，建立晋朝，史称西晋。咸宁六年（280年），晋出兵破吴，即前述的“王濬楼船下益州”，吴亡，结束了三国纷争的局面。

由于《三国演义》的原因，曹操是家喻户晓的，在舞台上，他是个脸谱化的人物。真实的曹操是雄才大略的，这雄才大略之中，就含有他挖沟渠、兴水利、劝农桑的一面。运渠交通、屯田水利，曹魏做得最好，成效最大，这也有历史的原因，当时北方的水利技术先进。

**隋唐之前，南方总体上经济、文化都显著落后于北方；隋唐之后，由于大运河的修建，水道的畅通，南方的经济地位才得以上升，并赶上了北方。**与此相反，**安史之乱后，随着北人的大量南移，北方的水利技**

**术进一步传入南方，而北方却因藩镇割据等原因，水利事业进一步被忽视，水利设施被破坏，于是南方的经济地位得以显著上升，并远远超越了北方**。据统计，天宝之前（安史之乱后唐玄宗的第一个年号），南方的水利工程占了整个唐代的十分之七；到韩愈的时代，南方的财赋已占到全国的十分之九。[3] **关于中国经济文化的转移，水利起到了非常重要的作用**，历史学家钱穆先生在《国史大纲》中、经济学家冀朝鼎先生在《中国历史上的基本经济区与水利事业的发展》中，都有非常详细的论述。

此文的写作缘起在于受《中国历史上的基本经济区与水利事业的发展》的影响而进行的阅读和思考，挖运渠与屯田水利，是曹操雄才大略的体现，其影响不只是汉末三国时代和以后的魏晋时期，事实上，其影响非常深远。

## 参考文献


[1] 读通鉴论卷十：三国 [M]// 王夫之 . 读通鉴论 . 北京：中华书局，1975.

[2] 康基田 . 河渠纪闻：卷四 [M]. 北京：中国水利工程学会，1936.

[3] 冀朝鼎 . 中国历史上的基本经济区与水利事业的发展 [M]. 朱诗鳌，译 . 北京：中国社会科学出版社，1981.

[4] 三国志卷一：魏书一 [M]// 陈寿 . 三国志 . 北京：中华书局，1982.

[5] 尚钺 . 中国历史纲要 [M]. 石家庄：河北教育出版社，2000.

[6] 姚汉源 . 中国水利发展史 [M]. 上海：上海人民出版社，2005.

[7] 斯塔夫里阿诺斯 . 全球通史：从史前到 21 世纪 [M]. 7 版 . 吴象婴，梁赤民，译 . 北京：北京大学出版社，2020.

[8] 姚汉源 . 黄河水利史研究 [M]. 郑州：黄河水利出版社，2003.

[9] 三国志卷十四：魏书十四 [M]// 陈寿 . 三国志 . 北京：中华书局，1982.

[10] 王育民 . 南北大运河始于曹魏论 [J]. 上海师范大学学报，1986（1）：75-84.

[11] 史记卷二十九 [M]// 司马迁 . 史记 . 北京：中华书局，1982.

[12] 晋书卷四十二：列传第十二 [M]// 房玄龄，等 . 晋书 . 北京：中华书局，1974.

[13] 晋书卷四十七：列传第十七 [M]// 房玄龄，等 . 晋书 . 北京：中华书局，1974.

[14] 水经注校证卷三十二 [M]// 郦道元，著 . 陈桥驿，校证 . 水经注校证 . 北京：中华书局，2007.

[15] 钱穆 . 中国历史精神 [M]. 北京：九州出版社，2011.

[16] 顾炎武 . 天下郡国利病书：册十三 [M]. 书同文古籍数据库 .

[17] 谢国升 . 蜀汉屯田考 [J]. 成都大学学报（社会科学版），2015（4）：67-72.

[18] 韩茂莉 . 中国历史地理十五讲 [M]. 北京：北京大学出版社，2015.

[19] 晋书卷二十六：志第十六，食货 [M]// 房玄龄，等 . 晋书 . 北京：中华书局，1974.

[20] 水利部黄河水利委员会《黄河水利史述要》编写组 . 黄河水利史述要 [M]. 北京：水利出版社，1982.

[21] 左宗棠 . 左宗棠全集：奏稿一 [M]. 长沙：岳麓书社，2009.

[22] 后汉书卷八十七：西羌传第七十七 [M]// 范晔 . 后汉书 . 北京：中华书局，1965.

[23] 战国策注释卷三：秦策一 [M]// 何建章 . 战国策注释 . 北京：中华书局，1990.

[24] 史记卷二十九：河渠书第七 [M]// 司马迁 . 史记 . 北京：中华书局，1982.

# 遥思江南运河

只是江南运河的名字，听起来就让人神往。及至了解了江南运河的前世今生，才知她是继往开来的产物，是源远流长的化身。千年以来，除了承载的舳舻相继，在她漂亮的身旁，还有由初始的聚落演变而成的历史街区，即所谓充满韵味的古镇，或魅力四射的街市，而其灵魂，还是岁月悠长的运河。

我走访了今天的江南运河，其展现出的是新的姿容，迎来的是新的春天，她所能给予今人的，必将更多，有精神，有文化，有……

## （一）

京杭大运河的起讫点，顾名思义，分别位于北京与杭州。出差到了杭州，就想到运河畔走一走。

杭州吸引人的地方太多，想来运河畔该冷清些。江南本就河湖纵横，抬眼就是水，再加上时在 11 月中旬，秋将近，天转凉，谁会冷呵呵地去看运河呢？人少，环境安静一些，更符合自己的要求。

可当我站在运河文化广场入口前的时候，才知道自己错了：这里居然也是一个人气不低的场所，殊是出乎意料。

入口在东侧，临大街，没有冗余的阻拦设施，只有低矮的金属栏杆，抬腿就可跨过。而紧挨入口，就是一个平面布置的运河图，铜质，图幅大，凸凹明显，给人以雕塑般的感觉。因为熟悉运河水系，就没在此停留太多的时间，于是，进入广场内部。

平面布置的铜质运河说明图

不同于一般的热闹场所，来这里的人，大多是学生与家长——学生多穿着标识明显的校服呢，这下我明白了，原来是有心的家长带着孩子学习来了。如今的家长，会抓住一切机会向学生灌输知识。是的，广场的名字本身就冠有“文化”的字样，广场的南侧是中国京杭大运河博物馆，适值星期天，家长带孩子来这里，看完博物馆后可顺便享受一下广场上温暖的阳光，学习、休闲一举两得。今天的阳光好，很惬意——大约是入冬前最后一个温暖的周末了，天气预报是这样说的。

广场不算小，给人以开阔的感觉。广场的中央，竖立着一个石质牌坊，上有楹联：“吴沟隋渎元河三朝伟构，一水五江六省千里通衢”，横批是“利泽千秋”，算是对大运河构成与功能进行了凝练的总结。尽管牌坊不是古物，鉴于是石质的，当抬眼望去的时候，还是能给人以古朴的情调和历史的纵深感。广场的西侧是一座古桥：拱宸桥，这是京杭大运河杭州段上的一座名桥。

拱宸桥，人说是京杭大运河的终点，我更愿意说是起点，虽然运河上人员与物资的交流是双向的，但长久的历史中，南粮北运是重点——在如今的杭州，老百姓中还存有运粮河的口语，说起点更为妥帖一些吧，粮船装满，就可启航了。补充一句：我在多处听说过运粮河的说法，看来，运粮在古代的交通运输中非常重要。

比起城北大运河上具有500岁高龄的广济桥，这座初创于明崇祯年间的大桥只能算后辈，但命运多舛，此桥修了塌，塌了修，有自然的原因，有战火的殃及，听说近年又有过修葺，修旧如旧，而没有磨掉其面部的沧桑，桥的面容就像个老人——可也是事实，从创修至今，它见证了多少惊天大事、兴衰荣辱呢！

拱宸桥的外形颇具特色，既不与地平，也非与玉带桥一般高高地隆起，而是处于半拱起的状态，两侧有着长长的斜坡，既照顾了视觉美学的要求，又兼顾了实用性。桥分三孔，中间一孔的跨度和高度都很大，这说明，在历史上，它就满足了通行高大船舶的要求。桥墩上设有造型别致的镇水神兽，这更增加了桥的岁月与神秘感。古代的石拱桥上设镇水神兽，是通行的做法，不唯是装饰，更是希望有一种神秘力量的存在——希望波涛安澜，但将镇水神兽设置于桥墩部，以前却不曾见过，或为南方的建筑特色？杭州城北的广济桥上也是这样设置的。硕大的神兽意味着硕大的桥墩，这无疑可以增加桥的稳定性，可算是神兽的作用吧！

将整个大桥环视一遍之后，我这才注意到桥端周围的环境：苗圃葱郁油绿，花木茂盛参差——“江南秋尽草未凋”，真的不同于北方，现下的北京，已经是落木萧萧、寒意阵阵了；有不少的老人聚集在一起，兴致很浓地在高谈阔论，显然是熟识的街坊，看来，平时的运河广场，是市民休闲交流的良好场所；有几个青年背包客聚拢着，在看石桥的说明牌，我凑上前去，看到了如下的信息：

拱宸桥，始建于明崇祯四年（1631 年），“宸”指帝王所居之处，“拱”即为拱手相迎的意思，所以拱宸桥象征着对古代帝王南巡杭州时的相迎与敬意。拱宸桥横跨运河东西两岸，桥身巍峨，气势雄伟。桥身长约 92 米，高约 16 米，是杭城古桥中最高、最长的石拱桥，也是京杭大运河最南端的标志。

我想，当南巡的帝王到此，看到眼前这气魄巍峨的大桥拱宸相迎时，不知是否能体会到百姓的恭顺和良苦用意。其实，桥名源于《论语·为政》，子曰：“为政以德，譬如北辰，居其所而众星共之。”这其中寓意了老百姓对统治者施行德政的希望——于高大建筑上用极富深意的文字书写上自己的希望，这在中国，是习惯的做法。

拱宸桥远眺

我不知道哪个帝王来过这里，据称康熙、乾隆是来过这里的，由此桥而入城，不知是否信史。此二位的汉语修为极高，对论语的理解当极为深刻，不知当他们看到“拱宸”二字时做何感想。清人入关，抗清最为厉害的是江南人，尤其是江南士子——那些没有一兵一卒的念书人。难道清帝真的会认为，积极投身于抗清事业，不屈精神如黄宗羲、王夫子、朱舜水者，会对他们拱宸相迎？不，我不能认可这一点，尤其是康熙时代，去明未远。桥本是前代所修，而当此时的相迎却不免有讽刺的味道，就看你怎么理解。

桥上来来往往的人很多，女士的衣服靓丽而富于色彩，很使我印象深刻，也许是要抓住入冬前的机会再来一番展示。人既多，我于不自觉间，就随人流越过了大桥——到了桥的西端，此时，眼前呈现两条街：一条街与桥的方向一致；另一条街顺河。无论哪条街，都如庙会，人头攒动，甚至于“旗望”飘扬，尤其是国医馆多，原来到了杭州的“桥西历史文化街区”。相对于广场上平静的气氛，这里就是乱纷纷的场所了，人们摩肩接踵，有跟在小旗后边的旅行团，声音喧闹；有三三两两做伴的背包青年，行色匆匆；还有摄影的外国人，满眼新奇。看来，虽说是在杭州、虽说杭州有着西湖的诱人与妩媚，但人们不尽趋于游赏湖光山色，如今，追求深度的文化游，俨然成了趋势和潮流，不唯在杭州。

我不喜欢如此的喧闹与拥挤，而恰在这时，前行的右手侧出现了一条胡同，于是拐了进去，拐进去之后才发现，杭州人真会在僻静处讲故事。

是的，这算一个逼仄的胡同了，是居民区出行的通道，比之于刚才的熙熙攘攘，胡同里少有人来往，是喧闹旁的清静，偶有人经过，要么是挎着菜篮的住户，要么是一两个手拿相机、寻寻觅觅、有着艺术范儿的女大学生，她们是另一道美丽的风景。

墙上是石板雕刻画，连环画的风格，是在讲名人与拱宸桥的故事：有鲁迅与周作人的，兄弟俩由此桥出发，坐上航船，去远方求学；有丰子恺的，为躲避日本人的搜索，他将画好的抗日宣传画册扔到了桥下；有郁达夫的……他们与桥的故事，都以不同的形式，出现在了以后自己的作品中，这成为他们“回眸”与“乡恋”的一部分——他们都是浙江人，这里也是家乡，有这样的名人与桥联系在一起，自然就为桥增加了不少的人文色彩，于游人，又透露出一种新鲜，所谓景点，必附有文化色彩，才有吸引力，才有灵魂，才能显示出味道。

我沿着胡同继续往前走，在胡同尽头，出现了一张色彩浓重的海报，是一张宣传申遗的招贴画，排版讲究，画面上最大的字既非“河”、也非“桥”，而是大大的“拱墅”两个字——感觉是生僻的汉语语汇，其实是桥西一带的地域名称（杭州今有拱墅区），这正是宣传画的高明所在，代表桥西的拱墅成了高光，因而诞生运河文化、保有运河文化韵味的，就不限于一座桥、一条街，而是扩展为一片区域了。而海报的旁边，是一个开放的拱墅文化纪念馆——“中国大运河·拱宸桥桥西历史文化馆”，馆内并没有工作人员——习惯了有工作人员的场所，进到里边，还多少有点不习惯，居然翘首等了两分钟才开始看，我在等工作人员，也在等着买票。纪念馆内，用文字、图片，以纪年的方式，讲述了拱墅一带发展的历史脉络，其中的一幅文字，更是画龙点睛地道出了桥西历史文化街区的遗产价值：

“杭州桥西历史街区位于大运河（杭州段）主航道西岸，是依托拱宸桥作为水陆交通要道的地域优势而形成的一个城市居民聚集区，其发展历史是运河文化的重要组成部分，是体现河、桥节点作用的重要区域，是反映大运河（杭州段）沿岸历史场景的重要区段，充分证明了杭州段运河对运河聚落的格局与演变有着重大的影响……”

细细体味，注意到了“运河聚落”的用语，句意的重点则在于运河对聚落的影响，其实，这句话对整个运河沿线城市都是成立的，典型的如扬州的关东古街、淮安的河下古镇……岂止于此呢？**聚落的增大，或成为城镇的雏形，或促进了城市的发展，而与此伴生的，则是南北文化的交流、融合以及多种艺术的成长：饮食、技艺、戏曲、服饰……这都有赖于水！**

忙碌的运河——有平底驳船不停驶过，飞架的大桥，纵横切割的街区，老住户，新展馆（除了运河博物馆，这一带还将搬迁的老厂区变成了多个博物馆），外乡的游人，本地的茶客，这分明构成了鲜活的傍河历史文化长廊。这段运河，属于江南运河的一部分，名曰京杭大运河·江南运河杭州段。

## （二）

桥西直街的尽头是另一座桥——登云桥，古名“新桥”，讲述“登云”故事的名牌就静置在桥墩下。桥下设置有宽大厚实的木质平台，平台也是有造型的，错落有致。桐油的色调，给人以考究的感觉，很有创意，方便了人们近河亲水，顺河观景。而这样的场所，恰恰被有心的音乐爱好者挖掘出来，有几个人在那里滴滴答答吹喇叭——有凳子整齐地摆放着，显然是约定的音乐角，或为设计者的初衷，也未可知。喇叭声咽，反衬托出桥下的一片沉寂和河水的静谧无声，桥下的岸壁上，同样在讲故事。河西岸，是讲隋朝修运河的故事；河东岸，是讲唐朝修运河的故事——杭州有这么多风、花、雪、月可说道的东西，还稀罕修运河这久远的冷故事？这一闪念的疑问，瞬间在我脑子中消失，代之的，是对杭州人用墙雕讲故事文化创意的钦佩，随手拈来，随心置之，不唯在通衢之所，更在僻静之处——你或许因远足而需歇脚，你或许为探寻别人不曾到过的角落而行到此处，而这不经意之间，就使你受到了文化的侵袭，其内容，既非应时的宣传，也非新造的古董，而是实实在在发生在这里的故事，故事，就在你的脚下。如此，能不受到感染吗？或使你看，或使你想，都在这不动声色之间完成了，这就是这座城市所具有的底蕴，杭州有这样的沉淀，有这样的资本。

岸壁写着这样一段话：

“大业六年（610年）隋炀帝杨广重新开凿江南河。《资治通鉴》卷一八一记载：大业六年十二月，‘敕穿江南河，自京口至余杭，八百余里，广十余丈，使可通龙舟，并置驿宫、草顿，欲东巡会稽’……隋代江南运河是在秦汉以来所凿运河的基础上加拓阔、疏浚、顺直而成的，北起镇江西北京口港而与长江相接……循今上塘河路线至杭州西南的大通桥入钱塘江……”

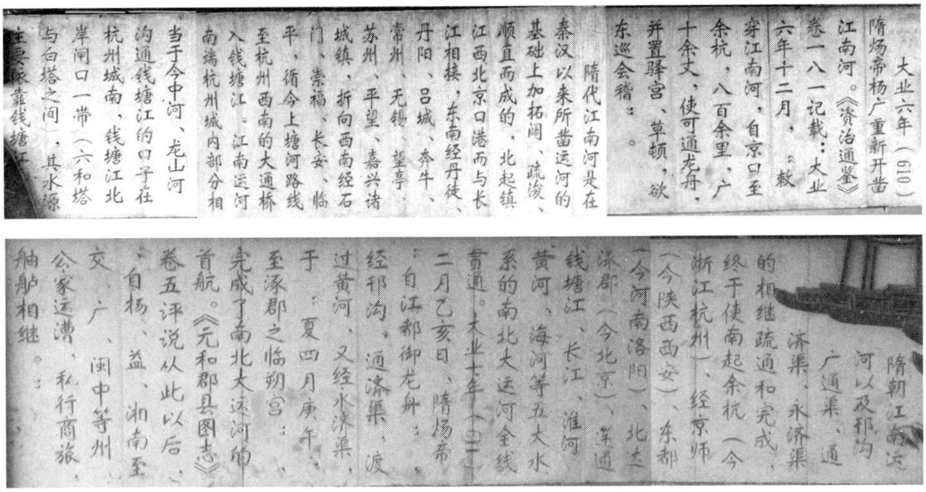

登云桥下岸壁文字

这里写明了隋炀帝“穿江南河”的时间，是在他在位的大业年间；目的是东巡会稽；经行路线是介于镇江、杭州之间；总体方案是在前人基础上修筑而成的。江南河，就是后人所说的江南运河，属于京杭大运河的江南部分，江南人习惯称“官河”或“官塘”。

“东巡会稽”是冠冕堂皇的理由，神禹治水成功，纪功会稽山；始皇帝第5次出巡，就是到会稽山祭祀大禹，并留下《会稽刻石》，“上会稽，祭大禹，望于南海，而立石刻颂秦德”[1]。不止于此，此刻石除包含有颂扬自己“平一宇内，德惠攸长”的内容外，还有肃整社会的内容[2]。作为一统的皇帝，隋炀帝登基之后，也要仿效“千古一帝”，“亲巡天下，周览远方”，即通过一项大的活动，祭先圣，颂功德，发号令，来达到稳定统治的目的。但这有个基本条件，即硬件的基础，于是，就需要“穿江南河”，而一旦江南河贯通，不言而喻，则具有了军事的用途。这不是猜测，当年隋朝在统一全国的过程中，就是因为先修了山阳渎，才平定了江南（平陈）。修建山阳渎的工程总指挥是晋王（隋炀帝），平陈的行军元帅也是晋王，所以，隋炀帝对运河在军事意义上的认识比谁都清楚，“穿江南河”只不过是故技重施罢了。当然，还可能有更深远的打算，就是为东征高丽做后勤物资上的准备[3]，总之是战备的目的，在平时，则是经济上，利于当今，惠及后人。事实上，江南运河修成后，炀帝确未巡游会稽，倒是行程几千里，辛辛苦苦从扬州跑到了北方涿郡（今北京）。

南朝时代，江南地区已经有了相当的经济基础，尤其是农业：

“北方因战乱等原因，农业生产几经起落，原来处于全国经济中心的地位逐渐丧失。江南地区，土地肥沃，资源丰富，社会秩序相对稳定。北人避难南渡，带来先进的生产工具和农业技术，南方农业得以较快发展……全国经济重心出现南移趋势，形成江南经济的新格局。”①

因此，将江南作为供给粮草基地的后方，至少是可供给京师，是顺理成章的。

---

① 南京博物院展示资料。

多说一句，隋炀帝为了江南地区的稳定，也可谓是软硬兼施、费尽心机。虽然开皇九年他挂帅平陈完成了全国的统一，这当然是硬手段，但开皇十年旧陈国地区却发生了大规模的反叛，虽然其父派越国公杨素起兵血腥镇压，将叛乱镇压下去了，但随即上任镇守江南的地方官——扬州总管杨广，却有了新的想法，他认为镇压不是办法，采取了招抚为主的办法，这说明他有政治眼光。他采用怀柔政策，主动接受了天台宗的佛戒，成为佛家弟子，这对笼络上层士族起着非常重要的作用。南朝上层，普遍信奉佛教，最典型的例子就是梁武帝数次舍身出家，陈后主也东施效颦，“舍身及乘舆御服”[4]，“南朝四百八十寺，多少楼台烟雨中”；与此同时，也提倡道教，这为团结下层民众起到了重要作用[5]；而在即位之后，他有别于乃父只重用关陇集团的做法，开始重用南方儒生，最著名的例子就是对一代名臣虞世南的重用，“言多合意，是以特见亲爱，朝臣无与为比”[6]，这又团结了南朝知识分子，更重要的，是促进了南北文化的融合。从这些措施看，隋炀帝都是一个合格的政治家，可他后来沉溺于千夫所指的“水殿龙舟事”也是事实，殊是难解。

尽管“江南运河”的目的在于军事，但平时，却成为惠及社会的重大民生工程，由官家开凿、官家经营，这是能看得到的实际利益，有利于凝聚民心，“官河”之谓，可能与此有关。

“穿江南河”是隋炀帝的功劳，但前已述及，“江南运河”却不是隋炀帝首创的。南京博物院的展示资料明确显示，“江南运河”是在六朝的基础上拓展的，这符合实际。长江、钱塘江之间，河网密布，六朝时期（东吴、东晋、宋、齐、梁、陈），经济逐渐发展起来，人们“饭稻羹鱼”，是名副其实的江南水乡，因此，无论是灌溉、排洪，还是运物，都需要水道，因而，六朝时期，江南一带的运河条件应当说已经完备。“自京口至余杭，八百余里，广十余丈，使可通龙舟”[7]，只不过说明，这是官方规划的一个打通水路干线、扩充运输能力的工程，要能够行驶“艨艟巨舰”，方便运兵与输送物资。

江南运河完工之后，自南至北，钱塘江、长江、淮河、黄河、海河五大水系全线沟通。大运河的首航是在大业七年二月，隋炀帝由江都（今扬州）坐龙舟出发，夏四月抵达涿郡，首航任务完成——浩浩荡荡几千里，因没有“水殿龙舟事”，故而这一段挨骂的少。至此，以洛阳为中心的隋唐大运河全线完成，蜿蜒5000多里，成为维系全国水运交通的大动脉，于是，“自杨、益，至交、广、闽中等州，公家运漕，私行商旅，舳舻相继”[8]，好不宏大的一个水运交通图卷！

但历史无情又无奈，“入郭登桥出郭船，红楼日日柳年年。君王忍把平陈业，只博雷塘数亩田。”罗隐的感慨，或比皮日休更深，是的，他说得透彻极了，“采得百花成蜜后，为谁辛苦为谁甜？”但不废的，是舳舻相继已越过了千年，尽管是为他人作嫁衣裳，但后人还是记住了隋炀帝。

## （三）

江南的水道太复杂，江南的河网太密集，纵横交错的原因、自然变迁的原因、历史传承的原因，再加上名字的繁乱，听起来近似，让人说不清楚某个河段到底属于何时创修、出自何人之手。那么，为什么会有这种情况？

全在于运河工程的历史继承性，而继承的过程中也不免变换路线，或者部分变换渠线，这是中国古代运河工程的一大特色。

在古代，技术手段是有限的，挖运渠，工程量大，全凭人力，不容易，重要的在于取线，要尽可能地缩小工程量——这在今天也是一样的。对于江南水乡来讲，有更多的继承条件存在——人类生活的历史既久远，遗存必然较多。而在利用前人留下的渠道之时，不仅仅是节省工程量的问题，也利用了前人的智慧，接受了教训——水利工程的教训最多、最可贵。而在此基础上，再图新的发展，因而是一种继往开来的做法。

“江南水乡土地肥沃，孙吴建国不久就兴修水利，东晋南朝时期，水利灌溉系统进一步完善，后来江南运河的雏形，在此时已经略具规模。”①

那么六朝之前呢？六朝运河是不是也建筑在前人的基础上？再往前呢？

当然是这样！中华文化源远流长，对于水利这种由政府主导的公共工程，表现得尤其突出。

春秋时代，吴王夫差父子带领强大的吴军浩浩荡荡出苏州城，循水路出征，路线多为后人所用。最为著名的一段为夫差所开江淮间邗沟（见本书《吴城邗，千里赖通波》），而苏州—丹阳水道，也为后来的江南运河所借鉴。

至秦，所挖曲阿河，即镇江—丹阳的运河，也成为隋江南运河所经过的路径。

这段河，是秦始皇东巡会稽之后所修。说起来有点滑稽，此段河道，

① 南京博物院展示资料。

其开凿目的并不是为背负舟船通商旅，而是为了破坏地气而对地脉所进行的扰动。秦始皇相信术士——帝王一类人物，对自然莫名其妙的畏惧心要甚于常人，他周围有一帮会“望气”的术士，说今日的镇江、丹阳一带有王气，因而遣穿红衣服的囚徒三千于此，掘地挖沟，将直的河道变为弯曲的河道。《元和郡县图志》载，“丹徒县，秦以其有王气，始皇遣赭衣徒三千人，凿破长陇，故名丹徒”“丹阳县，秦时望气者云有王气，故凿之以败气势，截其直道……故曰曲阿”，这里也顺便解释了丹徒（镇江）、曲阿（丹阳）地名的由来。

上边两段连接起来，镇江—丹阳的“秦河”，丹阳—苏州的“吴河”，就形成了江南运河北段的雏形。

东汉末，孙吴凿京口疏运河，就到六朝时期了。六朝水道为江南运河所用，前已交代了。

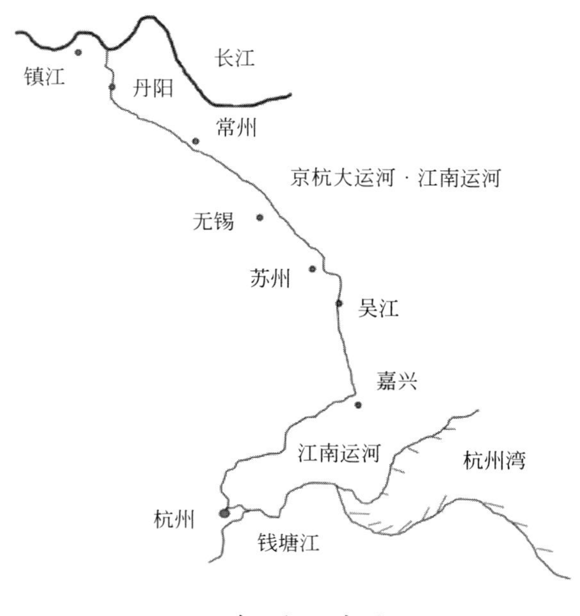


江南运河示意图

## （四）

运河到无锡、苏州、嘉兴、杭州这些地方，要明晰地甄别出哪条运河才是隋唐时期的江南运河，客观上存在着一定的困难，因为，江南运河都来自江南的运河，不同的河段，或淤，或浚，或新开，根据不同的兴盛周期，会被标注于“江南运河”的名字，如此，怎么分，何须分？运河太老，沧桑太多，选两个古代场景，以事实来判断，而不是去钩沉古籍所记载的线路，即可明了所言非虚：一个是无锡古运河及河畔的窑址，一个是嘉兴的古战场。

在无锡某单位讲完课，已是擦黑的时间，匆匆吃了几口饭之后赶往夜运河码头，我要看看这里的古运河，古运河有故事。

古运河，猜想是相对于无锡新挖的运河而言，1958 年以后，平行于所谓的古运河新挖了一条宽宽的运河，两端与古运河相连通，地图上将新挖的运河标注为“江南运河”，照此推理，未挖新运河之前，这一段的古运河当属京杭大运河·江南运河了。

那么，古运河，是指春秋时代传下来的运河吗？

这个问题，在无锡回答起来就有点复杂了。

传说，无锡有一段商末的运河，称泰伯河或泰伯渎，这比春秋晚期的吴运河可是早多了。

传说？传说算什么？

**传说，意味着追溯。所谓追溯，一定程度上或有事实为根据。**

对太伯渎的记载，可见于北宋地理总志《太平寰宇记》：

“太伯渎。西带官河，东连范蠡渎，入苏州界……元和八年，刺史孟简大开漕运，长八十七里。水旱无虞，百姓利之。”[9]

太伯渎即泰伯渎。这是宋人记唐事。总体来看，泰伯渎从无锡清名桥起，东通苏州漕湖，长达80多里，是大运河的分支。但后人有泰伯河为泰伯所开的论述，这就有了聚讼，[10] 有点“层垒地”造成古史的味道。

我要看的古运河就是所谓的泰伯渎起首处的一段，“历史上吴王阖闾攻楚，夫差北上伐齐，都曾通过这条河。”[11] 这却是令人信服的，否则，吴国大兵出苏州城怎么通江、连接扬州的邗沟？退一步讲，也该有替代方案的运道。

对于泰伯，孔子在《论语·泰伯》有过论述：“泰伯可谓至德矣，三以天下让，民无德而称焉。”泰伯为周太王的长子，因三次让“天下”，逃避到太湖边，即今日的无锡梅里一带。孔子所讲即指此。时至今日，或因为要解决聚讼的味道，无锡对梅里遗址进行了大规模的发掘，发现了商周遗址，这就有了“无锡首次发现商周遗址！泰伯奔吴、开凿伯渎河无限接近不是传说”的媒体报道[12]。此前有专家曾总结了有关泰伯渎的研究论证，认为商周运河是存在的[13]——无论聚讼是否取得一致意见，古运河总之是很古老的，这无疑义。

跳上游船，船即开了，是最后一班。船上坐满了人，多属老年人，偶有讲话，窃窃私语，讲着日语，原来是日本游客。天微雨，船外的灯光昏暗，因而这一条水弄堂就显得斑驳、破旧——与其他运河城市的水上游比起来。我对此倒有些理解，本来就是古运河，没必要花枝招展。

中途停船，让游人进入一处古窑址参观时，我才眼睛一亮，脑子里随之也就有了更多的想法。

这是“无锡古窑群遗址博物馆”，起初，我以为是瓷窑遗址，大感兴趣，因为在电视上看过关于瓷窑址的专题片，瓷为艺术品，追捧的人多，南方青瓷出名，莫非此处也是一处青瓷窑址？进入博物馆才知道是一个砖瓦窑的博物馆，这让我颇感失落，天下最重的体力活大约就是窑工了，我15岁前后曾在砖瓦厂短时干过活，千里迢迢来看砖瓦窑，实是无兴趣。可视觉所及，情绪受到感染，心情很快被调整过来。

这是一处考究的砖瓦窑博物馆，内部的设计朴实无华，符合砖瓦的特色，所谓考究，是从路面到立面以及展示物，尽可能地做到了用心，不唯是实物的展示，还在于能提供给人的信息，从精致的砖雕，到皇家御用的金砖，人们没有距离感，只觉得是在时光的隧道中穿越，满眼的沧桑。

我买了一本介绍古窑群遗址的小书，从中知道，兴旺时这里曾有300多座窑，可想而知，这样的规模，足称中国江南的建材基地——社会对建材之需要，远多于瓷窑艺术，这才是根本啊！而窑厂临河而建，看重的，正是运河四通八达的运输能力。

从博物馆出来，我有一个重要发现，这里的运河水速度很快：正是生命力的体现啊！

再将眼光投射到嘉兴，一个人文历史厚重的地方。

时光倒回到春秋时代，吴越两国分别在公元前510年和公元前496年在槜李（zuì lǐ）打了一仗，史称槜李之战。槜李古战场在今日的嘉兴南。作为地理名词，槜李，属生僻字，但嘉兴人熟悉，属于历史的传承；槜李，还是一种地方特产李子的名字。

第一次槜李之战，吴军在古代伟大军事家孙武的指挥下，完胜；第二次吴军在吴王阖闾的指挥下，完败，吴王并因之丢了性命，这成为后来吴王夫差报仇的前奏，也成为越王勾践卧薪尝胆的铺垫。

我所关心的是大战的发生地槜李，为什么两次都选中了这个地方。仔细审视地图发现，槜李（嘉兴）这个地方，距离吴国都城苏州以及越国都城会稽（绍兴）差不多相等，这里是吴越两国的交界地带，故有“吴头越尾”之说。尽管如此，“到江吴地尽，隔岸越山多”，几场战争下来，吴变成了越，越变成了吴，交界地带，各国不守封域，说不清某一特定时段究竟属于谁。通江的水，流进了运河；太湖的水，流进了运河；运河的水，贯通了吴越，最终，吴越成了一体。

我猜想，两次槜李之战，主力当是水军，吴军通过太湖和运河进兵；越国则是通过海上和运河进兵。这样测想的基础，是公元前 494 年吴越两国的“夫椒之战”，就是在太湖中的夫椒山进行的（今日太湖的洞庭山），看来两国都有强大的水军——数十年前曾去过吴县的东山，即已经变成半岛的洞庭东山，只是当时不知，那里曾是古战场。至公元前 486 年吴王夫差北上争霸，之所以要开邗沟，那是因为水兵才是吴国的强项，至少属于“河上陆战队”，而同期的晋、齐出兵作战，则是“出兵车多少乘”，完全是陆军。

由此我们可以明晰，尽管《左传 · 哀公九年》载“秋，吴城邗，沟通江淮”，但那只是第一条有确切年份记载的人工运河，没有记载的一定还有，至少在夫差他爷爷吴王阖闾的时候已有运道的存在，因而，无论是后来的秦始皇东巡会稽，“修筑陵水道，连通嘉兴、杭州”[14]，还是后来的隋炀帝修江南运河，都是新工程加老工程，有继承，有开拓，有自然河流，有人工运渠，我深信这一点。

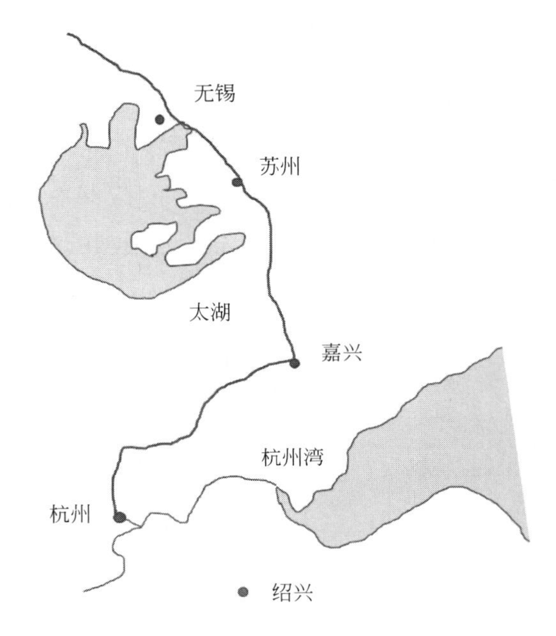


苏州、嘉兴、太湖、杭州湾、绍兴位置示意图

## （五）

“昨夜江边春水生，艨艟巨舰一毛轻。向来枉费推移力，此日中流自在行。”我引朱熹这首诗，其目的在于说明，行船，要有足够的水。

京杭大运河的运行，非常棘手的一个问题是水源，这在黄河以北尤为突出、尤为艰难。江南虽是水乡，但运河中水量不足的问题也不是不存在，这一方面是因为沿线地形起伏有高差，如苏州太湖一带地形较低，杭州地形较高，行船就需要有足够的水深，要能够调节水面坡度，水面坡度与渠内流速直接相关，这是水力学问题；另一方面，如遇枯水年份，运道中的水量也成问题。这两种情况下都需要向运河中补水。根据运河所在的区段，补水源可以来自于长江、钱塘江或太湖，还有西湖。

为了江南运河的航行通畅，唐朝曾四次整修江南运河[15]，其中一次就包括浚西湖导水入运河。西湖，具有民生的重要功能，由西湖向运河补水，会导致农业用水与航运用水之间的矛盾，对此，杭州刺史白居易通过提高蓄水位、增加西湖蓄水量的办法予以解决。白刺史有《钱塘湖石记》[16]一文，其中对此有详细记述：

“钱塘湖一名上湖，周回三十里……凡放水溉田，每减一寸，可溉十五余顷，……大抵此州春多雨，秋多旱，若堤防如法，蓄泄及时，即濒湖千余顷田无凶年矣……今年修筑湖堤，高加数尺，水亦随加，即不啻足矣。……添注官河，又有余矣（虽非浇田时，若官河干浅，但放湖水添注，可以立通舟船）。”

西湖之水，作用有三：用于百姓生活；用于农业灌溉；用于向运河补水。但西湖水有限，俗云：“决放湖水，不利钱塘县官。”这种迷信的说法，反映的是钱塘县官放水不积极，因为父母官关心的是所辖百姓的事，漕运是国家的事，县官忧虑放水入运，影响灌溉，所以才有“县官多假他词以惑刺史，云鱼龙无所托”的事情发生。白居易是刺史，与县官的关注点不同，他对国事关注得更多些，可能也是责任所在，所以，他要加高西湖的堤坝，增加库容，将春天的雨水蓄积起来——进行“季调节”，蓄春水，济秋旱，放水入运河，既做到了“雨洪利用”，也解决了水资源不足可能导致的对农业灌溉的影响。

无论从长江向江南运河补水，还是从钱塘江向运河补水，都会带来一个问题——泥沙淤积，而从西湖补水入运，则无此问题，所以，时至宋时，由西湖向江南运河补水，就成了一件大事。但湖泊也有淤淀的问题，西湖淤淀，容积变小，再补水，甚至会影响居民的生活，这更是大事。要解决好这一系列的问题，其实涉及周围的河流、水道，是个复杂的系统工程。太守苏东坡经过实地调研，有了解决问题的方案。《宋史》有相关记载[17]：

“唐刺史李泌始引西湖水作六井，民足于水。白居易又浚西湖水入漕河，自河入田，所溉至千顷，民以殷富……轼见茅山一河专受江潮，盐桥一河专受湖水，遂浚二河以通漕。复造堰闸，以为湖水蓄泄之限，江潮不复入市。以余力复完六井，又取葑田积湖中，南北径三十里，为长堤以通行者。吴人种菱，春辄芟除，不遣寸草。且募人种菱湖中，葑不复生。收其利以备修湖，取救荒余钱万缗、粮万石……堤成，植芙蓉、杨柳其上，望之如画图，杭人名为苏公堤。”

苏轼居然有这么多事迹与水有关——苏轼是国家公布的第一批治水名人啊！苏堤，可不就是水工建筑物、水利的产物嘛，又何疑焉?

引文中李泌为唐中期一代贤相，所谓“六井”，即引西湖水形成的六眼饮水井，杭州近海，泉水苦咸，不便饮用，故引西湖水以代；“葑”，可大体理解为水草（多为茭白根），“葑田”，由水草腐殖物积聚而形成的淤泥。望之如“画图”，源自苏公，南宋时“苏堤春晓”已是西湖十景之首，所以后人才将其写入《宋史》。

简单来说，苏东坡为解决湖淤、河淤、咸潮、蓄水、泄水、济运诸问题，做了一系列工作，附带的效应，是将葑田淤泥堆积于湖中，做成可通行人的长堤，且有了种菱的副业收入，还修复了供人畜饮水的六井。惠及当下，老百姓当然感其利。“轼二十年间再莅杭，有德于民，家有画像，饮食必祝。又作生祠以报。”这是《宋史》写苏轼的，原来在知杭州之前，苏东坡曾在杭州做过通判，做通判就做通判吧，可业余时间他写了几首与水有关的诗。后在湖州任上苏东坡被告发，搜检出杭州通判任上的诗作，说是有讽刺官家的味道，于是被押解回京，这有了历史上有名的“乌台诗案”，此案牵扯很广，苏东坡差一点为此掉脑袋，后因皇恩浩荡，被贬谪到黄州任团练副使，历史上未见其在团练副使上做出什么成绩，可却旧习难改，于黄州写下了《赤壁赋》《后赤壁赋》《念奴娇·赤壁怀古》等名作，成为其一生文事的高光时刻。按下苏轼本人的经历不表，且看他怎样写韩愈，苏学士在《潮州韩文公庙碑》中写道：“潮州人事公也，饮食必祭，水旱疾疫，凡有求必祷焉。”此用语与《宋史》写苏轼何其相似！只能说明，中国的老百姓把他们当成了神来看待——当代不修史，史是后人写的啊，真正的盖棺论定。

有鉴于此，宋以降，西湖畔一直有白、苏二公祠。谋福于民，民不忘之，不宜当乎？

治水，事关民生事，白、苏留下了两道长堤，是永不磨灭的纪念碑，“只此长堤寸寸，亦当雄视千秋”，更何况文章千古，光华灿烂。

我曾数次到过苏堤，不唯春时，也有夏秋。春时的弱柳婀娜，烟波画船，诚然使人流连忘返，但继来的“三秋桂子、十里荷花”，更使人沉醉忘归。

“江南忆，最忆是杭州。山寺月中寻桂子，郡亭枕上看潮头。何日更重游！”

## （六）

前边说过，江南运河结束于拱宸桥。古时候，拱宸桥位于杭州城北，或归家的游子，或跋涉的商旅，当拱桥遥望的时候，就知道杭州到了，旅程行将结束，可以上岸了，会让人一阵激动，因而，给个终点站是恰当的。桥西历史街区也因为人员与物资在此终点站的集散而发展起来，运河聚落由此形成。从工程上看，将拱宸桥看作江南运河的结束点也可理解，隋时“穿江南河”的工程总得有个范围——算一期工程吧！

但当你站在拱宸桥上的时候，会看到运河并未结束，如果固执于拱宸桥为京杭大运河最南端的标志——如开篇的大桥标牌所述，就会产生极大的困惑。但若将通钱塘江的水道看作第二期工程，而仍将其冠以“京杭大运河”的名称，也就是江南运河的延拓段，就说得通了。江南水乡的河网太发达了，再加上复杂的历史，因名字或说法而引起的困惑太多了，本文已有述及。

我沿着河道继续向南走，河岸边已经打造成了公园——青莎公园，一个美丽的名字。沿途很漂亮，偶有行人。一个饭馆、一个茶馆，先后出现于视野中，外有桌椅，人们于馆外享受阳光，当是幸福的杭州人吧，空间开畅，愈发显得人们悠闲。在河道转弯处，看到了北新关旧址的铜质铭牌，是一个水陆收税的关口——杭州江南运河旁的东西太多。

水陆收税的关口——北新关遗址照片

河道空旷，似远离了尘嚣，我闻到一股大海的味道——你毋庸置疑，确实是这样。我的解释是，前边是真正的运河终点，与钱塘江相交，杭州湾大海的味道，顺着河道飘过来了——江南运河通海，成为它的优势。

清终之世，停了漕运，运河的命运，总体上是衰落了，但江南运河不是这样，尤其是江南运河杭州段，因其通海、通上海，一直很繁忙。

如今，运河迎来了文化的新生，不仅仅是驳岸换装、游船荡漾和霓虹闪烁，上千年的通舟楫，运河付出的太多太多，这会引起人们、特别是傍河城市的感恩与回馈，运河文化回归就是这样来的，于是就成为当今人们精神食粮的一部分，非常宝贵。

这是一种正反馈。人与运河间的相互回馈，将来必定更多。

## 参考文献

[1] 史记卷六 [M]// 司马迁 . 史记 . 北京：中华书局 , 1982.

[2] 张承宗 , 李家钊 . 秦始皇东巡会稽与江南运河的开凿 [J]. 浙江学刊，1996（6）：145-147.

[3] 常征 , 于德源 . 中国运河史 [M]. 北京：燕山出版社，1989.

[4] 资治通鉴：陈纪 [M]// 司马光 . 资治通鉴 . 北京：中华书局，1956.

[5] 杜晓勤 . 试论隋炀帝在南北文化交融过程中的作用 [J]. 北京大学学报（哲学社会科学版），1999（4）：95-103.

[6] 隋书卷六十七：列传第三十二 [M]// 魏征，令狐德棻 . 隋书 . 北京：中华书局，1973.

[7] 资治通鉴卷第一百八十一 [M]// 司马光 . 资治通鉴 . 北京：中华书局 , 1956.

[8] 元和郡县图志：卷五 [M]// 李吉甫 . 元和郡县图志 . 北京：国家图书馆出版社 , 2011.

[9] 太平寰宇记卷九十二：江南东道四 [M]// 乐史 . 太平寰宇记 . 北京：中华书局 , 2007.

[10] 束有春 . "中国大运河" 申遗中的古邗沟与太伯渎问题 [J]. 江苏地方志，2020（2）：23-26.

[11] 百度百科 . 无锡古运河 [EB/OL].[2020-07-12]. https://baike.baidu.com/item/%E6%97%A0%E9%94%A1%E5%8F%A4%E8%BF%90%E6%B2%B3.

[12] 张月 , 张颖 . 无锡首次发现商周遗址！泰伯奔吴、开凿伯渎河无限接近不是传说 [N/OL]. 江南晚报 . (2019-07-24)[2020-07-13]. http://k.sina.com.cn/article_1614857442_6040c4e201900khnl.html.

[13] 富耀南 . 江南运河考 [J]. 档案与建设，2019（3）：69-70.

[14] 嘉兴市文化局 . 大运河嘉兴段概况 [EB/OL]. 中共嘉兴市委，嘉兴市人民政府网站 . (2020-03-06)[2020-07-13]. http://www.jiaxing.gov.cn/col/col1536270/index.html.

[15] 刘希为 , 王荣生 . 三至九世纪江南交通发展考论 [J]. 江苏师范大学学报（哲学社会科学版）, 1994（2）: 24-34.

[16] 何振岱 . 西湖志 [M]. 福州：海风出版社 , 2001.

[17] 宋史卷三百三十八：列传第九十七 [M]// 脱脱，等 . 宋史 . 北京：中华书局 , 1985.

# 泉流津溉越千年——二泉行

从业时间长了，对行业文化有了兴趣，因而，对山西的泉就多少有了了解，原来山西是个多泉的省份，有许多的名泉。泉水叮咚，给人以诗意，于是，就有了去看看的欲望，属于“诗与远方”。

想去看泉，其实是想看庙，选择的结果是洪山泉、霍泉：泉有名，旁有庙，庙有碑，记述泉流史略，有历史人文沉淀，这就成了理由。

## （一）

山西有多少泉，恐怕没人能够知道，即使是记录或统计，也只能记及水量大或者有名的泉。比如，清人顾祖禹在《读史方舆纪要》中就记载了不少山西的名泉，而地方志中所记载的则更多。有资料显示，山西泉的数量有可能居全国第二，仅次于福建。总之，山西泉多。

山西泉多，在历史上，不但对农业生产有大的影响，关乎一方老百姓的丰衣足食，有的泉还关乎城市用水，真是个特色。自己孤陋寡闻，曾主观地认为，山西是西北黄土地区，沟壑纵横，处处干旱，处处缺水，水资源匮乏。气候上，山西属干旱与半干旱地区，降雨量小是实情，可山西地势高，因而是河南、河北、北京、天津多条河流的发源地，属河源省份，山西的水，有许多是输往省外了，这属于“为他人作嫁衣裳”，干旱了自家，滋润了别人。由此看来，个人对山西水的理解有一定程度的误会，借用余秋雨先生一句话，也可以说“抱愧山西”。

其实，这不是自己初去山西看泉。以前曾为文写晋水（见本书《晋水长流——泽洽桐封》），述及晋水渊源。晋水发源于悬瓮山，晋祠难老

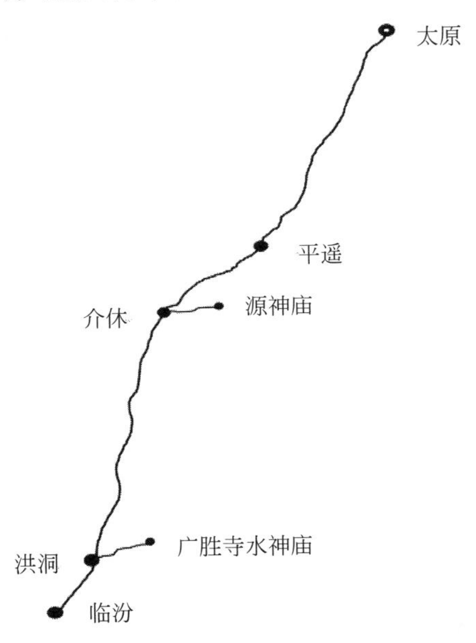


介休洪山泉、洪洞霍泉地理位置

泉就是晋水的源头，难老泉不唯是三晋名泉，也是天下名泉；在清徐县，也曾看到汩汩清泉涌出地面，导流成渠，引入菜畦和果园，浇灌绿色，乡民沿渠浣衣，时在梨花盛开的时节，雪白梨花招引无数蜂蝶，曾令自己一时陶醉——不因花香蝶舞，盖因出身农家，想起人力车水之艰难，不胜羡慕泉流津溉，感慨之情油然而生。只是那时，看泉是行动的副产品，不是专程为之。这次不一样，这次是利用暑假的闲暇专门访泉，于是就有了更多的考虑，泉须有名，在历史上有过重大的作用，有历史文化沉淀，在山西有代表性，最终选择的结果是介休洪山泉、洪洞霍泉。

洪山泉位于介休狐岐山下，远离县城，是个孤僻的所在，租车前往。虽道路蜿蜒，却一路平坦。眼看高山渐近，想是快到山泉之所了。《山海经》[1]曰：“狐岐之山，无草木，多青碧。胜水出焉，而东北流注于汾水。其中多苍玉。”青碧，指所产石头的色调；从山体植被看，确实是少草木——高处基本寸草不生，所谓的山体，其实是厚厚的黄土层，灰白色，凭经验可以判断出属于细腻的黄土，这种土看起来贫瘠，其实土质良好，只要有水，就能长出茂盛的庄稼。土层这样厚，是否产石头，让人深深地怀疑。

这是近山时对周围环境的初有印象。现存最早的北宋《源神碑记》，对周围的环境这样描写：

“此有穿云翠柏，锁雾寒松。微风飘玉磬之声，朗日运金钟之响。浓泉百道，绿柳千株，异鸟吟吟，祥花熠熠。”[2]

由此推断，若非古今生态环境变化巨大，这一带当是山水绝佳之处，山里会是另一番景象，只可惜匆匆之行，难以探步览胜了。

洪山泉，又名鸑鷟（yuè zhuó）泉。鸑鷟者，传说中的凤鸟是也，祥瑞之鸟，《国语》:“周之兴也，鸑鷟鸣于岐山。”传说泉涌时鸟鸣，因二者同时发生，我更愿说因鸑鷟鸣而泉涌，故洪山泉又名鸑鷟泉。

北魏郦道元《水经注》承继《山海经》的记载:“胜水出于狐岐山，东流入汾。”胜水，听起来似在赞颂水，其实是河名，为汾河的支流，古人将所有的河称为“水”，胜水的源头，就是洪山泉。洪山泉开发较早，介休水利，实际上就是洪山泉水利和汾河水利，对此，地方志有记载:“东南胜水，西北汾流，灌溉之利弥溥，可谓沃壤也。”

中国人最重感恩，有水就认定有神灵，因而就在泉涌之处建了龙王庙。龙王庙可看作祭祀水神的统称，名为龙王庙，其实各地龙王庙内供奉的神灵并不是龙，而是实实在在的人——或君王，或能臣，或治水贤人。

## （二）

洪山泉庙的名称为源神庙。源神庙位于黄土阶地之上，逐级升高，周围有了葱茏之色。

到达此处的第一感觉，是庙周浓烈的氛围，也或许是因自己为水利人，才有此特殊的感觉吧，那是周围景物造就的气场:国家重点文物保护单位的座碑、行业标语、属于颂词的刻碑，古树名木，寄生的槐抱柏，树上缠绕着红绸。一路荒野，一路寻觅，猛然到了神灵之所，两相对比，自然感觉不同……特别抢眼的，是立在眼前的牌坊。

牌坊，位于台阶的前端，上书“有本者如是”，雕梁画栋，彩绘鲜艳。其实，整个源神庙的建筑都是雕梁画栋，只是因为地僻人荒，因时间的流逝、饱受干燥山风的吹袭而显得斑驳，难免有些凋敝。即或是如此，也掩饰不住考究的细节、用功的精到，无论是彩绘，还是雕刻——匠心中流露出一份虔诚、一份感恩。牌坊建在桥上，桥上装饰龙头龙尾，给人以整条龙横卧于桥上的感觉，形成建筑特色。穿过牌坊，是独立的山门殿，殿内有两个夸张的大力士塑像。山门殿后，才是源神庙的本院，院前挂有黑底烫金的匾额，上书“源神庙”。

源神庙牌坊正面

穿过圆券的门洞进入源神庙内，回头一望，发现门洞上方是一戏台，是一实用的场所，想是庙会时唱戏用的。这与我以前看到的庙宇不同，有戏台，就拉近了庙宇与社会的关系，拉近了庙宇与人群的距离，庙内的香火就与人间烟火混为了一体。环视四周，有钟鼓楼，有跨院偏殿。大殿气势庄严，殿前篆字匾额：胜水灵源；殿内正位，供奉尧舜禹三王；陪祀的共五人，有孙叔敖、李冰、西门豹，此三人在水利上的事迹载于史册；还有两个是在洪山水利方面有实绩的人，宋相文彦博和明朝介休知县王一魁。

源神庙大殿

源神庙创修于何时，难有确切的史料，据说是尉迟敬德在介休任县令时所建，这使我大感兴趣，因为，我的家乡有济渎庙——一处国家祭祀水神的场所，庙内有数人合抱的古柏，名曰将军柏，说是尉迟敬德监修济渎庙时曾将钢鞭挂在树上，没想到这个“双鞭打出唐天下”的“黑炭团”、威风凛凛的大将军，居然是个重视民生水利的官员。

先说文彦博。文彦博，别号文潞，介休人，宋之名臣，历仕四朝，出将入相50年。文潞公对介休水利的贡献是“始开三渠引水灌田”，这句话所包含的完整意思和背景是，文彦博第一次将洪山泉水，通过开三条渠道的办法分配水量，将水引入需要灌溉的田地，以止争讼。这里，以止争讼是目的，通过独立的渠道引水是手段，其实就是各用“自家水”，各灌自家田，也即是“分水”的方法。文潞公这种办法后为历代所继承，成就了宰相治水的一段佳话——检阅资料，发现如今的介休人偏爱文彦博，除了挖掘其治水的功绩、塑像源神殿外，文丞相的年谱、卷帙浩繁的诗文辑录及其研究，多为介休籍的人在做。

虽然文彦博创立了分水方案，但宋以降，引水争讼的案件日渐增多——争水，在中国实在是个特色，过去不好解决，今日依然，将来或许更严重。“初为民间美利，今为民间之大害矣。纷争聚讼，簿牒盈几。且上官严督，不胜厌苦”，这是明介休知县王一魁的抱怨，也是历代地方官的苦衷。其原因就在于水资源量与用水需求之间的矛盾，同时也涉及水权——看来这两个问题，在古代就存在。王知县对洪山水利贡献良多，现在的源神庙就是王知县重建的，其对相关水案的贡献，在于彻底割除了“卖水不卖地，卖地不卖水”的弊端，对此《介邑王侯均水碑记》[2]有详细记载。

源神庙前有很多古碑，可视为源神庙的编年史，只是大多斑驳厉害，不可读。这是重要的水利文献，已有人辑录、整理、研究，如《洪洞介休水利碑刻辑录》；有学者从社会学的角度[3]、法律的角度予以了研究。[4]

看完正殿，因时间关系，其他配殿就无法细看了，驻足远观了一阵房顶的琉璃瓦，甚觉精美，就出了庙门。

再次来到牌坊下，看到了背面王一魁知县手书的4个大字：“溥博渊泉”，这是出自《中庸》的名句。再转回头观看山门殿前呈“八”字形张开的屏风，只见一侧的屏风上面镶嵌有黄色琉璃质地的双龙图案（没有珠），美丽、细腻，但似乎太新了，缺少那种朴实无华的协调感。

我努力搜寻着自己的记忆，再查资料，证实了自己残存的记忆，一侧的屏风上，原本镶嵌有双龙戏珠的古琉璃，但数年前，被不法分子盗走了，成为一桩文物重案。说起来更令人唏嘘，“八”字屏风上为何只有一侧有琉璃图案？与中国建筑讲究的对称风格不符啊，原来，另一侧的屏风上也是有琉璃图案的，只是不知何年何月，早就被盗了。

## （三）

走下源神庙的台阶，来到泉池旁，是另外一种心情。

泉池内，并无“溥博渊泉”，全不见地涌清流，池底只有薄薄的一层水，凭判断，这只是潴积的一点点雨水，与泉流全无关系，泉池的最中心，则露出一段灰色塑料管，径不盈尺，估计为人造景观的设施，是在需要时，用来模拟泉流。再回头看看近旁牌坊上的大字：“有本者如是”，觉得形成了莫大的讽刺，宋碑所谓的“浓泉百道，绿柳千株”在哪里？本在哪？王知县曾有诗云“三农九谷年年事”，今泉流干涸如是，何以“功成美利”？此情此景，异鸟归，宁不悲乎？想必“其鸣也哀”了。据标牌资料，洪山泉流量可达 1.2 立方米每秒，这是很大的流量，可灌溉约 12.2 万亩土地，惠及约 85 个村庄，并为周边厂矿企业供水。**无可奈何的是，现在的洪山泉枯竭了——与山西第一名泉晋祠难老泉的命运一样**。泉既竭，周边开发的房地产，也成了令人遗憾的烂尾工程。

源神庙牌坊背面

**为什么洪山泉、难老泉等不可胜数的历史名泉于今日不再喷涌甚至干涸了呢？我想，这绝不是单纯的抽取地下水造成的，而与多种的人类活动有关，人们搞不清周围复杂的水文地质条件，当在周边开山、挖矿、引水时，都可能影响水脉，地表植被的退化，也将影响对水资源的涵养。如今的人们，已经是“上穷碧落下黄泉”，手段延长得无所不能，但唯独敬畏大自然这一条却忘了，人即或是再进步，能够真正理解透彻大自然“环环相扣”的复杂性吗？力量能大过大自然吗？我深表怀疑！**

## （四）

跨过泉池旁的小桥，前行几十米，是一处古窑遗址，遗址前立有一尊陶祖的站像，陶祖是谁？无须深究了，陶瓷界存在对陶祖的崇拜，这是一种文化现象，原型多样化[5]，“祖”字之用，也是对“本源”的礼敬，是一种感恩的思想表达。陶祖像旁有座碑一方，无字，任何信息没有，字迹完全被雨水溶蚀了；离像稍远处，还有一方座碑，标示为：古窑址、全国重点文物保护单位。莫非此窑址与泉流也有关系？

环视四周，地面覆满荒草，一条沟通向远处，哪里有古窑的影子？恰有一人经过，问询何处是窑址，告诉我即在眼前。低头细察，才发现草丛中散落着一块块的陶器碎片，而不太高的一面立崖上，“层累地”有陶状物的出露。我没有陶瓷知识，但却也知道陶与瓷不同，此处散落的古物碎片显然是砂锅、水缸类的陶器碎片，不是瓷片。所谓的古窑址，莫非是时间久远的制陶遗址？当然，也可能我尚未找到瓷片。没有文字资料，自己又不懂，不去臆测了，但个人推定，此遗址既然离泉池如此之近，一定考虑了用水的需要，无论是制陶还是烧瓷，总是离不开水的。

回来后在邹逸麟先生的《中国历史地理概述》[6]中看到，介休在宋代已经开始烧造定窑风格的白瓷，如此看来，此地烧瓷、烧陶的历史已在1000年之上了。

## （五）

返程的路上看到了一个小房子，建在渠道旁，上写“水磨”。停车近看，上写：国家非物质文化遗产——水磨。房是新建的，一大间房，青砖红瓦，房子外表看起来不错，但房门锁着，未看到水磨的样子，房的外壁也没有图绘或文字，不能给人信息，也就成了摆设。当然我理解，没有水力冲击水轮，水磨本身就是摆设，但总可以画些原理图，有益于观者吧？从地理位置看，此处近山临泉池，河床坡度大，水速高，在此设水磨，最具合理性，因为，水的动能是最容易被人利用的一种形式。历史上，我国有多种形式的水力机械，用于汲水、榨油、磨面，甚至用于冶金、提升重物。明代德国传教士邓玉菡曾醉心于中华的奇思妙想，著有《奇器图说》[7]一书，系统总结了中国的各类机械装置，其中就包含有各式水磨，国家博物馆曾有古代水磨连转装置的复制品，采用了曲柄连杆机构，比起西方蒸汽机时代才有的曲柄连杆机构，真的是早多了。后看资料知道，历史上沿胜水确有很多的水磨，除用于加工粮食外，还用于制香。

归程的右侧经过一陶瓷厂——好水产得好陶瓷，古陶瓷烧制技艺为市级非物质文化遗产。陶瓷厂长长的墙壁上，画着有关洪山泉的故事，时间关系，没能细看，是件憾事，但墙上的一幅周边景物全图，却明白地告诉世人，洪山泉及导泉成河的胜水，真是附近一带的民众生活、社会生产及自然生态的生命力之源。

墙壁说明图：洪山泉与周边的关系

归程穿过了洪村，洪村建筑鳞次栉比，街道宽阔整洁，接近村边，看到了有关村子的说明牌，我得到了如下信息：洪村，山西首批历史文化名村，居民6000人，耕地面积1500余亩，林地面积1500余亩，退耕还林面积900余亩，是有名的水、香、陶瓷及琉璃之乡。

从这些数据可知道，人均不足3分的可耕种面积，农业生产不可能做到自给自足，必须依靠其他行业，比如手工业，人们才可以谋生，而以水为基础的当地水土，催生出了制香、陶瓷和琉璃三项极富特色的手工业。

就在陶瓷厂旁边，有个三官庙。三官庙门面破败，门锁着，细看，才见有精致的门墩，考究的砖雕，尤其是门楼顶部有精美华丽的琉璃，这些，与破败的门面实在是不相称。三官庙，供奉的是三元大帝：上元天官、中元地官、下元水官。**这是流传民间的自然崇拜，老百姓最知感**

**恩，天地之外，崇拜的就是水了**。

这里的琉璃是国家非物质文化遗产——好水产得好琉璃，车再前行，果然见到了一个琉璃厂，硕大精美的艺术品堆满了院子——这也解释了为什么洪山庙的琉璃饰品那么精美，连附近低矮的小庙门楼也饰以精美的黄色琉璃，原来这里是琉璃之乡——山西有不少的寺、塔都有非常精美的琉璃，或黄或绿，莫非是受到了介休琉璃文化辐射的影响？

一路前行，思绪不断：烧造陶、瓷、琉璃，都离不开水；制香，离不开水——工艺要求，而洪村的名香，作为省级非物质文化遗产，其“组方”上甚至要求用洪山“具有软绵特性的泉水”[8]，可谓好水出好香；那么洪村呢？在我看来，洪山泉的存在，才是千年古洪村存在、兴旺、发达的根基，村因泉而名，就是明证。

## （六）

拉我去介休源神庙的师傅很健谈，他似乎觉得，我一个外地人千里迢迢来看泉，而看到的却是干涸的泉池，十分歉意，一再给我解释，他小的时候曾来过源神庙，那时，洪山泉的水确实是大，我按他的年龄估算，他说的事当在40年前了。他建议我去洪洞县广胜寺看泉，并介绍了广胜寺的庙会。其实，去洪洞看霍泉及水神庙，正是我第二天的计划，遗憾的是，广胜寺庙会在农历三月份，要赶庙会，只能有待将来了。

水神庙位于现在的洪洞县。水神庙对赵城、洪洞两县有着特殊的意义，这一切，当然都源于位于赵城、洪洞交界处的霍泉，赵城、洪洞合并之前，霍泉处于赵城地界。

说到水神庙，就得提到广胜寺，人们一般认为水神庙在广胜寺。其实，广胜寺只是地标，寺、庙本非一家，怎能说有归属关系？广胜寺分上下两寺，上寺位于霍山之上，下寺位于山脚之下——霍泉紧邻广胜寺（下寺）门口，所以又名广胜寺泉。既然有灵泉，就得有神灵，而神灵不属于佛教系统，于是，就得另建庙宇，水神庙就建在下寺的隔壁，寺、庙两者间有门可通。或因为霍泉又名广胜寺泉的原因吧，为了方便，人们就索性把水神庙归到了广胜寺——与广胜寺一道为国家重点文物保护单位。

水神庙建在霍泉出露处，也是远离繁华的偏僻所在，照例得租车前往，好在现在的乡村道路良好，一路顺利，就到了广胜寺。

车还没停稳，就听见了哗哗的声音，我颇为诧异，这是泉水声吗？原来广胜寺外围设有围墙，在墙外，看不到流水的渠道。围墙挡住了车流，人却可以自由出入。我一脚踏进大门，探头就看到了碑亭状的建筑物，而灌进耳朵的声音则更大了。我以一种急切的心情走近碑亭，出现在眼前的一幕，立马让我吃惊了：这是泉流吗？分明是一道河啊！文前曾用词“泉水叮咚”，而眼前却是“小河流水哗啦啦”啊！足有 7 ~ 8 米宽。

阳光太过明亮，水流太过通透，水底一览无余展现于眼前，真的，我从来没有见过如此清澈而奔腾的水流！处于碑亭下游侧的水草，以一种极为新鲜的绿，将水无色透明的物理性质，淋漓尽致地表现了出来。

## （七）

我这才注意到，我们来到分水碑亭。

分水，是霍泉历史上最大的事，暂把看庙放下，先借廊桥说分水。

这是一座廊桥状的建筑物。专业知识使我明了，河道中间的纵向分流堤，实现了历史上的三七分水，三分归洪洞，七分流赵城。两县在同一渠道取水，分流堤一侧流向洪洞方向的渠宽为三，等宽的铁栅栏将渠分为三个进水口；分流堤另一侧流向赵城方向的渠宽为七，等宽的铁栅栏将渠分为七个进水口。其楹联曰：“分三分七分隔铁柱，水清水秀水成银涛。”楹联句意浅显，但却将“分水”暗暗重复了三次，真应了今人调侃时说的话：“重要的话要重复三次。”至于横批“梅花逊雪”，初看起来与上下联无关，其实是以梅、雪比喻双方争水——“梅雪争春未肯降”；更重要的是暗含三——“梅须逊雪三分白”，还是三七分水之意。

在分水亭上另一侧，对联有些剥蚀，看不大清，但横批清晰，为“蕤（ruí）宾徵（zhǐ）变”。这是一种极为独特的表述，同样代表三七分水，

分水亭一侧

或还包含有更多的隐喻，这是把中国古音律的名称用在这里了。就个人来说，我对楹联很感兴趣，在于其言辞美，意深远，认为是比诗还要讲究的语言，因而就多有关注，虽然如此，却只见一处的楹联用了音律的名词，即颐和园排云殿的排云门，“复旦引星辰，珠联璧合；顺时调律吕，玉节金和”。“律吕”即为音律的统称，《千字文》有“律吕调阳”一句。这里所见是第二次。“蕤宾”是十二律中的第七位，可认为在这里代表“七”；“徵”是五音中的第四位，因为有“变”字在，则“徵变”代表着“三”。前三位水权属于一家，到第四位水权就要转换人家了。“徵变”，即“变徵”，《史记・刺客列传》曰：“高渐离击筑，荆轲和而歌，为变徵之声，士皆垂泪涕泣。”中国人多熟悉这一段记述。此横批真是煞费苦心，虽难免冷僻，却不得不说妥帖而让人叹服。音律是一套标准，是一种规定，因而就代表着法律，大家都必须遵守。另外，在十二律中，第六位、第七位正好处于正中间，莫非“蕤宾”也代表了不偏不倚、秉公办事的意思在里边？[9]

三七分水铁柱，流向赵城的分水口

前文已经说过，水事纠纷最是难以处理，介休源神庙遗留下来的历史碑刻，相当多都是为解决水事纠纷而立。水事纠纷，这里只会多，不会少，因为霍泉流量更大，涉及赵城、洪洞两县。

史载赵城、洪洞两县分水始于唐，我想，真正的分水起源会更早，只不过是隋设两县后才按行政区划记其事。水事纠纷既难以处理，一个匪夷所思的事就发生了，即置油锅，内放10枚铜钱，油沸之时二县好汉徒手捞取，以所得多寡按比例分水。这个故事太过生猛，很长时间以来，我都持“听一下而已”的态度，认为属于民间传奇，但当我站在分水亭前时，却引起了进一步的思索。

何以分水相差如此之大而能为双方所接受？何以民间一直流传此说？何以文字一直记载此传奇（不算是历史记载）？更重要的是，有祭祀好汉的神龛在，能凭空为之吗？而且，只要谈到分水，好汉的故事就是绕不开的话题，类似的故事也绝不只是流传在洪洞这一个地方。我想，无论此传奇属真属伪，都反映了一个事实，分水，关乎着双方的长久利益，实在是不好解决，有鉴于民间代代津津乐道的传奇在，把好汉塑像摆放在水神庙大殿前，就有了神灵的意义在里边，大面上，双方算是接受了这一存在巨大差别的分水方案，而对于后人来说，遵循的依据性就更强了。

三七分水的最早记载，可见于金天眷年间的“都总管镇国定两县水碑”（1139年）[2]：

“自宋时庆历五年分，有两县人户争霍泉河灌溉水田，分数不均，是时责有司推堪……赵城县人户合得水七分，洪洞县人户合得水三分，两词自此而定。其户籍水数若干，具在碑石，永为来验，迨今积有年矣，不闻讼词……”

从碑文看，分水定额源于宋庆历年间，是按水田亩数（精确到分）和水磨盘数定出来的，即以地定水、以器定水，算是公平，因而传承长久，双方没有意见。

以我自己的看法，霍泉在赵城地界，当有近水楼台的条件，可能会分得多一些，这是地利，洪洞也认了。明面上，分水口门的宽度维持了三七的比例，但洪洞地势低，赵城地势高，双方均认识到地势差的存在，因而流量的比例不会是严格的三七比例，洪洞分的水会略比三分多一些，赵城也认了。因而三七分水是双方结合实际情况妥协的结果。

分水铁柱为清雍正年间所立，从初唐至清中，事实上赵城、洪洞两县械斗不断，互为冤仇致使不相通婚，这为地方志所载，算是史载明确了，即使有了分水铁柱，也没有彻底解决水事纠纷。真正的解决办法，是 1954 年将两县合成了一县，赵城归并洪洞，两家并成了一家，这种做法，国内多有采用，尤其土地集体化之后，这种矛盾会减缓，虽也不可能完全消弭，但基本上算趋近于最优解了。**国内众多的事例说明，解决水事纠纷的最好办法是改变行政区划**。

## （八）

我沿着渠道向上游方向走，渠道旁，有卖冷饮的小贩，篮装饮料，系绳入水，算是冰镇。清风树荫下，听泉卖水，慢生活，静心情，也算是一种惬意。

渠道末端，是泉池，又称海场。泉池，水源重地，被围栏封了起来。我只好沿着围栏远看、近观。远看，霍山顶上一座琉璃塔直接碧空白云，那是广胜寺上寺的飞虹琉璃塔——广胜寺分上下两寺，飞虹琉璃塔，冠绝天下；近观，泉池一通碧色，平铺于眼前，这碧色，一来自水本身，二来自于玻璃，缘由是，钢筋围栏，内衬了厚厚的玻璃，这当然是为了保持水源的清洁卫生，还有就是造就了视觉上的美感。是的，澄碧的色调，倒映出池旁的山、天上的云、周边的树，一幅美丽的图画。尽管是设色画布，但画面依然是如此的清晰，足证画面有很高的锐度。

此处虽是霍山脚下水源出露处，但史载认为，真正的霍源却是几十千米外的沁源诸山，水出山再伏流，至霍山之阳再现于地面，有山西大学的学者用化学方法论证了此事。

家乡有沁河，霍泉源于沁源，“君住河之头，我住河之尾。日日思君不见君，共饮一源水”——借用古人的诗，略修正以表同源。又岂止于此呢？“问我家乡来何处，山西洪洞大槐树”，家乡一带，全是洪洞县移民的后裔。在大槐树祭祀大殿内，为祖先供奉有五色土、四海水，四海水为黄河水、长江水、汾河水以及霍泉灵源的水。

霍泉的最大流量近 4 立方米每秒。旁边就是水神庙。

《重修明应王庙碑》[8] 有铭曰：

霍山苍苍，霍泉洋洋，神明降瑞，珠玉流光。

大田多稼，维田多利，列爵建庙，报功之祀。

于是，我进入庙内。

## （九）

进入水神庙，一个突出的印象是，这是一个年代久远的庙宇。确实，主体建筑明应王殿创修于唐，建于元，整个建筑都披上了沧桑的外衣，呈现出一种灰白的色调，恰如漆皮已经完全磨掉的旧家具，再加上阳光强烈，院落空旷，这种灰白的色调就愈发明显了，而彩绘于墙壁的人物画却显得哑暗，若不刻意观察，几乎会因不显眼而忽视掉彩绘的存在。

名为景区，或因偏远，或因太小众，几乎没有游客，只在进门的时候见到两个往外走的人。

水神庙院内只有两个大的建筑，院门建筑和正殿，中间隔以仪门，正殿四周有回廊，周边竖立或镶嵌数十通石碑。

院门建筑是一个戏台，相当于山门，戏台下是进院的道路，这种建筑形制，与介休源神庙完全一样，只是这里的戏台要大得多；太原的晋祠内也有戏台，晋祠其实也是水神庙。水神庙内设戏台，可总结为山西的文化。由此可以推测，虽然都是祭祀场所，但若朝拜者对神灵的企盼是与民生相关的，比如，祭祀水神，那么这种祭祀场所的宗教味道就淡了不少，但却具有了更多世俗的功能，比如用于大众集会、娱乐，也成为约定法规的场所，水神庙庙前与回廊下那一方方不同年代的石碑就是明证——诚如设想的一样。这与纯粹的神灵祭拜场所如寺院、道观是不一样的——这里，平时可能香火不旺盛，人们似乎忘记了神灵的存在，但在特定的日子，却会万众前来，比如为祈雨或在庙会日，这也反映了中国人的功利主义思想。

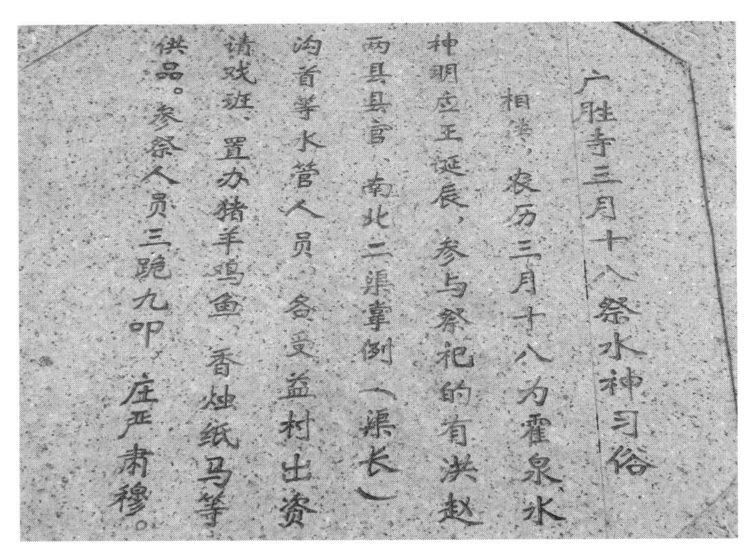


广胜寺水神祭祀说明碑

水神庙正殿

由于在洪洞火车站先看到了广胜寺庙会的宣传牌，在这里又看到了戏台——属于庙会的必要内容，就交代一下庙会。

庙会日是农历三月十八，比对于介绍水神祭祀的石刻就会知道，原来庙会日正是祭祀水神的日子，且是水神的诞辰。

我先为民间社会的睿智所折服了，水神庙内的原型是谁并无定论，可水神的生日却已确定无疑。农历三月十八，按时令，正是花开气暖的季节，花簇锦绣，春耕、春播、春灌，农事大忙，生产所需要的农具需要置办，因季节变换有关衣食住行的种种需求也待置办，因而就需要一个大的交易市场，于是，与祭祀水神相结合，广胜寺庙会就应运而生了。

广胜寺庙会一连 5 天，辐射范围达 20 余县，甚至影响到省城太原，其时间之长、辐射范围之广，不知什么地方的庙会能与之匹敌。至于举办庙会的会场范围，远达广胜寺外数里之遥。我没有来过广胜寺庙会，可愿设想一下庙会的盛况：熙熙攘攘，人声鼎沸，一片喧闹，无以复加。或问，在如今物质丰富、什么都不稀罕的年代，看什么？买什么？我的回答是，看人，看那种人头攒动的热火劲，感受那摩肩接踵的人气，听那种不绝于耳的欢声笑语。饿了，累了，渴了，来到小摊前，或蹲、或站、或坐，吃一盘乡下小吃，喝几口冰镇冷饮，没有矜持，没有斯文，可放任地大快朵颐，可率性地狼吞虎咽……若是需要交易，则可满载而归……

庙会日要唱大戏，尤其是有祭祀水神大典，因而进入水神庙的中门、侧门全部打开——平时中门不开。在万众观瞻之下，得以走中门进入水神庙的，有赵城的县令，负责赵城、洪洞水渠的掌例（渠长），掌例的婆娘——她平时在家有供奉水神的职责，其他一应人员均需走偏门，包括洪洞县的县令。**洪洞县令走偏门进水神庙，进一步强化了水渠掌例的**

**荣耀感，凸显了水官的主角色彩**。

渠道的掌例，不是朝廷命官，但却必须是德高望重、家有余财者担任，因为掌例本身必须具有很高的社会威望，这样才能摆平水事，想这活也不好干。唯此，掌例才由乡绅们公举推出。洪洞一带——不唯这一带，**源于中国乡村的农耕文化，人们长久生活在同一块地方，社会超级稳定，这超级稳定背后的巨大力量、那双无形的大手就来自于社会贤达、乡村能人，他们能够起到官府起不到的作用，因而能与官府互为补充**。就水管来说，渠道的掌例本身是极有荣誉的一个角色，其事实根据是，除了进水神庙能走中门，掌例会在一个家族传承很长时间，极端的例子是，在一门姓氏中甚至能传承数百年[2]。

## （十）

穿过仪门，再次进入水神殿所在的第二进院落。

水神庙的大殿是锁着的，这使我十分地懊丧，再端详，也还是锁着的。为不使自己情绪低落，就放任思绪重新进入热闹之中，去臆想那热闹的场面：

庙堂大开，鼓乐齐鸣，彩旗飘扬，来自赵城、洪洞两县的官员、士绅、掌例及其他有“头面”的人物，有序地列队于水神的香案前，随着司仪的号令，对水神施以三拜九叩大礼，虔诚地祈求物阜年丰……

祭拜仪式完毕，掌例婆娘最幸福的时刻到来，因为接下来的分冷猪肉——在仪式的尾声，她的地位最重、最显眼，也是最大的受益者——她主持分冷猪肉，所得份额也最大，这或也为掌例一职在一门一姓中传承久远的原因吧！

至于前院，则是乡民的盛宴，开锣唱戏，人头攒动，密密麻麻，舞台上在演绎着古往今来事……这不是想象，水神殿内闻名天下的元代壁画，在说着这个故事……

我开始观看分布于正殿回廊四周密集的古碑——总有几十通之多，字迹或斑驳难辨、或依稀可辨、或清晰可辨，构成编年的成文法。国内有许多学者研究过这些碑，这些碑，实际上属于地方志的内容，历史跨度大，从辑录文献看，从金直至近代，或许还有更早的，因为字迹斑驳难认而没有辑录。**明清时期的碑刻最多，涉及社会、官府、民间诸多方面的事务，与土地、水权、集资、营建、管理等问题相关，因而被立于通衢，让后人遵循。于今，仍有启迪和借鉴作用。**

现在各河流实行河长制，这强化了河流的责任制度，有利于对河流的管理。在洪洞水神庙的碑刻上，有“渠长”及各色管理者的称呼，如此看来，今日的河长制，有其产生的历史文化土壤。

就在我胡思乱想之时，一位女士——导游，手拿钥匙，带着一对母子走了进来，随之开了大殿的门，我设想的“映画”也停止了播放。

我有了一份喜悦感。

我是购票进庙的，且价格不菲，参观自然是合理，而导游却是别人请的，在殿内观瞻，这就显得尴尬——我无法完全屏蔽那导游的解说，只好自觉躲开些；而该导游显然也不愿将她的娇声传得稍远一些，以至于，说话的对象只专注于那个小学生模样的孩子，连其母亲也忽略了，吝啬者如是。

大殿称明应王殿。

明应王是谁？有说是霍山神的长子，故当地有水神为大郎神之说，元代延祐六年“重修明应王（大郎神）庙”碑直接用了“大郎神”三字；也有说是李冰。战国初年，蜀守冰创立了都江堰，《史记·河渠书》：“蜀守冰凿离堆，辟沫水之害……百姓享其利”，李冰成为开发西蜀、“惠及全川”的神，现在的都江堰有供奉李冰父子的二王庙，“吃水不忘挖井人”，李冰在四川是人人皆知的“闻人”，这不奇怪，可何以相距数千里，在元代，甚或于更早，山西就开始礼拜李冰了？

缺水！

山西虽然泉多，但整体上看，却真是一个干旱缺水的黄土地区，对水的企盼，让山西人早早就把李冰的神灵请了来，“蜀守冰”，并没有说冰是哪里人，哪里人都可以啊，反正是中华水神。不止于此，还把李冰的儿子李二郎也请了来，在山西平遥，就供奉有李二郎的专祠；在洪洞，更是有众多的二郎神——人物不同，职司不同，其中就有职司水利的二郎神[10]。

说李二郎或有人陌生，但若说起住在灌口（都江堰市原称灌县）、《西游记》与《封神演义》中神通广大的二郎神，当不会有陌生之感吧？平遥的二郎神庙建于清代，晚于《西游记》成书的明朝，言之凿凿说是为纪念李二郎，二郎神就是李二郎。小说中的二郎神不但神通广大，而且英俊潇洒，人们认为二郎神就是李二郎，或可说明，人们对于给予带来恩惠的水，是心存感念的，有为水而大力借助神力的意思。其实在都江堰，也设置有二郎神拴哮天犬的石墩与铁索，这当然是受了《西游记》的影响，同样说明，在四川，人们也认可二郎神的原型就是李二郎。具体在山西，人们对水神的崇拜更要广一些，比如对台骀的崇拜，更是海内独一份。山西从南至北，分布有不少台骀庙，“台骀能业其官，宣汾、洮，障大泽……封诸汾川……由是观之，则台骀，汾神也”，载于《左传·昭公元年》。台骀，乃中华张姓之祖。

“你来自哪里？”导游的话传入我的耳内。

“四川。”小孩答道。

小孩的回答让我吃惊，何以四川人千里迢迢，来山西看李冰？

“为什么来这里啊？”我止不住问孩子的妈妈。

“根据说明来的啊！”妈妈这样回答，这回答真是找不到毛病。

陌生人，我不好问得太清楚，也或许，川人在外地看到李冰，更为自豪吧！

## （十一）

水神庙大殿的四周墙壁上，画满了壁画，壁画色彩艳丽。这是元代壁画，色彩如此艳丽，不能不使人吃惊，尤其是红色，如同新涂的一般。

水神庙壁画，有一组为戏剧壁画，因为上了《中国历史》教科书而名满天下，之所以如此，可能的原因是，元人杂剧为中国舞台艺术的一个高峰，元人所画的戏曲画当然最能表现元人杂剧的真实图景。水神庙壁画，内容丰富，除表现戏曲外，还涉及社会生活、风俗、祭祀等内容，有人间事、有神仙事；有当代故事、有历史故事，完全可称为活生生的元人生活图卷——可类比于《清明上河图》，按内容，计十三组之多[11]。还有一幅打球图也上了《中国历史》，打球图所表现的内容颇似现代高尔夫球，但历史却比高尔夫球长多了。正因为壁画所含内容丰富，所以研究戏曲史的、研究体育史的、研究膳食史的、研究煤炭史的……都来此一睹真容，希望从中发现珍贵的史料。

但别忘了，这是水神庙，真正的主题壁画是与水有关的内容，计有两幅，分别位于东西两壁，一幅是龙王行雨图，一幅是祈雨图，此两幅画，幅面最为宽大，一边为民众祈雨，一边为龙王行雨，形成对应。颇令人感到遗憾，至今未见有方家站在水神庙的角度，站在水的角度，对此两幅图予以解读。

最早听说山西的壁画，是永乐宫壁画，极有名，是我的老师，著名水利水电专家谷兆祺先生告诉我的。永乐宫原在三门峡库区，因为修建三门峡水库，整体搬迁到了山西永济。我在山西博物馆曾看到过多幅摹写的壁画，突出的感觉有三点：色彩鲜艳；幅面宽大；线条流畅。在水神庙看到的壁画原物，突出的印象仍是这三点。幅面尺寸算设计，线条流畅算技法，何以颜色的鲜艳能有如此长的耐久性？本人曾看过常书鸿先生所摹写的敦煌壁画，突出的印象同样是那鲜艳的大红，心想，莫非是新色？而水神庙的大红明晃晃告诉人们，原物就是这么新啊！这在科学上必有可探究之处。至于线条的流畅，让我想起《八十七神仙卷》，因线条的流畅而表现出的衣服及饰物，又让我想起成语“吴带当风”。

从水神庙正殿出来，正好碰到了检票员，人少我就成了稀客，想必他无聊，居然能记得我，于是问他：

“听说这里的壁画曾被盗？”

“是卖的，是寺里的和尚卖的。”他回答，口音略有点难懂。

我一怔。他看出了我的表情，用手指了指不远处的一个残石说：

“碑上说的。”

于是，我走过去。

这实在不能算一个石碑，只是一个残石，矮，不成形状，有光泽，却是污物的色调，上面有字迹，却被溶蚀得难以识别。问检票员哪里的壁画被卖了，他热情地带我到隔壁广胜寺的大殿——全寺最大、最古老的建筑。

水神庙前石碑

广胜寺的大殿可比水神庙的大殿大多了，也是元代建筑，四周原本也布满了壁画，而如今，四壁空空如也。大殿正在装修，没有其他游客。大殿太大，虽然是炎夏时分，仍觉得屋内阴凉。地下摆放着画框，是要分块画壁画，然后组装。古人画壁画当是直接做在墙壁上的，不会采用现在这种办法。当然，我完全是臆测。看着空荡荡的大殿壁面，心情受到影响，没有待多久，就出了广胜寺。

从广胜寺出来，远观了一下山顶的飞虹琉璃塔，正沐浴在斜晖夕照之中。天色已晚，直向火车站奔去。

## （十二）

想洪洞不是大城市，既通高铁，当随时都能买到车票，谁知来洪洞寻根的人太多，车票紧张，当下没有车，最近的车次，也要等3小时。

我买了瓶水，吃了几块点心，算是解决了晚餐。时间太过宽裕，就在候车室游荡，又看到了竖立的介绍广胜寺的牌子：水神庙壁画，《赵城金藏》，飞虹塔，以及广胜寺庙会。牌子写得简明扼要。这前三者称为广胜寺三绝，水神庙壁画和广胜寺庙会都与水有关。飞虹塔和广胜寺庙会，留待将来看吧！

紧张一天，尚未松弛下来，似也未觉得有多累，于是，找个人少的地方，坐下，从包里拿出介绍广胜寺的小书翻看，不想这一看，把我看得一腔怒气。

原来广胜寺大殿的壁画，是被寺内的和尚会同当地政府官员和乡绅，以些许的价格卖给了美国的文物古董商，事情的经过，被详细记载在1929年所刻的《重修广胜下寺佛庙记》中。这些壁画，现存在美国纽约大都会艺术博物馆、得克萨斯纳尔逊博物馆，以及波士顿博物馆[12]，看到这些博物馆的名字，就该明白这些壁画的价值了。其中藏于美国大都会艺术博物馆的元代壁画《药师经变》，高达7.5米，长达15.2米，真是气势恢宏。

至于《赵城金藏》，则是我国第一部宋刻版大藏经《开宝藏》的复刻本，为金代刻印，天下孤本，价值难以估量。如此瑰宝，曾有部分经卷散失民间变为窗棂纸，也有部分被商贾收购。《赵城金藏》发现之初，轰动天下，时在日本侵华期间，因而为日人所觊觎，国共双方得到消息，都积极为保护国宝出力，最后党中央电令太岳区军政区全力保护《赵城金藏》，《赵城金藏》辗转多处，终获安全无虞。现《赵城金藏》与《永乐大典》《四库全书》《敦煌遗书》一道，成为国家图书馆的四大镇馆之宝。新编《中华大藏经》即以《赵城金藏》为底本影印。

我合上书，闭目，整理着自己的思绪。

早年曾看过一个有关敦煌的纪录片，有一个近景镜头在眼前唰地闪过，是盗画者将壁画揭下来的过程，记忆太过深刻，至今动态画面仍在眼前晃动，旁白随之响起：西方的文物探险家，用胶布，把这千年留下来的精美壁画粘揭下来，掠劫到他们自己的艺术博物馆……

问题是，比之于敦煌，这里的情形更叫人啼笑皆非，是自己，不争气地把古董商找来，是自己卖给了外国人，还勒石铭记，以图永垂不朽。如若说是不法商贩和贼人为之，也就罢了，问题是地方政府的县长也参与此事，这样的政府安能负起保境安民之责？

敦煌的壁画被劫掠到了外国，这里的壁画被卖到了外国；敦煌的经卷曾散落民间，卖给商贾，成为文物雅好者的藏品，这里的《赵城金藏》也一样。敦煌、洪洞相隔数千里，其命运何其类似？那山河破碎的岁月！

我想起余秋雨先生在《道士塔》中的愤怒：“我好恨！”

## （十三）

坐上火车，情绪已完全平复。

我来此，不是为了看画，原本也不知道《赵城金藏》的事，但因为这些事发生在广胜寺，是我访泉之行中闯入视线的，我不能不记下来。

最终我的思绪回归到水上，回归到泉流。

**泉流津溉，是水利的一项重要内容，开发泉流，在山西的水利史上占有重要的地位**。引水滋润，造福百姓的先贤，人们是不会忘记的，所谓百世流芳，就是这个意思。

最后用洪山灌区“介邑王侯均水碑”中的一段话结束此文：

“书曰：‘至诚感神’岂偶然哉？忆昔叔敖起芍陂，而楚受其惠；文翁穿腴口而蜀以富饶；史起凿漳水于魏，邺界行稻粱之咏；郑国导泾水于秦，谷口有禾黍之谣。后世称水利者必归焉，至今诵之不衰。”

## 参考文献

[1] 北山经第三 [M]// 郭世谦 . 山海经考释 . 天津：天津古籍出版社，2011.

[2] 黄竹三 , 冯俊杰，等 . 洪洞介休水利碑刻辑录 [M]. 北京：中华书局 , 2003.

[3] 赵世瑜 . 分水之争：公共资源与乡土社会的权力和象征：以明清山西汾水流域的若干案例为中心 [J]. 中国社会科学，2005（2）：189-203.

[4] 张俊峰 . 金元以来山陕水利图碑与历史水权问题 [J]. 山西大学学报（哲学社会科学版）, 2017（3）：102-108.

[5] 赵利中 . 文化遗产关键词：陶瓷 [J]. 民族艺术，2015（5）：54-60.

[6] 邹逸麟 . 中国历史地理概述 [M]. 上海：上海教育出版社 , 2005.

[7] 邓玉菡，王徵 . 奇器图说 [M]. 重庆：重庆出版社 , 2010.

[8] 闫慧芳 . 山西省介休市红山村全料香生产技艺的商业价值调查 [J]. 商业现代化，2017（22）：9-10.

[9] 任得泽 , 石玉 . 从“蕤 (ruí) 宾徵 (zhǐ) 变”探究音乐转调理论 [EB/OL]. 九三学社太原市委员会 . [2020-08-30]. http://www.93ty.com/2013xx1.html.

[10] 王尧 . 传说与神灵的地方化：以山西洪洞的青州二郎信仰为例 [J]. 民族艺术，2015（5）：132-139.

[11] 柴泽俊 , 朱希元 . 广胜寺水神庙壁画初探 [J]. 文物，1981（5）：86-91.

[12] 史元魁 , 董爱民 , 晋桂元 . 话说广胜寺 [M]. 临汾：洪洞县旅游文化研究会 ,2006.（内部资料）

# 黄淮诸河龙王庙——嘉应观

“黄河之水天上来”，奔流到郑州西的桃花峪，就到了黄河中、下游的分界处。桃花峪一带，是历史上有名的楚河、汉界古战场。到此，黄河基本上就算出山了。所谓的基本上，是因为，河的南岸尚有邙山的余脉，高峻的地势对黄河洪流还起到阻挡作用，但河北岸的武陟县，地势却完全是一马平川。一旦遭遇大洪水，就有可能引起河决。如此，武陟一带，将会成黄水漫溢之地；不止于此，三门峡之下，河北岸最大的一条支流沁河，也在武陟境内入黄，历史上，沁、黄并溢的灾患时有发生。显然，武陟是河患重地……

既是河患重地，就得尽人事，做工程；此外，还需要修庙祭祀，盖因“名川大渎，必有神焉主之”。

## （一）

嘉应观是一座庙，龙王庙，钟鼓楼齐全。

但嘉应观却不是一座普通的龙王庙，而是“黄、淮诸河龙王庙”，敕建。诸河，在汉语的语境下，意味着天下所有的河，因而，嘉应观可看成是“天下龙王庙总庙”。嘉应观，地处武陟城东南十二公里处，见之，你会大吃一惊：何以黄河滩外，平旷之野，会有如此一处规模恢宏的建筑群？

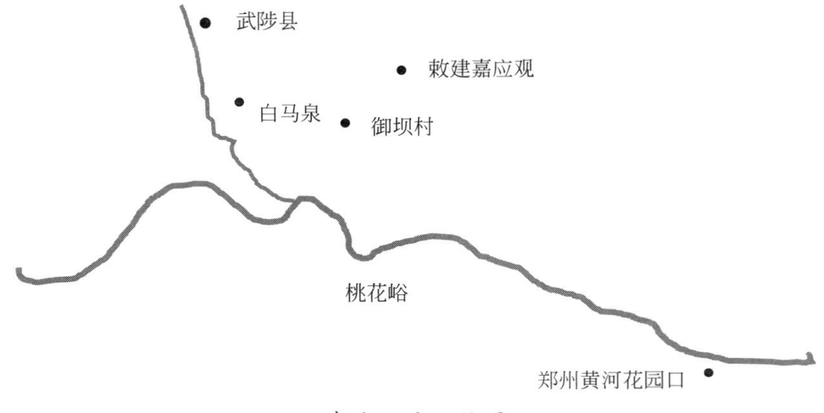


嘉应观地理位置

初到嘉应观，大概是20世纪80年代末，想来，已经30多年过去了，时间真快。这里原是新乡修防处的所在地，后搬出。因为业务的关系，我常来此处，人熟、地熟、文化风俗熟。

初有的印象，是嘉应观可看成黄委会的家庙；现在有人说是黄河“故宫”。这个说法好，有历史感，有深度。

去嘉应观西南数公里，有一段堤防，曰“御坝”。既称“御”，一定与皇上有关。原来，从清康熙六十年至雍正元年，黄河五次决于武陟，雍正登大位之前，作为和硕雍亲王，曾在武陟负责河决堵口与堤防修筑的工作。雍正即位后，即在雍正元年修了这段御坝。“御坝”二字系雍正亲书。御坝既成，当年修坝的河工留驻当地，繁衍为现在的御坝村。

黄河是悬河，经行地上，世人皆知。武陟这一带的河身最高，是河防紧要处，这有个道理在。

黄、沁出山，河床坡度骤然变小，河水流速骤然降低，河水挟沙能力下降，于是泥沙就大量堆积在河床中了——这是泥沙开始沉积的地方啊，水中泥沙含量高！正因为如此，道光版的《武陟县志》开卷第一页就说，武陟虽系河朔一隅，但为黄、沁相会之所，堤防之事，常常使皇上忧虑得寝食难安。

由此我又想到黄河下游冲积平原的顶点该怎么定。

有人说，黄河下游三角洲，也就是冲积平原的顶点在郑州桃花峪，作为大地坐标上的原点，这当然有道理，也没问题。但却不如说是在武陟，因为，我们是在谈三角洲、在谈冲积平原，如果真要找一个原点，可选御坝村或嘉应观，原因是，桃花峪属广武镇，广武基本上是山岭地貌，黄河出山，所携带的泥沙只能堆积在大平原上，不可能堆积到山上去，广武的山前平原地带太狭窄，且不连续，冲积平原都是连续的，广袤的黄河中下游平原就是连续的嘛！

“……汉王则引兵渡河，复取成皋，军广武，就敖仓食。”成皋、广武、敖仓，看着这些字眼，会使有历史癖的人立生怀古之情，广武，楚汉相争之地；“时无英雄，使竖子成名！”阮籍在做历史之叹？当下之叹？黄水滚滚风流去，唯剩桃花灿如云。历史已经远去，广武的桃花，却一年比一年更鲜艳。

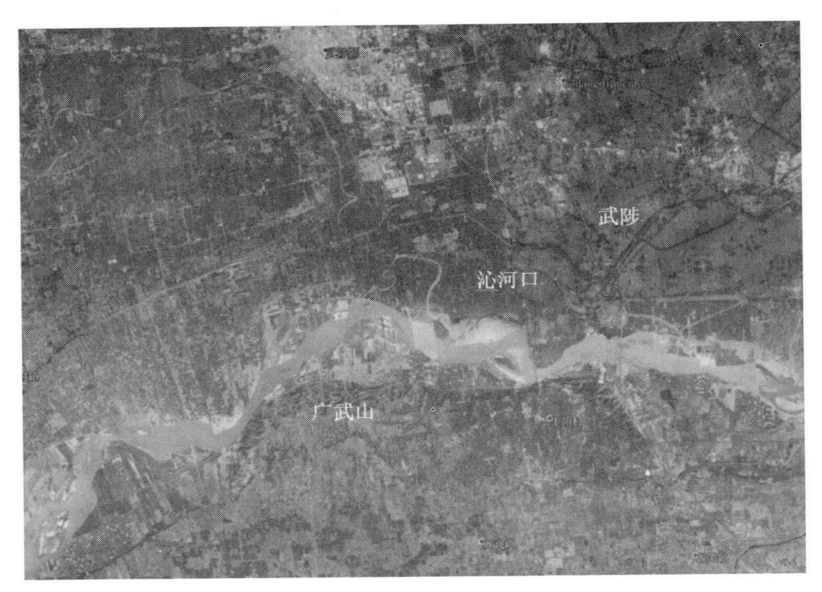


黄、沁交界处，武陟、广武地貌鸟瞰图（截取于 google earth pro）

武陟呢？

“覃（tán）怀厎（zhǐ）绩，至于衡漳。”武陟古称覃怀，是大禹平治水土的老地方，现有覃怀公园在；“周武王牧野之师，兴兹土。”

这也太古老了……

细看武陟广武地貌鸟瞰图，我看到了河中沙洲。沙洲，多为沙砾料所形成的堆积体。“关关雎鸠，在河之洲”，由于黄河生态环境的改善，这几年，焦枝铁路桥下游黄河中的沙洲每年都有水鸟安家，这使得黄河人非常兴奋。

## （二）

有清一代，最重河务。康熙曾于金銮大殿书写下三件大事：河务、漕运、三番。三番既平，河务、漕运就成了国之忧患——都与水有关。作为一个极具心机的皇子，雍正不可能不知道河防之事在父皇心中的分量，除了明示的河务为天下之要的理由，他不可能不知道《史记》里关于汉武帝负薪塞宣房的记载，为使堵口顺利，汉武帝曾专门到泰山祭天。汉武，可是中国历史上有名的大帝啊，显然具有榜样的力量，可以推知，雍正参加堵塞河决的工作，会是全力、真心办差，堵决口的重要程度，绝不比战场差，一个是中原之患，一个是边疆战争，朝廷心里明白，雍正也明白。事实证明，他也真能办差。

堵口顺利合龙，为他以后顺利登上皇位，增加了不少分量。

何以这样认为呢？直接的原因可从嘉应观创修的年份看出来。

嘉应观创修于雍正元年（1723 年），《武陟县志》："雍正元年，奉敕建嘉应观于二堡营之东，既成，世宗宪皇帝颁赐祭文，刊于铜碑之上。"[1]如今的嘉应观匾额，就是雍正御笔亲书，只是"應"字减笔，御书，没人敢说错，恰如乃父书写"避暑山庄"，"避"字增笔，也没人敢说错。就是说，雍正登大位之后，就急匆匆地在武陟的平旷之野，南面黄河，修起了这么一群富丽堂皇的建筑群。当时，西北边患未除，惊心动魄的皇位争端才消弭，设若堵河决与御坝工程在雍正心中不是可以彰显自己大功的辉煌业绩，怎会如此急匆匆地行事？若干年前曾有电视剧热播，极力渲染雍正继位争斗之激烈，电视剧虽不是历史，但雍正上位争斗之残酷却是事实。

嘉应观匾额

正因为如此，雍正才以仿故宫风格，修起了嘉应观，建筑挑檐歇山，上覆蓝色琉璃瓦。总体上看，沿中轴线，依次布置山门、御碑亭、前殿、中殿、大殿。院分三进，设置配殿；同时布置左右跨院，作为衙署。故而，嘉应观又称为“宫”，口语上，当地老百姓多称嘉应观为“庙宫”。庙宫院落宽敞，建筑宏大，气势非凡。据庙产碑记载，整个建筑群的占地面积为“八顷九十一亩一分八厘五毫一丝七忽，殿、亭、楼、阁三百多间”。[2]或感到奇怪，怎么小数点之后保留这么多位？是的，中国农村的地积计算就是精确到这么多位，即或是计量时达不到这个精度。还在少年时代，我就知道了这个传统，这是文化习惯，反映了土地在人们心中崇高的地位，是农耕社会的一个反映。

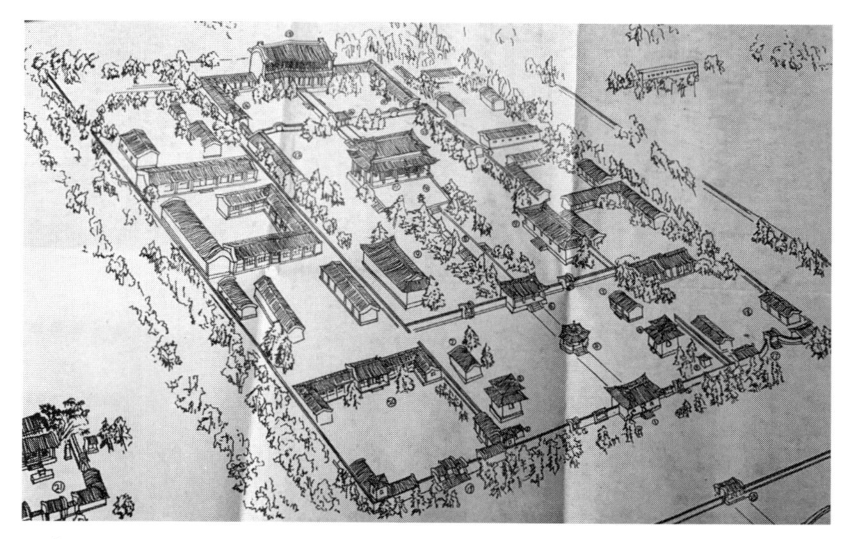

嘉应观北院建筑群透视（源自:《武陟文史资料》——嘉应观专辑）

庙宫既建，雍正就在里边竖起了一方铜碑（铜面铁胎），置于御碑亭内，碑亭状若皇上的顶戴，上覆黄色琉璃瓦，充分体现了敕建的气势。必须说明的是，整个庙宫最大的建筑布置特色，就是前院正中立有一皇冠状的碑亭，我相信这种布置方式少见。碑见多矣，而铜质碑，却仅见此一例，岂非又一特色？初见之，止不住一阵惊叹，太壮观了。铜碑硕大，高 4.3 米，碑周 24 条龙缠绕，底座为蛟，尤其华美。

为什么一反常规不立石碑，而是立铜碑呢？

固若金汤！对，河防固若金汤！有这个寓意在，这是我的解释。

蛟龙底座下有讲究，即蛟龙底座置于青石须弥座之上，石座下有水井一眼，说是与黄河导通，故水井涨落意味着河水涨落——这相当于测压管了。蛟龙头顶有一小孔，塞铜钱于内，可听见水声，传说据水声大小可预测洪水[2]。以神兽镇水，符合中国的神话文化，但以水声大小预测洪水就真成了神话，但细究起来，却是可以用来判断地下水位的高低。

碑文，御笔亲书，既是纪功，也是颂词，其中一段这样叙述：[1]

“朕抚临寰宇，夙夜孜孜，以经国安人为念。惟兹黄河，发源高远……其顺轨安澜……物蒙其利。然自武陟而下，土地平旷，易以泛滥，其来已久。频岁南北冲决，波津所及，田畴失业，而横突运河，为漕艘往来之患，其关于国计民生甚巨……夫名川大渎，必有神焉主之……朕思龙为天德，变化莫测，云行雨施，品物咸亨，又能安水之性，使行地中，无惊涛沸浪之虞，有救下润物之益。特命河臣于武陟建造淮、黄诸河龙王庙，秪申秩祭，以祈庥佑。”

这里，雍正首先把自己表扬了一番，然后谈到了黄河安澜所给人们带来的利益，谈到了河患的威胁，并说“其关于国计民生甚巨”。确是如此，**虽说清最后亡于腐败无能、内外交困，但河患无尽，搞得大清民穷财尽、焦头烂额确是一大因素**。中国历史上，因河患、因修河而引起的政权更迭，那是一再上演啊！

御制铜碑底座

既然雍正堵河决、修堤防已是大功一件，则再修建天下黄、淮诸河龙王庙“以祈庥佑”，就更可以彰显其“敬神勤民之本怀”，就成了民望所在——汉族老百姓宠信龙王啊！至此，雍正完备地论述了修庙的理由：为的是让神灵保佑老百姓。细读起来，雍正是写论说文的高手，而词章之美，着实令人赞叹！

继修庙之后，雍正二年，又在堵口功成之处立了御坝碑，同样有御坝碑亭，亭上有这样一副楹联：“河水涨落关乎皇冠顶戴，民心泰否维系大清江山。”此联，与现在嘉应观中御碑亭上的联完全一致。这一联，把河防的重要性提到了无以复加的地步，所以，说雍正在武陟的堵河经历为上位加分，当是合情合理啊！

状若皇冠的嘉应观御碑亭

由上述理由来理解，就知道嘉应观的建筑规模为什么会如此之大，皇家为什么会如此重视嘉应观。

御坝既建，黄河自然也安澜了；不止是如此，嘉应观的河神也显灵了，雍正五年闰三月，“河水澄清二千里，期逾两旬”，[3] 范围跨陕西、河南、江南、山东4省。

于是，群臣恳请雍正升殿大事庆贺，雍正为此写了“圣世河清普天同庆谕”，该谕很长，却写得很谦虚，并没有贪“天功”为己有，除了赞言感荷“上天”“皇考”赐福外，主要是谕众臣工要上下一体、君臣一心。我读出了其中有特别意义的两句：“可不慎乎？可不惧乎？”这显然是警示自己，然后给出了对群臣恳请的回答：“所请庆贺典礼，朕必不行。”[3]《清史稿·世宗本纪》论曰：“圣祖政尚宽仁，世宗以严明继之。”“严明”二字，可谓当矣。

雍正八年五月，黄河上游：

“敕建河州口外河源神庙成，加封号。是月，河清，起积石关讫撒喇城查汉斯。”[4]

这是又一次河清。积石关在今甘肃省积石山县，“导河积石，至于龙门……入于海”（《尚书·禹贡》），积石关是大禹导黄河的最上游。黄河清在历史上并不鲜见，更不神奇，与时间、地点、降雨状况、径流量都有关系，河清本质的原因是泥沙少。黄河人曰：“五月晒河底”，如果是大旱之年，河清更是自然，何况是5月的上游峡谷之中呢！我曾从龙羊峡水库行到积石峡水电站，途中见大红标语“天下黄河贵德清”挂于河旁，岂止是贵德，沿途黄河都清澈见底。所以庙成、河清是两件独立的事件。

雍正敕建嘉应观，敕建河源神庙，对此，我们可从社会文化层面上进行一些思考。

敕建，就不是民间的庙宇，既然称“观”或“庙”，当属道教系统。有清一代，皇帝皆信喇嘛教，都是佛家弟子，这诚然有益于对蒙、藏少数民族的统治，但作为佛家弟子的皇帝，如此崇敬道教的龙王，也可说明，经过顺治、康熙两朝的经营，国家已经承平日久，政权已经稳定，中原的民俗文化已经逐渐影响到了满人的统治阶层；反过来，官家崇敬汉人信奉的龙王，既是对汉人的心理安抚，也对进一步巩固政权有益；由此还可以看出第三层意思，中国的宗教，无论在上层还是在民间，都可以和平相处，中国的文化极具包容性。

碑亭曾于道光年间修缮，传说当时发现椽上留有两行字：胜我者添椽三根，不胜我者去椽三根。于是复修工匠将椽、木编号，但重新装配时仍不能复原。其实，这是豫西北一带广为流传的有关建筑的故事，或用来赞颂鲁班——伟大的建筑多留传有鲁班的神话，或用来赞颂其他精巧建筑的工匠水平之高。

有一年到嘉应观，正是元宵节之前，适逢庙会。时在半下午，虽天气晴好，但却寒气逼人。嘉应观前，搭台唱戏，方圆左右的乡亲集聚来，赶庙会，看大戏。唱的什么戏我倒忘了，但却清晰记得观众仰头观戏的场景，个个满脸笑意，完全沉醉于其中。看戏者以老年妇女为多，虽都是笑脸，表情可真是丰富啊，那是完全忘我的状态，我为之深深地吸引，曾精心拍下照片数张，当时还是胶片的时代，难以找出底版了。

进得庙来，见前院在表演秧歌，秧歌队穿得花花绿绿，随乐翩翩起舞；而后院是一个盘鼓队在表演，盘鼓者，盘状大鼓是也，只怕鼓径近乎一米，只听一声号令，身穿通体黄衣的鼓者立时左右开弓，几十面盘鼓同时敲响，辅以黄铜大镲，真是威猛雄壮，声如霹雳，轰隆隆山摇地动……

原来这里的盘鼓，冠绝一方。

## （三）

嘉应观的大殿，供奉的是大禹，称禹王阁。大禹是治水人的老祖先，地位至高无上；**治水功成，大禹建立了夏朝，从此华夏民族才走向了一家，中国才有了大一统的文化观念和政权，华夏文明才在国家的平台上走向繁荣，直至今天。**

嘉应观大殿——禹王阁

嘉应观的中大殿是四大王殿，四大王或与黄河有关、或与黄河无关。中间屏风上部悬有雍正亲书的“洽德敷仁”金匾。中间正位所供何人？御坝村人说是雍正的叔父名曰牛钮，为嘉应观第一任道长，颇具传奇色彩。

我仔细检阅清代史料，《清史稿·圣祖本纪》记载，康熙六十年九月，“命副都御史牛钮、侗讲齐苏勒、员外郎马泰筑黄河决口，引沁水入运。”[4]《列传·陈鹏年》载：“副都御史牛钮奉命阅河，奏于上流秦家厂堵筑……”[5]这是所检到的两条牛钮与治河有关的记载，看来，牛钮参与治河为真，但不可过多解读，如有皇叔之尊，故有抗旨之胆量，未执行“引沁水入运”的朝廷方案。过矣！抗洪抢险，如前敌战场，察水势河清而临机决断，属于“将在外君命有所不受”，与抗旨扯不上关系。况且，康熙在治河上常有容人之量，实事求是，虽然皇帝治河有诸多缺点，但若果然是金口玉言，不但康熙不能在高家堰水利工地一住数月、与河臣讨论治河方案，他自己也会憋死。鉴于没在史料中发现“雍正乃叔治河记”的记载，估计牛钮为皇叔一说属民间传奇，庙里有传奇，就带了神秘性，正常。

中大殿气势恢宏，说是为仿故宫太和殿的缩影，我不这样看。中大殿建筑风格为重檐歇山式，而故宫太和殿为重檐庑殿式，二者在建筑等级上有着本质的差别，形状不相似。重檐歇山式在庙宇建筑中常见。

偏殿供奉的是十代龙王，其中一代龙王是林则徐。

对的，就是那个近代中国睁眼看世界的第一人，虎门销烟的林则徐。

在东跨院的门首，曾看到一石碑，述及林则徐在此办公的史实，初见之，委实是眼前一亮，想不到，虎门销烟大名鼎鼎的林大人，居然在此还有浓重的一笔——当年，他任东河总督（即河东河道总督），管理河南、山东的河务，是个不折不扣的河官。林则徐是由江宁布政使擢升为东河总督的，这是个令人艳羡的美差肥缺，堪比织造和盐政。当时，林则徐曾以不谙河务为名请辞，道光帝的答复是，该大臣“办事细心可靠，特畀（bì）以总河重任”。[6]

林则徐请辞，或有“战战兢兢，如临深渊、如履薄冰”的考虑，河务毕竟专业性太强。但晚清时节，于水有心的大员，也就是林则徐了。林则徐在东河总督任时间并不长，计 8 个月，但却对运河、黄河进行了详细的考察，官声甚佳——当年韩文公在潮州也是 8 个月，但兴文教、修水利，赢得江山尽姓韩。任总河之后，林则徐迁江苏巡抚，在江苏多有建树，留下治水佳话，特别是兴修了白茆、刘河（娄江）水利工程[7]；他曾于清江浦（今淮安）上船，沿京杭大运河入京。每日，必在日记里记下有关“水的那些事儿”，包括流速、航速等水力要素，试问，都是“文科”出身的晚清大员，谁会以“理科”要素来思考“水事儿”？

是的，林大人在做深入的思考，当年总河任上的沿黄考察使他有了全局的治运、治河思想。

林则徐以督抚之身，花十余年的时间，写下了一篇专业性很强的水利论文，名曰《畿辅水利议》[8]，此论曾一再上奏朝廷。在林则徐看来，《畿辅水利议》是安邦定国的大略。请看“总叙”中的几句话：

“窃惟国家建都在北，转粟自南，京仓一石之储，常糜数石之费。循行既久，转输固自不穷，而经国远猷，务为万年至计，窃愿更有进也。”

这里，林大人用了“经国远猷”一词，不是安邦大略，又是何谓？

《畿辅水利议》的主旨在于停漕运，开发京东水利，革除弊政；而漕运的艰难，最终还在于黄河的“横突运河，为漕艘往来之患”。

虎门销烟后，林则徐于道光二十一年（1841 年）谪戍伊犁。

西行的林大人，不则一日，到达江苏地面。想到西出阳关，关山万里，不知何日是归程，而自己睁眼看世界，半生所获，尽在所翻译的书稿《四洲志》以及所收集到的富国强兵资料中，可事业未竟，谪戍伊犁，深感责任重大，因而难以释怀，于是，特地拜会了时任地方官的挚友魏源，并将书稿及一应资料交付于他，嘱其编纂成书籍，以警醒世人。魏源不胜感慨，与林大人诗酒唱和，互为勉励，互道珍重。后魏源付出艰苦努力，终不负老友所托，编纂出皇皇巨著《海国图志》100 卷。[9]

我曾不止一次设想这样的画面：

林大人辞别老友，沿黄河继续西行，只见河身陡高，田畴低洼，正是黄淮平原之腹地。看着这熟悉的地方、熟悉的场景，想着千万百姓就生活在这黄流威胁之下，真是忧愁无尽，欲说还休。

夜住晓行，风餐露宿，非止一日。几千里跋涉之后，抵达兰封（今日兰考）地面，有村曰铜瓦厢——请记住这个名字。

林大人站在黄河大堤上，看了看不远处的小村铜瓦厢，远眺东南黄河，风急浪高，若有所思。又看了看近旁的书童，只有一人，不禁感到了一阵孤寒，长叹一声……

以下，便是史实了：

就在林则徐西行的途中，黄河在开封西侧不远处决口了，大约在今柳园口偏南，如今开封柳园口黄河游览区有林公堤和林文忠塑像。而途中的林大人，早已接到了朝廷的圣旨，命他折往开封决口处，“效力赎罪”，坐镇指挥堵口工程。于是，“汴梁百姓，无不庆幸，咸知公有经济之才”[10]。

我想，这不仅仅是林大人虎门销烟的人望，更是他曾任河督的口碑。

因为改役东河，友人贺之，然林则徐的忧虑却没有稍许减轻，从其答友人诗可看出端倪。

“张仲甫舍人闻余改役东河，以诗志喜，因叠《寄谢武林诸君韵》答之”[11]：

尺书来讯汴堤秋，

叹息滔滔注六州。

鸿雁哀声流野外，

鱼龙骄舞到城头。

谁输决塞宣房费，

况值军储仰屋愁。

江海澄清定何日，

忧时频倚仲宣楼。

请回到百多年前的堵河现场。在林大人的指挥下，不则一日，洪水顺轨，堵口功成，人人相庆。

就在人们幻想着朝廷或因堵河之功，以浩荡之皇恩，让林大人复职之时，圣旨到了：

该大臣谪戍速行。

幻想就是幻想。

一百余年后的1949年，新生的中华人民共和国像一轮朝阳，升起在世界的东方。

天下初定，百废待兴，每日每夜，不知道有多少大事萦绕在国家主席毛泽东的心头。熟知历代兴衰史的毛主席深知治水在为政者心中的分量，深知黄河的重要性，于是，毛主席的第一次出巡选择在他心里占有无比重要地位的黄河，其足迹遍及郑州西的邙山顶、引黄渠、古都开封，并到了当年河决铜瓦厢的所在地兰考东坝头，在这里，毛主席发出了历史之问：“黄河涨上天怎么办？”[12]

这实在是难以回答的问题。

大约毛主席深知解决这样一个历史之问的难度，于是，他告诫河官王化云：“要把黄河的事请办好。”黄河河务局曾有人告诉我，说毛主席是在柳园口讲的此话，用的是商量的口气，是在临上车时对王化云的交代。后进一步查阅资料，发现毛主席是“在短短一天之内”将这句话重复了三次——足见是萦绕于脑际的国家大事。时在 1952 年 10 月 30 日晚上到 10 月 31 日上午[13]。

比较于淮河和海河，毛主席的指示确实不同，所基于的历史情况和现实情况也不同。

1950 年淮河遭遇特大洪灾，毛主席和年轻的中央人民政府焦急万分，毛主席当年明确批示“除目前防救外，须考虑根治办法”。周总理是淮安人，更有一番乡情在，曾有言“生于斯，长于斯，渐习为淮人。耳所闻，目所见，亦无非为淮事”。当年，政务院做出了《关于治理淮河的决定》，从此拉开了新中国大规模治水的序幕；1951 年毛主席发出了指示：“一定要把淮河修好！”[14]

1963 年海河流域南系大水，同年，毛主席发出“一定要根治海河”的号召。历史上，黄河夺淮，淮河的情况要复杂于海河，淮河的问题，说到底是黄河造成的，世界上没有一条河流能比黄河复杂。尽管历史上海河水系与黄河的关系同样复杂，但黄河南徙后，海河流域与外流域的关系变得相对简单。

柳园口有黄河河务局的下属单位，单位有石壁，上边镌刻着林则徐堵口的史实。河边设一镇河铁犀，为复制品，印象中原物在开封的铁牛村。我曾于此处抚今追昔，真的不胜感慨。

继续西行的林大人，写下了这样两句话：

“苟利国家生死以，岂因祸福避趋之。”

到新疆后，林则徐为新疆的水利事业创下了一份丰厚的基业。

关于林则徐对黄河的考虑，我想多写几句：他认为，应当改河北流。当时的黄河在江苏云梯关入海，河身太高。人工改道一说，曾为西汉贾让治河三策中的上策，上引康熙的话“引沁水入运”，本质上，是向贾让的上策的行进方向靠拢，沁水入运后将成为海河水系，当然沁河水量小，引沁水入永济渠是当年隋炀帝的做法；清人胡渭“向使河北而无害于漕，则听其直冲张秋，东北入海，数百年可以无患矣”之说，在思想上则更趋近于贾让的上策（见本书《黄河夺淮——从清口到三门峡》），只是具体路径上会有差异；林则徐有此想法，当是多年的考虑，他做过东河总督，认识更深刻。但此事太大，林则徐并没有将其想法如《畿辅水利议》一样上奏朝廷，而是在见识相一致的同僚中谈自己的看法。就在林则徐去世 5 年之后的咸丰五年（1855 年），河决铜瓦厢，黄河改道北流，即今日由山东入海的黄河。胡渭在《禹贡锥指略例》中曾提出过黄河五大徙之说[15]，此为又一大徙，第六大徙。

黄河自身的摆动，为林大人的观点做了一个历史性的注解。

## （四）

有人说，嘉应观里看治河[16]。这句话总结得好。对于一个学水利的人，有志于黄河治理的人，尤其是对初入行者，如果能按照嘉应观里供奉的人物梳理一下治河的脉络，知道不同时期不同人物的治河理论、治河方法，那是大有裨益的。

嘉应观供奉的十代龙王，除了晚清的民族英雄林则徐，其他 9 位是贾让、王景、贾鲁、宋礼、潘季驯、白英、刘天和、齐苏勒、嵇曾筠。这些人，都与黄河有关系，都是在历史上做出过大贡献的人。

中国人做事爱取整数，如这里的十代龙王，虽然很整齐，但却多有限制，该进治河龙王殿堂的，何止于十代龙王，历史上的治河名家，那是灿如星汉啊！

因而，这里并不打算对十代龙王逐一介绍，只是借题发挥，简单臧否一下治河人物及相应的黄河情况，并想说明，更多的对治黄有贡献的人物，可以进入嘉应观的龙王殿堂，嘉应观可开辟成治河名人馆、纪念馆。

河患，其实是与堤防连在一起的，堤防决口，即视为河患。春秋时，黄河下游已有局部堤防；战国时，“壅防百川，各以自利”，加上以水代兵，以邻为壑，河患就多了起来；**国家统一之后，连续的堤防形成，傍河之田庐、人家必然增多，由于泥沙的淤积，日久，必定河身抬高，河行地上，遇大水堤防决口也就事在必然**。随着河患的增多，至汉武帝时，已有百花齐放的各色治河说。其中贾让的上、中、下治河三策最具代表性。上策，北放河入海，本质上是人工导引的改道说，给予河的约束是西边的太行山和黄河北边的堤防，范围很宽，隐含的意思是让大河走古代故道，推测就是《尚书》记载的禹河故道。既是禹河故道，就有了神性，后人有研究禹河故道的，但《尚书》的记载太过简略，《尚书》又是最古老的书，因而后人认定的禹河故道只能是近似的。上策虽具道理，可社会承受不起，也是一种非常理想化的想法，即使“放河使北入海”能够实现，“放河”的地方在今河南滑县西南，距武陟也有100公里之遥，“善淤”“善决”的黄河，在这一段移徙怎么办？因为“善徙”是黄河的第三个特征，它会表现出来，事实上武陟以下决口常见，否则嘉应观不会建在武陟，这一问题在上策中顾及不到。中策穿渠溉田分杀水怒，是在上策的基础上加了些约束措施，是上策的修正版，因为穿渠不是简单地平地穿渠，仍然要利用西边的高地山坡做约束（西高东低的地形），东侧由堤防做约束（上策没有此约束，让水势自定），引河入漳水、修支渠溉田，同时还要将渠西高地作为大水时的分洪区——分洪于高地方向不对，分洪应当分到低洼地。西汉时，修建不了具有较高要求的闸门等控水建筑物，因为，西汉时水门的建筑材料是土与木，东汉中后期才有石门，如此简易的手段实现不了对黄河水流的控制，总之，属于超前理论。虽如此说，有合理成分，窃以为，此种思想后来发展为明朝的治黄“沟洫说”[17]，即通过大量的修筑渠道，将黄河水分流到两岸田地之中，从而达到治河的目的，而此种思想对黄万里先生的“分流淤灌说”是有影响的[18]。下策之“缮完故堤”“增卑、培薄”，属于头痛医头脚痛医脚的办法，因为对症，所以客观上，2000年来治河就是这么干的。对症不治病，病在泥沙，既治不了病，对症下药也是没办法的办法。但要站在自然的角度来看问题，这是病吗？西北黄土若不被河水和风力带往东部，何来东部的平原？何以造陆？**黄土，正是中国有持久农业的最重要的影响因素，**18 世纪末与 19 世纪初西人与国人的集中研究，明确得出了此结论，如此来看，人应当释然。**贾让治河说的合理成分是值得肯定的，他的思想可看成是“宽河道”治理思想，对今天仍有意义；若从更高的层面抽象，不与洪水争地，要给洪水出路等，则是一种哲学思想，我们今天也没有完全认识到，认识到了也没有完全做到；不仅仅是对河流，还包括池塘洼淀，池塘洼淀不仅仅能产生“听取蛙声一片”的小景，还是洪水的避难所、地下水的补给地**。

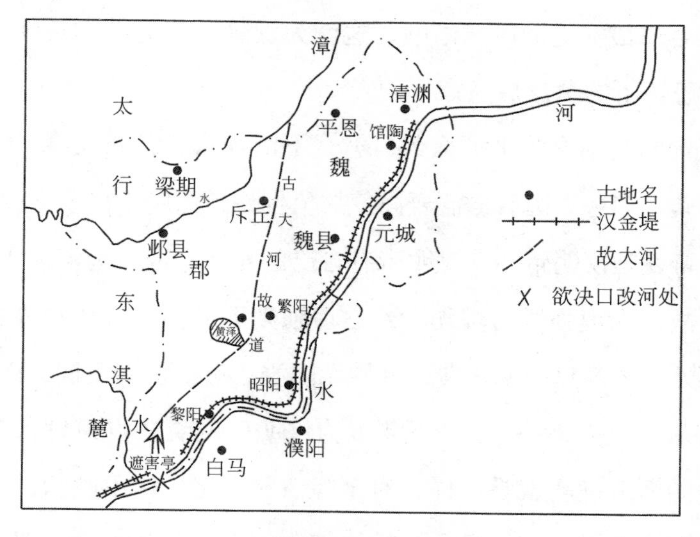


贾让治河上策示意图（源自:《黄河水利史述要》[17]）

从“工程技术”的视角多说两句，上策比中策靠谱，因为，放河入海，大河最终会找到一条适合自己的线路，当时河北决溢次数多，北边地形低，是存在着可能性的，但中策则完全不具有可能性——发此言论的基础是我在泾河畔看到过宋代的控水闸门门槽。但我们对古人不能求全责备，贾让“宽河道”治理的思想今天仍有市场。

东汉王景治河始于汉明帝永平十二年（69 年），此前王景面对的是什么情况呢？

王莽始建国三年（公元前 11 年）河决魏郡元城（今河北大名以东一带，一说在河南濮阳境）[19]，胡渭谓之黄河第二次大改道，于是黄河任其漫流，进入东汉之后，“河、济、汴交败的局面愈演愈烈”[17]，于是，黄河、济水、汴水连成一片，不分彼此，殃及今河北、河南、山东、安徽，整个豫州、兖州一带无异于泽国。但东汉初至永平年间，约有 50 年的时间，社会却很安定，风调雨顺，这就为王景治河提供了条件——治理早年的河患留下的黄泛后遗症。

或有疑问，国家承平那么久，怎么不治理水患？东汉第一个皇帝是光武帝刘秀，刘秀立国后，需要修复战争创伤，尚腾不出手来治理河患。第二个皇帝就是汉明帝了，汉明帝有自己的看法：“或以为河流入汴，幽、蓟蒙利，故曰左堤强则右堤伤，左右俱强则下方伤，宜任水势所之，使人随高而处，公家息壅塞之费，百姓无陷溺之患。议者不同，南北异论，朕不知所从，久而不决。”[20] 不要以为汉明帝的看法没道理，对于沙多且洪水大的河流确实就是这样，时至晚清，永定河治不胜治，河患防不胜防，就有论者说，若不是一味地修堤防，永定河就不会有那么多的河患，主张不治而治。

**对于多沙河流，主张不治而治是一种思想，也可归为黄老之学的“无为而治”，但人类社会脱离了洪荒时代之后，主张“无为而治”在道理上可以说得通，在社会上就行不通了。**

王景博览群书，“好天文术数之事”，看来是个理工科思维的人。其治河条理十分明晰，可概括为三大工程：修筑黄河大堤，将黄河与汴水分开，于汴水引黄口设置闸门[19]。此次治河，几乎取得了令人难以置信的好成绩。

所谓令人难以置信，首先表现在黄、汴分流，这最大限度地减缓了汴渠的淤废。时至乾隆朝，做过河道总督的康基田，在卷帙浩繁的《河渠纪闻》里不惜笔墨大肆吹捧魏武帝曹操，“得汴渠之利，尤在不通黄流，浊水挟泥沙而入，益汴之利少，淤汴之害大，曹孟德深知而远避之……所以为一世雄也”（见本书《魏武挥鞭背后的运渠及屯田水利》）。事实上，曹操在黄河南岸疏浚汴渠是在建安九年（204 年），此时距王景治河的时间大约有 130 年，与其说曹操深通黄、汴分流的好处，不如说是王景治河或王景治河方略的遗泽。

写到此，我不得不再重复写出后人应当吸取的教训，**当年修建郑州花园口枢纽，所修东风渠从黄河直接引水，要发展豫、皖、苏三省间的航运事业，渠成，试运行了一下，渠道就淤积不堪;20 世纪 60 年代末期，为解决郑州城市用水问题，再次通过东风渠直接引黄，主体工程再次淤积**（见本书《花园口，沉重的话题》）。**水利上这些一而再、再而三的教训，接受起来怎么就那么难呢？回看古人，除了上面所说的曹操将黄、汴分开，当年苏东坡引西湖水济江南运河，也考虑了泥沙淤积的问题，何以古人能虑及于此而今人反不能呢？今人不当是虑不及此，而是不在乎，认为有的是手段，是某种程度的技术主义，技术手段的增强使令人忘乎所以，轻敌，能不吃亏吗？**

令人难以置信的第二方面表现在，此后约 800 年的时间，直到初唐，黄河忽然安静了，灾患记载非常少，甚至有黄河千年无患之说[17]，于是，学术界提出了一个令人深思的问题：何以东汉以后黄河长安流？

灾患少完全功归于王景治河是说不通的，水利工程的时效也就几十年时间，元明清河患无穷，难道治河水平越来越低？生产力的水平也越来越低？再说，王景治河后的东汉时期还是有大溢的记载，三国时期也有几次记载，而至两晋时期，居然是一次也没有了，清人胡渭曰：魏晋南北朝，河之利害不可得闻。[15] 魏晋南北朝，可是天下大乱的时代啊，何以老天爷独于此乱世可怜天下苍生？

对此现象给出令人信服的解释，乃由谭其骧先生所做出，他认为河患与社会的承平呈负相关，原因在于黄河中上游土地利用方式的改变[21]（见本书《秋思永定河》），其本质是水沙关系变了，说得再清楚一些就是水里沙少了，前述过，病在沙，河患，只是病沙少，自然就病少了。姚汉源先生还有更进一步的解释：两晋时期，“当时人口稀少，人可避水而居，这也是决溢或灾记录少的重要原因。”[19] 是啊，中原丧乱，衣冠南渡，人们与洪水少有接触，也就无所谓水灾或对水灾予以记录了。

**其实黄河何以东汉以后长期安流的问题是个非常复杂的问题，很值得研究，这里提到谭其骧先生的观点，其在治河上的意义是重大的，不唯是黄河，对任何多沙河流都有意义**。

人说，沧海横流，方显出英雄本色，灾患少或说记录少，哪来的英雄本色？所以王景之后，选择进入嘉应观龙王殿堂的就直接到了元末的贾鲁，跨度很大。虽说是这样，但还是有失偏颇。

元初的科学家太史郭守敬该被请进龙王的殿堂。

或以为，郭守敬在水利上的贡献主要在大运河和对北京水系的规划。确实是，郭太史在这方面光彩熠熠，但他在黄河上的贡献一样光彩熠熠，且影响深远。

首先，武陟属怀庆，郭守敬就从事过怀庆黄河水系的灌溉事业，怎么能忘记这位超一流的科学家呢？

元世祖中统三年，忽必烈召见了郭守敬，郭守敬面陈水利六事，深得元世祖嘉许。其中有两条是这样的[22]：

"其五，怀、孟沁河，虽浇灌，犹有漏堰余水，东与丹河余水相合。引东流，至武陟县北，合入御河，可灌田二千余顷。其六，黄河自孟州西开引，少分一渠，经由新、旧孟州中间，顺河古岸下，至温县南复入大河，其间亦可灌田二千余顷。"

建议中的两条渠道完全在怀庆境，也就是在今天的焦作境，这一带我太熟悉了。

第一条建议，其实是继承唐人杨承先、温造的事业（见本书《家乡的秦渠》），其更有进益者是沿御河东流，乃沁水入卫故道——可追溯至隋炀帝开永济渠及曹操通白沟，御河乃是宋时对永济渠的称呼。武陟往北，沿途为太行山的山前平原，土质极为肥沃，世人皆知河南小麦产量高，其实是局限于过去新乡地区所辖这一带——怀庆路或怀庆府所辖全部区域均属新乡地区，也就是更为古老的河内一带；第二条建议属于引黄，新中国成立后孟州、温县一带有引黄工程——都能找出历史的渊源。如此，可略见郭守敬的眼光。

《元史》这样描写元世祖听郭守敬的反应：

世祖叹曰："任事者如此，人不为素餐矣。"

这里，元世祖并没有用高大上的字眼，这让我想起孔老夫子用平实的字眼表示对大禹的赞叹：“禹，吾无间然矣……而尽力乎沟洫。禹，吾无间然矣。”（论语《泰伯》）

嘉应观内龙王的事业多在黄河下游，而郭守敬在黄河中上游也有，且事业更大。《元史》这样记载[22]：

“至元元年，从张文谦行省西夏。先是，古渠在中兴者，一名唐来，其长四百里，一名汉延，长二百五十里，它州正渠十，皆长二百里，支渠大小六十八，灌田九万余顷。兵乱以来，废坏淤浅。守敬更立闸堰，皆复其旧。”

9 万余顷就是 900 万亩，属于超大型灌区了，这是恢复了西夏古灌区。

治河，需要知道地形、地势，恐怕是不言而喻的，尤其是全面的治理，更是需要大范围的、高精度的地形图。郭守敬在任都水监时，在孟门以东，循黄河故道，在下游地区做了大范围的地形测量工作，这是基础性的贡献，应当充分肯定；其次，郭守敬规划了会通河，待会通河完成（明以后会通河包含元之会通河、济州河），即在连接完成京杭大运河之后，黄河的命运就与运河绑在一起了。为了运河的安全，河防，重北轻南，成了必然的趋势：河北决，会冲断运河；而河南决，则洪流通过淮河的支流入淮，对运河不构成直接的危害。于是，治河方针逐渐明朗，即北堵南疏，此后治河，再不能脱离这个大的方向。走到今天，黄河不准北决，成了天条。

这里提到了孟门，有研究曰孟门有三，一个在今天的旧孟津附近，八百诸侯会盟津之地也；二在吉县孟门山，位于壶口瀑布之上；三是柳林孟门关[23]。后二者皆与《水经注》有关。龙门即孟门之别称，因为有鲤鱼跳龙门之说，中国人好古，再难以说清楚到底哪是龙门，今山西河津禹门口也称龙门，为晋陕大峡谷之南端出口，地形十分形象。细想来，鲤鱼跳龙门本是神话，又怎能说清楚呢？从自然地理的角度出发，黄河中下游之分界，有旧孟津之说。郭守敬治河，不会跑到晋陕大峡谷之中，那里似也没有什么纵广几百里的地平需要测量，推测郭守敬所做的地平测量工作，当在孟津以下。当然，河津之下至潼关，三十年河东、三十年河西之地也很有可能（这里称为黄河小北干流，为游荡性河段）。

就如今的现实来说，黄河下游游荡性河道之起点在洛阳孟津铁谢险工，10 多年前我随黄委会河务局的同志一起查河到过那里，时在五一之后，季春天气，麦苗挺拔油绿，河岸野草花香，正南数里，就是汉光武帝刘秀的陵寝，遥望之，想到民间故事，说是陵寝所在位置正是当年的河底，因避让光武之陵而一夜河徙，有流传久远的故事，那是小时候听说的。

**南宋后，河患无穷，中原频遭水灾，究其祸源，就在于南宋初黄河夺淮**。从南宋建炎二年（1128 年）至清咸丰五年（1855 年）河决铜瓦厢，长达 700 余年时间，河南行，淮患病，运继之，黄、淮、运交织，黄河是病上加病，搞得国家焦头烂额、民穷财尽。

明弘治二年（1489 年），黄河在开封附近决口，水抵张秋直冲垮运河堤防穿运而东，张秋镇属今山东阳谷县，是历史上有名的运河古镇，其兴也运河、衰也运河，是运河沧桑的见证者。弘治五年，河复决河南封丘金龙口，再冲张秋穿运而东。前一次堵河决，白昂领衔；后一次堵河决，刘大夏奉命。前后两次，二人治河大略相同，都是北堵南疏。功成后均在河北岸筑堤防，白昂所筑堤防由阳武始，延长七县，工程浩大；刘大夏所筑太行堤三百六十里长，南又复筑一道堤防长一百六十里，工程愈加浩大。清人胡渭在《禹贡锥指略例》中指出："会通河成，北派渐微。及明弘治中筑断黄陵岗支渠，隧以一淮受全河之水是也。"[12] 简单说来，就是筑断黄陵岗（冈）支渠及修建太行堤之后，黄河北流永绝。黄陵岗位于兰考县城东北约 40 公里处，今有"黄陵岗塞河功完碑"存。

阳武今属原阳县，原阳与武陟地理上相连；刘大夏所筑太行堤今仍有作用。白昂、刘大夏二位都是名垂竹帛的大贤人，窃以为，也该进入嘉应观龙王殿。

《明史》中有刘大夏列传。刘尚书极清廉，致仕家中，亲自劳作为衣食计。《明史》中有数语故事，有趣而感人："其被逮也，方锄菜园中，入室携数百钱，跨小驴就道。赦归，门生为巡抚者，枉百里谒之。道遇扶犁者，问孰为尚书家，引之登堂，即大夏也。"[24] 正史都是一副冷冰冰的面孔，没想到采入如此趣闻，刘尚书真本色之人也！惜墨如金的史书不惜溢美之词大赞刘尚书"……有古大臣节概。历事累朝，享有眉寿，朝野瞩望，名重远方"。我这里只是节录了几句。好人有好报，"退休"后回家的刘尚书，自食其力，耕耘不辍，很有利于身体健康，活了 80 多岁，赠太保，谥号忠宣。干水利的人多长寿。

嘉应观中的十代龙王，除白英外，都是官员。白英自称为"汶上老人"，是民间驭水高手。

白英的突出贡献在大运河上。运河水量不足的问题，直接影响到通航能力，是十分棘手的问题，奉命疏浚运河的工部尚书宋礼访到了民间高人白英。白英逼汶水入运，并利用工程措施实现了“七分朝天子，三分下江南”，即在运河最高点的北侧注入七分汶水北流济运；在最高点的南侧注入三分汶水南流济运，南北分流。

为了进一步增加济运水量，白英加引泉水。运河上引泉通漕，最早可追溯到郭守敬，郭守敬修通惠河即是引昌平的神山泉，沿途不择细流，如玉泉山水，与瓮山西湖（颐和园昆明湖）相连接，导泉至积水潭，如此，大运河的漕船才能由通州航行到北京城内。瓮山西湖相当于调节池。白英能够引泉，是因为在济宁北一带，济水伏流地下——这虽然是古老的文化传说，可泉水多却是事实。只是不知，今日济宁一带还是渊泉溥博、清流不断吗？

此外，白英还修建了调节池——称之为水柜。水柜既多，运行也复杂，一言概括之：丰水季节储水，枯水季节济运，可类比于当年的瓮山西湖。

如此看来，民间的水利专家白英所用手法颇似郭太史。明清两代，白英被官方封为神，后进一步加封为白大王[25]，除享受官方祭祀外，后代承袭八品顶戴祭祀，荫及子孙。

有清一代，河臣位高权重，不但名重当时，也颇得后人敬仰。窃以为，康熙年间有三位河臣都当进入龙王殿。

首先是靳辅，在整个清代灿如星汉的河臣中，靳辅当排第一，因为继任者多是守靳辅之成法。他发展了潘季驯的治河说，创造性地将南疏之水与潘季驯“束水攻沙”理论相结合，再汇流于清口，以清刷浑，维持了一段河防的小康局面；巧妙地解决了漕船逆行黄河 80 里的难题，同时也解决了减水坝利于河工不利于百姓的难题；适当地疏浚了黄河出海口，既能防止海水倒灌，还可以有利于宣泄河水，这个度很难把握（见本书《黄河夺淮——从清口到三门峡》）。与靳辅同期的，与靳辅治河观点不一致的是于成龙，两个人的观点不同，不全是坏处，互有提高。于成龙初协助靳辅治河，后调直隶巡抚任，并以总督衔在巡抚任上大修永定河，今日北京的永定河基本上是那时固定下来的（见本书《秋思永定河》），其再后成为靳辅的继任者，累死在总河任上，谥“襄勤”。

还有张鹏翮，他是武陟大堵口的总河陈鹏年的师傅，是对陈鹏年有知遇之恩的人，陈鹏年累死在武陟工地，谥“恪勤”。张鹏翮治河十年，河道最为安澜，是靳辅之后清代最有成就的治河专家。张鹏翮曾穿越沙漠，参加勘定中俄边界，为签订《尼布楚条约》做准备，是个愿效博望侯张骞“以身许国”的人，也是清代四川最大的官员，后人为其守墓300年，直到现在。

道光年时的大学者包世臣论治河[26]：

“人言河者，必归之天幸。天幸者，一年遇值雨雪稀少而已。人事果至，虽遇异涨而可必其无患。是故河臣能知长河深浅宽窄者为上，能明钱粮者次之，重用武职者又次之。”

“自潘、靳之后，莫能言治河者，其善者防之而已。”

“用力少而成功多，使河底日深，不能减工而能减险，张、齐、白、高皆其选也。”

这里，张指张鹏翮；齐为齐苏勒，雍正元年（1723年），齐苏勒授河道总督；白为白钟山；高为高斌。白、高均为雍正乾隆年间人物，均多次任河道总督。

累死在武陟工地的陈鹏年没被送入龙王的殿堂，别忘了，这十代龙王，或为现代人所封，而在当时，雍正就特命在嘉应观西侧为陈鹏年建了专祠，可惜，陈公祠今不存。

我还想到两个不属于水利专家，但搞水利、治河尤其是研究河道变迁的人绕不开的两个人，一个是郦道元，他写了《水经注》，《水经注》世人尽知，研究《水经注》的学科现被称为郦学；还有一人，“晚清民初学者”第一人杨守敬，由于旧学的逐渐式微，像《水经注疏》这样的书，很难再有人能写出来了，“其生平事实，著宣付国史馆立传，以彰宿学”，这是袁大总统令。这两位搞河道地理的大家也该进入龙王的殿堂。

现代人呢？

李仪祉先生是国民政府宣付国史馆立传的人，是将西学水利引入中国的早期人物，李先生在开渠、浚河、治淮、导运、人才培养诸多方面，功德懋著。先生归道山，公祭、送葬者达数万人之多，是活在陕西人心中的现代龙王。

## （五）

嘉应观的东跨院为河台衙署，西跨院为道台衙署。

清代的河道总督衙门初设在济宁，后移到清江浦（淮安）。嘉应观的河台衙署是副总河的驻地，负责河南、山东河务。

首任副总河为嵇曾筠。雍正二年（1724年），“以嵇曾筠为副总河，驻武陟，辖河南河务，东河分治自此始。”[27] 虽是这样说，清代的河务责任区常常发生变化，非常复杂，这与当时河防的重要程度有关，比如将总河驻地由济宁移往清江浦，就在于黄淮运相交于淮安清口，“由是治河、导淮、济运三策，群萃于淮安清口一隅。”副总河办公地设在嘉应观，实际上是把当时的河防指挥所设在最前线了。

清朝的道员为正四品，设置比较复杂，有专职道、地方道之别，作为地方道，有点像过去的地区或行署，如新乡地区。河北道兼河务、水利，驻武陟。[28] 既驻武陟，河北道的办公地就该是嘉应观西侧的“道台署衙”。道台移驻武陟，是抗洪的需要，因为河北道兼任河务、水利。前边提到过的康基田就做过河南河北道，“累迁河南河北道，调江南淮徐道，治河有声。”[29]——检阅清史发现，多少人杰都由河务出身，不再赘述了。尽管说河道总督位高权重，但抗洪抢险离不了地方人力、物力的支持，没有地方官员的协调是办不成事的。从行政构架上讲，武陟隶属怀庆府，而怀庆府驻地又设有黄沁同知，从这些层层设置的水利河务机构和官员来看，可以知道清代对河防是多么看重。

嘉应观西南面数公里处，南流的沁河渐渐折向东，入黄；沁河堤也与黄河堤在此相连接，形成固若金汤的河防长城。

人们常说，黄河是地上悬河，衡量悬河的程度，可用一词：临背差，就是堤防内外河底与地面之间的高差。其实，临背差最大的地方，就是沁河折向东的一段，称为“老龙湾”。站在临黄堤的0桩号处观察——沁河在此入河，其实分不出哪是沁河堤、哪是黄河堤，沁、黄两道河也分不出彼此，再往下游走一段，就是御坝了。

于老龙湾堤顶远眺长河，再看堤下的大片民居，会产生一种发晕的感觉。设若沁黄暴涨，此处堤防出问题，就会是“沁黄并溢”，浊浪排空，一泻千里，尽趋漳、卫，直抵京津，将是不堪忍受之重。因此，此处的堤防是不允许出问题的。所以，我用了一词，叫“固若金汤”；前边我还用了一个词，叫“天条”。“固若金汤”与“天条”并用，就与明清时期的“北堤南分”形成了历史的衔接。

史料显示，自公元前 602 年（周定王五年）至 1949 年，黄河大的决溢达 1500 多次，所以有“三年两决口”的俗语。1949 年之后，黄河再没有出过大的灾患，黄河安澜，已足以令人欣慰了。

嘉应观大殿供奉的是大禹——治水人的祖先，还供奉着以林则徐为代表的十代龙王。愿历代治水先贤，永远保佑中华民族，永远保佑中华文明的图腾之河——黄河。

目前的黄河，有着由水库、堤防、蓄滞洪区构成的完备的防洪体系，有着千千万万黄河人对它的精心呵护。我要再次提到大禹——这里的大禹就是千千万万遵循禹迹、以水为业的人，并以《禹贡》的结尾作为本文、本书的结束语，作为对所有以水为业的人及其功业的赞颂：

禹锡玄圭，告厥成功！

## 参考文献

[1] 王荣陛 . 武陟县志（道光九年刊本影印）[M]. 台北：成文出版社有限公司，1976.

[2] 冯其祥，范凝德 . 嘉应观建筑艺术与珍贵文物 [M]// 政协武陟县委员会 . 武陟文史资料：嘉应观专辑，1994.（内部资料）

[3] 清实录雍正朝实录：录卷之五十二 [EB/OL].[2020-03-30]. http://www.guoxuedashi.com/a/5709y/77876f.html.

[4] 清史稿卷八：本纪八 [M]// 赵尔巽，等 . 清史稿 . 北京：中华书局，1977.

[5] 清史稿卷二百七十七：列传六十四 [M]// 赵尔巽，等 . 清史稿 . 北京：中华书局，1977.

[6] 林则徐全集编辑委员会 . 林则徐全集：第一册，奏折 [M]. 福州：海峡文艺出版社，2002.

[7] 陈德华 . 林则徐在江苏述评 [J]. 苏州大学学报，1997（2）：103-107.

[8] 郭国顺 . 林则徐治水 [M]. 郑州：黄河水利出版社，2003.

[9] 胡乐凯 . 魏源《海国图志》对当今中国经济文化发展的影响 [J]. 兰台世界，2017（15）：123-124.

[10] 章中林 . 林则徐治水 [N/OL]. 光明日报 . (2017-08-04)[2020-03-02]. http://epaper.gmw.cn/gmrb/html/2017-08/04/nw.D110000gmrb_20170804_3-16.htm.

[11] 陈景汉 . 林则徐诗词选注 [M]. 福州：海峡文艺出版社 , 1993.

[12] 侯全亮，魏世祥 . 天生一条黄河 [M]. 郑州：黄河水利出版社 , 2003.

[13] 王定毅 , 孙玉华 . 要把黄河的事情办好 [N/OL]. 中国共产党新闻网 . (2019-11-08)[2020-07-15]. http://dangshi.people.com.cn/gb/n1/2019/1108/c85037-31444053.html.

[14] CCTV 国家记忆 . 淮河洪灾，新中国首次大规模治水由此拉开帷幕 [EB/OL].[2020-07-12]. http://k.sina.com.cn/article_5963846236_m16379125c03300oceo.html?from=news&subch=onews.

[15] 胡渭，著 . 邹逸麟，整理 . 禹贡锥指 [M]. 上海：上海古籍出版社，2013.

[16] 杨惠淑 . 嘉应观里看治河 [J]. 中国水利，2012（9）：60-62.

[17] 水利部黄河水利委员会《黄河水利史述要》编写组 . 黄河水利史述要 [M]. 北京：水利出版社 , 1982 ：118-123.

[18] 黄万里 . 分流淤灌黄海平原 [J]. 读书，1999（10）：119-124.

[19] 姚汉源 . 中国水利发展史 [M]. 上海：上海人民出版社 , 2005.

[20] 后汉书卷二：显宗孝明帝纪第二 [M]// 范晔 . 后汉书 . 北京：中华书局 , 1965.

[21] 谭其骧 . 何以黄河在东汉以后会出现一个长期安流的局面：历史上论证黄河中游的土地合理利用是消弭下游水害的决定性因素 [J]. 学术月刊，1962（2）：23-35.

[22] 元史卷一百六十四：列传第五十一 [M]// 宋濂，等 . 元史 . 北京：中华书局 , 1976.

[23] 吕世宏 . 汾上访古：揭秘山西历史地理之谜 [M]. 太原：北岳文艺出版社 ,2010.

[24] 明史卷一百八十二：列传第七十 [M]// 张廷玉，等 . 明史 . 北京：中华书局 , 1974.

[25] 佚名 . 白英：巧治运河通南北 [J]. 河北水利，2016（9）：35.

[26] 问河事优劣 [M]// 包世臣 . 中衢一勺 . 合肥：黄山书社 , 1993.

[27] 清史稿卷一百二十六：志一百一 [M]// 赵尔巽，等 . 清史稿 . 北京：中华书局 , 1977.

[28] 清史稿卷一百十六：志九十一 [M]// 赵尔巽，等 . 清史稿 . 北京：中华书局 , 1977.

[29] 清史稿卷三百六十：列传一百四十七 [M]// 赵尔巽，等 . 清史稿 . 北京：中华书局 , 1977.

# 后　记

当我最终将本书的文稿交给出版社时，才实实在在地感受到了疲惫不堪。

写此书的最初出发点，本是为了解决“一缸水与一碗水”的问题，即如“功夫在诗外”之说，简言之，就是为了多储备些知识，使自己的圆周画得更大一些，以使自己面对学生时尽量减少些不必要的尴尬。虽如此，写下笔记即好，也未必需要写作成文——况且这不是教材，根本不是。可终究还是动笔了，原因是意识到，要使散的知识点变得较为系统，必得一个梳理的过程，而最好的梳理，就是行文成章。

既梳理，就再往前溯源。

我的教学与科研工作主要是工程领域，当然，也涉及“伴生的文化”。随着阅历的增多，个人认为，学水利的人最好是能对自己的行业源流有个大致的了解，以哲人看来，“历史本是一个整体”，既提供历史的场所，也可“满足我们的好奇心”。在漫长的中国农业社会中，水利，本质上是一门“经世之学”，这就必然与社会发展有大的关联，尽管现代水利主要以数学、力学、水文、地质等为基础，之上再叠加专业知识，学科上将其划为工科，与“过去时”相距甚远，但水利解决问题之目的，最终却是社会性质的——趋之利、避之害，这样，了解一下历史就实在有必要。

钱穆先生在《国史大纲》引论中界定、发挥了“历史材料”与“历史智识”的概念，“材料”是对旧时的记载；而“智识”则要求“与时俱进”。窃以为，水之重要，于今远超过去。虽然，“智识”须于“材料”中取得，这样，“寻觅”的过程中，历史就活了起来，因而对“所有历史都是当代史”的说法，就可按这样的方式理解：不唯知晓古代的当代，还贵乎有现在的眼光、观念，并总结出可能存在的借鉴意义——其实是拿来主义，好多的经验历史上已经总结了，只是今人不知。

现代人接受现代教育，有丰富的科学技术知识和高强的技术手段，这毋庸置疑。但却不能因之成为轻视古人在较低生产力水平下所作所为的理由，古人的认知和眼界也许很高远，否则就不会有创修于古代、流淌 2000 余年还一直造福人类、一直焕发着生命活力的水利工程。这属于智慧层面，层级高于手段，比知识更重要。而今人，要超越这一层级，成就数千年的事业——可理解为事业的可持续发展，并非是一件易事。我说这些，并非“厚古薄今”，只是觉得，对于有长久历史且永远生命力顽强的水利事业来说，该有一种观今鉴古的态度，是谓“古为今用”。不止于此，历史是谈既往，但贵乎能预测未来，以便继往开来，若否，怎会有“资治通鉴”之说呢？在历史中寻求可能的答案，有助于理解未来，这才是研究历史的真正意义。

鉴于有这样的认识，多年来我积存了一些稿件，其内容包括见闻、体会、疑惑、见解等，当然不止于本书的内容，现在只是选取了一部分予以细加工。诚然，这确是一个辛苦的过程，因为，既成文，就必须照顾到逻辑关系，问题在哪里，解决的途径是什么，需要有坚实的材料做基础，既细，就要有“工匠”精神。原来的稿子也许只能算一则简记、一篇短文，而现在的每篇都达到了上万字，甚或更长，这样，与其说是改稿，毋宁说是重写了。

每一篇都关心或探讨一个水话题，而话题是在问题描述、所引古文献中慢慢显现出来的，而所做的文学性描述，只是情景的淡入，如同烹调师的调味料，只是为了刺激味蕾，避免味同嚼蜡，因而本书适合于慢读，适合于慢读以后做些静思考，快速浏览没有意义。

我是一个学工程的人，旧学底子很薄，所引“古人曰”均属第一手资料，所查阅的资料有的未经过标点，因而我是有选择的，我想说的是，当所引古文我都能懂的时候，读者读起来将更加没有困难。如果您是一个对语言感兴趣的人，在慢读古人章句时，或许有如含甘饴之感，是一种享受，这是祖国文字的特质和魅力。文学也好，历史也罢，所有这些都是铺垫，长篇铺垫的导向目的，是希望能够带来一点点的启发：或工程的、或社会的、或文化的、或自然的。

本书写作得到了前辈老师、领导、同事、朋友的指导、审核，他们是：

清华大学法学院李树勤教授；清华大学水利系王光纶教授、李丹勋教授、李庆斌教授、张永良教授、王恩志教授；北京大学政府管理学院金安平教授；中国能源建设集团有限公司周厚贵副总经理；中国长江三峡集团有限公司孙志禹副总经理。在此谨向各位表示诚挚的感谢！

我的诸多同学给出了审阅意见或鼓励，他们是：

舒大强先生、张新民先生、冀培民先生、刘文政先生、胡恒山先生、于志强先生、史洪德先生、牛广尧先生、吕明儒先生、陈红霞女士、张进女士。在此谨向诸位同学表示诚挚的感谢！

清华大学水利系郑双凌老师给予了多方面的帮助；我的两位研究生王立阳、祝金涛同学在文献核对和文字校对方面给予了很多帮助，特表感谢！

文稿初成，几不可读，增删是必有的过程，反复加工不知凡几，我的家人李水仙女士每次都是第一读者，如此她不得不忍受极大的痛苦，文稿有现在的模样，她给予了很多的帮助，特表谢意！

本书责任编辑张占奎、王华二位老师为本书出版花费了很多心力，特此致谢。

鉴于水平所限，错误在所难免，愿读者指正。

谨向读者表示由衷的感谢并致以崇高的敬礼！

马吉明

于清华大学荷清苑

2020 年仲夏